高等职业教育通信类专业系列教材

移动通信技术
第 2 版

主　编　罗文兴
副主编　杨　洁　丁洪伟
参　编　刘海民　朱里奇　佘　东
　　　　陈　燕　刘正波　李汶周
主　审　余新国

机械工业出版社

本书主要是为了适应现代移动通信的发展需要，满足当前移动通信技术人才紧缺的市场需求而编写的，主要介绍了移动通信领域中的各种技术，其中包括目前相对成熟的移动通信技术，同时也包括现在新开发应用的技术，还介绍了在探讨中的未来移动通信技术。

本书分 7 章，主要包括移动通信概述、移动通信的组网技术、GSM 移动通信系统、CDMA 移动通信系统、第三代移动通信系统、第四代移动通信系统、5G 移动通信技术等。

本书内容丰富、新颖，系统性强，实用性强，同时尽量避免抽象及复杂的公式推导，特别适合作为高职高专通信类专业的教材，也可供从事移动通信工作的工程技术人员及管理人员参考。

为方便教学，本书有电子课件、习题答案、模拟试卷及答案等，凡选用本书作为授课教材的学校，均可来电或邮件索取，**010- 88379564** 或 **cmpqu@163. com**。

图书在版编目（CIP）数据

移动通信技术/罗文兴主编 . —2 版 . —北京：机械工业出版社，2018. 5
（2021. 7 重印）
高等职业教育通信类专业系列教材
ISBN 978-7-111-60219-4

Ⅰ.①移… Ⅱ.①罗… Ⅲ.①移动通信-通信技术-高等职业教育-教材
Ⅳ.①TN929. 5

中国版本图书馆 CIP 数据核字（2018）第 128524 号

机械工业出版社（北京市百万庄大街 22 号 邮政编码 100037）
策划编辑：曲世海 责任编辑：曲世海
责任校对：潘 蕊 封面设计：陈 沛
责任印制：郜 敏
北京盛通商印快线网络科技有限公司印刷
2021 年 7 月第 2 版第 4 次印刷
184mm×260mm · 15 印张 · 367 千字
标准书号：ISBN 978-7-111-60219-4
定价：49. 80 元

电话服务 网络服务
客服电话：010-88361066 机 工 官 网：www.cmpbook.com
010-88379833 机 工 官 博：weibo. com/cmp1952
010-68326294 金 书 网：www.golden-book.com
封底无防伪标均为盗版 机工教育服务网：www.cmpedu.com

前　言

人类社会一直进行着信息的传递、交换与利用。在过去的几十年，通信技术得到了迅速的发展和广泛的应用，极大地推动了社会经济的发展和人们生活方式的改变，其中与人们生活联系最密切的是个人通信方式的改变，即采用移动通信来实现"任何时间，任何地点，以任何方式进行信息交流"。我国移动通信的发展是相当迅速的，给人们带来了极大的方便，其发展经历了由模拟语音通信到数字通信，之后到多媒体通信的过程。

移动通信技术的发展日新月异，它是当前世界上发展最快的领域之一，这么快的变化给教学方式和教材更新工作带来了相当大的难度，如何让教材能够适应新技术的发展，同时让学生和通信技术人员能够在最早的时间得到最新的知识，是目前教育部门面临的最大问题。故本书编写是以移动通信的概念、通信系统的组成、系统原理以及通信的发展演进为主线，重点介绍第三代移动通信系统，这是许多教材所没有的，也是本书的一个亮点。同时，本书还讲了移动通信发展的前沿，即第四、五代移动通信系统的一些内容，以激发学生对移动通信技术学习的兴趣。

本书分7章，第1章移动通信概述，描述了移动通信的概念、特点、分类、工作方式以及多址技术等；第2章讲述了移动通信的组网技术；第3章详细地讲解了GSM移动通信系统，内容丰富；第4章也以相当多的篇幅讲解了CDMA移动通信系统的相关技术；第5章讲解的是第三代移动通信系统，介绍了WCDMA技术、CDMA2000技术、TD-SCDMA技术等；第6章介绍了第四代移动通信系统的网络框架和关键技术；第7章对5G移动通信技术进行了介绍等。

本书由罗文兴老师任主编，杨洁老师和丁洪伟老师任副主编，罗文兴老师负责大纲的编写和统稿等工作，并编写了第2、3、5、6、7章。其中，杨洁老师和佘东老师编写第1章，刘正波老师编写了第2章部分内容，朱里奇老师编写了第3章部分内容，陈燕老师和李汶周老师编写了第4章，刘海民老师和丁洪伟老师编写了第6章部分内容。

博士生导师余新国任主审，他对本书内容进行了详细的审阅。本书在编写过程中得到许多工程技术人员和专家的帮助与支持，并得到黔南民族师范学院的鼎力支持，在此一并表示感谢。

鉴于编者水平有限、新技术发展日新月异等原因，书中难免有不妥之处，欢迎广大读者提出宝贵的意见和建议。

编　者

目　　录

前　言

第1章　移动通信概述 ··············· 1
1.1　移动通信的概念 ················· 1
1.2　移动通信的发展概况 ············· 1
　　1.2.1　移动通信的发展历程 ········· 1
　　1.2.2　中国移动通信发展的现状 ····· 4
　　1.2.3　移动通信发展的趋势 ········· 5
1.3　移动通信的主要特点及系统构成 ··· 5
　　1.3.1　移动通信的主要特点 ········· 5
　　1.3.2　移动通信系统的构成 ········· 6
1.4　移动通信的分类 ················· 7
　　1.4.1　按设备的使用环境分类 ······· 7
　　1.4.2　按服务对象分类 ············· 7
　　1.4.3　按移动通信系统分类 ········· 7
1.5　移动通信的工作方式 ············· 10
　　1.5.1　单工制 ····················· 10
　　1.5.2　半双工制 ··················· 11
　　1.5.3　双工制 ····················· 11
1.6　移动通信中的多址技术 ··········· 12
　　1.6.1　频分多址 ··················· 13
　　1.6.2　时分多址 ··················· 14
　　1.6.3　码分多址 ··················· 15
1.7　移动通信中的编码与调制技术 ····· 15
　　1.7.1　移动通信中的编码技术 ······· 16
　　1.7.2　移动通信中的调制技术 ······· 19
小结 ······························· 20
思考题与练习题 ····················· 20

第2章　移动通信的组网技术 ········· 21
2.1　频率管理与有效利用 ············· 21
　　2.1.1　频率的管理 ················· 21
　　2.1.2　频率的有效利用技术 ········· 23
2.2　区域覆盖与信道配置 ············· 24
　　2.2.1　区域覆盖 ··················· 24
　　2.2.2　信道配置 ··················· 31
2.3　移动通信系统的网络结构 ········· 34

2.3.1　基本网络结构 ··············· 34
　　2.3.2　其他网络结构 ··············· 35
2.4　多信道共用技术 ················· 38
　　2.4.1　多信道共用的概念 ··········· 38
　　2.4.2　话务量、呼损率与信道利用率 ·· 38
　　2.4.3　空闲信道的自动选取 ········· 40
2.5　信令 ··························· 42
　　2.5.1　数字信令 ··················· 42
　　2.5.2　音频信令 ··················· 43
　　2.5.3　No.7 ······················· 44
小结 ······························· 47
思考题与练习题 ····················· 48

第3章　GSM 移动通信系统 ·········· 49
3.1　GSM 系统概述 ·················· 49
　　3.1.1　GSM 系统的发展 ············ 49
　　3.1.2　GSM 系统的技术特点 ········ 50
　　3.1.3　GSM 系统的结构 ············ 51
　　3.1.4　GSM 系统的网络结构 ········ 52
　　3.1.5　GSM 系统的区域、号码与
　　　　　　识别 ····················· 54
3.2　GSM 系统的信号处理与无线接口 ···· 56
　　3.2.1　GSM 系统无线传输特征 ······ 56
　　3.2.2　信号的处理 ················· 57
　　3.2.3　信道类型及其组合 ··········· 60
3.3　GSM 系统的控制与管理 ·········· 66
　　3.3.1　移动台开机后的工作 ········· 66
　　3.3.2　位置登记 ··················· 67
　　3.3.3　安全性管理 ················· 69
　　3.3.4　呼叫接续 ··················· 72
　　3.3.5　切换管理 ··················· 73
3.4　GPRS 系统 ····················· 75
　　3.4.1　GPRS 的网络结构 ··········· 75
　　3.4.2　增强型 GPRS ··············· 77
小结 ······························· 77
思考题与练习题 ····················· 78

第4章　CDMA 移动通信系统…………… 79
　4.1　CDMA 的发展介绍 ………………… 79
　4.2　CDMA 移动通信系统的特点与
　　　　网络结构 …………………………… 80
　　4.2.1　CDMA 移动通信系统的特点 …… 80
　　4.2.2　CDMA 移动通信系统的
　　　　　　网络结构 …………………… 81
　4.3　CDMA 系统的移动性管理 ………… 81
　　4.3.1　CDMA 网络使用的主要识别
　　　　　　号码 ……………………… 81
　　4.3.2　位置更新 ……………………… 83
　　4.3.3　越区切换 ……………………… 85
　　4.3.4　鉴权与加密 …………………… 87
　4.4　CDMA 系统的呼叫处理 …………… 88
　　4.4.1　移动台的呼叫处理 …………… 88
　　4.4.2　基站的呼叫处理 ……………… 92
　　4.4.3　呼叫流程图 …………………… 92
　小结 ………………………………………… 94
　思考题与练习题 …………………………… 94

第5章　第三代移动通信系统 …………… 95
　5.1　第三代移动通信系统概述 ………… 95
　　5.1.1　第三代移动通信系统的特点 …… 95
　　5.1.2　第三代移动通信系统的结构 …… 96
　　5.1.3　3G 网络的演进策略 …………… 97
　　5.1.4　实现 3G 系统的关键技术 …… 98
　5.2　WCDMA 技术 ……………………… 101
　　5.2.1　WCDMA 概述 ………………… 101
　　5.2.2　WCDMA 关键技术 …………… 102
　　5.2.3　WCDMA 空中接口 …………… 104
　　5.2.4　无线接入网体系结构 ………… 108
　　5.2.5　全 IP 网络 …………………… 110
　　5.2.6　HSDPA 技术 ………………… 111
　　5.2.7　WCDMA 无线资源管理 ……… 113
　　5.2.8　WCDMA 无线网络规划 ……… 119
　　5.2.9　WCDMA 系统与其他系统共存的
　　　　　　干扰分析 …………………… 121
　　5.2.10　WCDMA 无线网络优化 ……… 123
　5.3　CDMA2000 技术 …………………… 126
　　5.3.1　CDMA2000 移动通信系统的
　　　　　　关键技术 …………………… 126
　　5.3.2　CDMA2000 无线网络结构及
　　　　　　模块 ……………………… 127

　　5.3.3　CDMA2000 物理信道 ………… 130
　　5.3.4　CDMA2000 系统物理层技术 … 133
　　5.3.5　CDMA2000 无线网络模块接口 … 135
　　5.3.6　CDMA2000 功率控制 ………… 137
　　5.3.7　CDMA2000 切换过程 ………… 139
　　5.3.8　CDMA2000 无线资源管理 …… 142
　5.4　TD-SCDMA 技术 …………………… 144
　　5.4.1　TD-SCDMA 发展历程 ………… 144
　　5.4.2　TD-SCDMA 系统的帧结构 …… 145
　　5.4.3　TD-SCDMA 的关键技术及
　　　　　　主要特点 …………………… 146
　　5.4.4　干扰分析 …………………… 148
　　5.4.5　TD-SCDMA 网络规划 ………… 149
　　5.4.6　TD-SCDMA 网络优化 ………… 156
　小结 ………………………………………… 158
　思考题与练习题 …………………………… 159

第6章　第四代移动通信系统 …………… 160
　6.1　4G 简介 ……………………………… 160
　　6.1.1　4G 的定义 …………………… 160
　　6.1.2　4G 的优点 …………………… 160
　6.2　4G 的网络架构 ……………………… 161
　　6.2.1　4G 的网络体系结构 ………… 161
　　6.2.2　4G 的接入系统 ……………… 162
　　6.2.3　4G 的软件系统 ……………… 162
　6.3　4G 的关键技术 ……………………… 162
　　6.3.1　OFDM 技术 …………………… 162
　　6.3.2　软件无线电技术 ……………… 163
　　6.3.3　定位技术 …………………… 164
　　6.3.4　切换技术 …………………… 164
　　6.3.5　MIMO 技术 …………………… 164
　小结 ………………………………………… 165
　思考题与练习题 …………………………… 165

第7章　5G 移动通信技术 ……………… 166
　7.1　5G 概述 ……………………………… 166
　7.2　5G 需求 ……………………………… 167
　　7.2.1　5G 驱动力：移动互联网/物联网
　　　　　　飞速发展 …………………… 167
　　7.2.2　运营需求 …………………… 169
　　7.2.3　5G 系统指标需求 …………… 171
　　7.2.4　5G 技术框架展望 …………… 174
　7.3　整体网络架构 ………………………… 175
　　7.3.1　5G 核心网演进方向 ………… 175

7.3.2　5G 无线接入网架构演进方向 … 175

7.4　大规模天线技术 ………………… 184

7.4.1　大规模天线概述 …………… 184

7.4.2　大规模天线技术方案前瞻 … 188

7.5　异构网络部署 …………………… 195

7.5.1　技术基础及标准演进 ……… 195

7.5.2　超密集组网技术方案前瞻 … 208

7.5.3　网络解决方案 ……………… 215

7.6　先进的频谱利用 ………………… 222

7.6.1　概述 ………………………… 222

7.6.2　无线频谱分配现状 ………… 223

7.6.3　增强的中低频谱利用 ……… 226

7.6.4　高频频谱利用 ……………… 231

7.7　5G 展望 …………………………… 231

小结 ……………………………………… 233

思考题与练习题 ………………………… 233

参考文献 …………………………………… 234

第 1 章　移动通信概述

内容提要：移动通信是实现理想通信目的的重要手段，是信息产业的重要技术基础。在经过近百年的发展后，移动通信技术已逐渐成熟。

为使大家对移动通信有初步的了解和认识，本章首先介绍了什么是移动通信，全球移动通信的发展历程及其在中国的发展现状，接着对移动通信的主要特点、系统构成、分类及工作方式进行了介绍，最后重点叙述了移动通信的多址技术、编码和调制技术。

1.1　移动通信的概念

随着社会的发展，人们对通信的需求日益增加，对通信的要求也越来越高。现代通信系统是信息时代的生命线，以信息为主导地位的信息化社会又促进了通信技术的迅速发展，传统的通信网已不能满足现代通信的要求，移动通信已成为现代通信中发展最为迅速的一种通信手段。随着人类社会对信息需求的增加，通信技术正在逐步走向智能化和网络化。人们对通信的理想要求是：任何人（Whoever）在任何时候（Whenever）、任何地方（Wherever）、与任何人（Whomever）都能及时进行任何形式（Whatever）的沟通联系、信息交流。显然，没有移动通信，这种愿望是无法实现的。

所谓移动通信，是指通信的双方，或至少一方，能够在可移动状态下进行信息传输和交换的一种通信方式。通信双方可以不受时间及空间的限制，随时随地进行有效、可靠和安全的通信。例如，运动中的人与汽车建立的陆地通信、运动中的轮船与轮船建立的海上通信、运动中的汽车与卫星建立的空间通信等都属于移动通信。

1.2　移动通信的发展概况

移动通信已成为当代通信领域内发展潜力最大、市场前景最广的热门技术，其发展不但集中了有线通信和无线通信的最新技术成果，而且集中了网络技术和计算机控制技术的许多成果。移动通信已从模拟通信发展到数字通信，并朝着个人通信及综合通信等更高阶段发展。

1.2.1　移动通信的发展历程

移动通信的发展可追溯到 20 世纪 20 年代，当时主要是完成一些通信实验及电波传播工作。直到 20 世纪 70 年代中期，移动通信才迎来新的发展时期。时至今日，移动通信的发展大致经历了以下五个阶段。

1. 公用汽车电话

20 世纪 80 年代以前的移动通信是指公用汽车电话系统。

20 世纪 20 年代至 40 年代，首先在短波几个频段上实现了小容量的专用移动通信系统，其代表是美国底特律警察使用的车载无线电系统。该系统工作于2MHz频段，到40年代提高到30~40MHz，特点是应用范围小、频率较低、语音质量差、自动化程度低。

20世纪40年代中期至60年代初期，公用移动通信业务开始问世。1946年，美国圣路易斯城建立了世界上第一个公用汽车电话系统，称为"城市系统"。该系统使用三个频道，频带间隔为120kHz，特点是系统从专用移动网向公用移动网过渡，采用人工接续方式，但网络容量较小。

20世纪60年代中期至70年代中期，出现了自动交换式的三级结构网络系统，如美国的改进型移动电话系统(IMTS)、德国的B系统等。三级结构网络系统使用450MHz频段，信道间隔缩小至20~30kHz，特点是采用大区制、中小容量，实现了自动选频与自动接续，但受大区制影响，系统仍无法容纳更多的用户。

2. 第一代移动通信(1G)

20世纪80年代初，随着蜂窝组网理论的提出，移动通信技术由此进入了模拟蜂窝移动通信阶段，人们将其称为第一代蜂窝移动通信系统。该系统主要采用模拟技术及频分多址(FDMA)技术，其典型系统有：

1) 美国AMPS系统，称为先进移动电话系统，是美国贝尔实验室于1978年研制出的第一个蜂窝移动通信系统，1983年投入商用。其工作频段为800MHz，信道间隔为30kHz，采用7小区复用模式。

2) 英国TACS系统，称为全接入通信系统，是英国仿照AMPS系统于1985年研制的通信系统。其工作频段为900MHz，信道间隔为25kHz，采用7小区复用模式。

3) 北欧NMT系统，称为北欧移动电话，是由丹麦、芬兰、挪威、瑞典于1981年研制出的第一个具有跨国漫游功能的蜂窝移动通信系统。其工作频段为450MHz，信道间隔为25kHz，以后工作频段扩至900MHz，信道间隔缩至12.5kHz，采用9/12小区复用模式。

第一代模拟蜂窝移动通信系统主要存在的问题有：频谱利用率低，系统容量小；抗干扰能力差，保密性差；制式不统一，互不兼容；难以与ISDN兼容，业务种类单一；移动终端复杂，费用较贵。

3. 第二代移动通信(2G)

从20世纪80年代中期开始，数字移动通信系统进入发展和成熟时期，称为第二代数字蜂窝移动通信系统。该系统主要采用数字调制技术和时分多址(TDMA)、码分多址(CDMA)等技术，其典型系统有：

1) 欧洲GSM系统，1992年，第一个数字蜂窝移动通信系统GSM在欧洲商用。GSM系统采用微蜂窝小区结构，与第一代移动通信系统相比，大大提高了频谱利用率及系统容量，同时与ISDN网络兼容，扩大了网络业务范围。其优越的综合性能，使其发展成为全球最大的蜂窝移动通信系统。

2) 北美D-AMPS系统，于1993年在北美地区商用。它是AMPS系统的改进型，为满足日益增长的用户数量，在AMPS系统上实现数模兼容的双模式运行方式。

3) 日本PDC系统，于1994年研制成功。它是在欧洲和北美数字移动通信技术迅速发展的形势下提出来的，吸取了前两种系统的优点，但数模不能兼容。

4) 北美IS-95 CDMA系统，是美国高通公司于1994年提出的，是一种采用码分多址(CDMA)的数字蜂窝移动通信系统，并与AMPS系统兼容。

四种数字移动通信系统的主要技术参数见表1-1。

表 1-1 四种数字移动通信系统的主要技术参数

系统类型 技术参数		GSM	D-AMPS	IS-95 CDMA	PDC
工作频段/ MHz	上行	890~915 (1710~1785)	824~849	824~849	810~826 1429~1453
	下行	935~960 (1805~1880)	869~894	869~894	940~956 1477~1501
频道带宽/kHz		200	30	1250	50
信道数据 速率/kbit·s^{-1}		270.8	48.6	1228.8	42
多址方式		TDMA/FDMA	TDMA/FDMA	CDMA/FDMA	TDMA/FDMA
双工方式		FDD	FDD	FDD	FDD
调制方式		GMSK	π/4 DQPSK	OQPSK(上行) QPSK(下行)	π/4 DQPSK

第二代数字蜂窝移动通信系统存在的主要问题有：多种制式并存，通信标准不统一，无法实现全球漫游；系统带宽有限，数据业务较单一，无法实现高速率业务。

从1996年开始，为解决中速数据传输问题，又出现了2.5G的移动通信系统，如通用分组无线业务(GPRS)、无线应用通信协议(WAP)、蓝牙(Bluetooth)等技术，这些通信技术是实现2G向3G过渡的衔接性技术。

4. 第三代移动通信(3G)

为满足高速率业务、高频谱利用率、大容量宽范围等通信技术的要求，实现全球通信无缝连接，国际电信联盟(ITU)于2000年建立了一个统一的国际标准：国际移动通信-2000(IMT-2000)，该标准支持的网络被称为第三代移动通信系统。IMT-2000包括五个传输技术标准：WCDMA、CDMA2000、TD-SCDMA、UWC136、DECT，其中较成熟的三种无线传输技术为：

1) WCDMA，即宽带码分多址接入，由日本和欧洲的两种建设方案融合而成，由3GPP(第三代合作项目)组织制订。代表厂商为爱立信、诺基亚和NTT等。其核心网络是基于GSM/GPRS网络的演进，并与GSM/GPRS网络保持兼容。

2) CDMA2000，即多载波码分多址接入，由美国在IS-95标准基础上提出，由3GPP2(第三代合作项目2)组织制订。代表厂商为高通、摩托罗拉、北方电讯、朗讯和三星电子等。其核心网络是基于ANSI-41网络的演进，并与ANSI-41网络保持兼容。

3) TD-SCDMA，即时分同步码分多址接入，由我国原邮电部电信科学技术研究院(大唐电信)提出，由3GPP组织制订。其代表厂商为大唐电信和西门子。其核心网络是基于GSM/GPRS网络的演进，并与GSM/GPRS网络保持兼容。

三种主流3G技术方案比较见表1-2。

表1-2　三种主流3G技术方案比较

技术参数 \ 3G类型	WCDMA	CDMA2000	TD-SCDMA
频道带宽/MHz	5	1.25/3.75	1.6
多址方式	DS-CDMA	DS-CDMA/MC-CDMA	TDMA/DS-CDMA
双工方式	FDD/TDD	FDD	TDD
扩频码速率/Mchip·s^{-1}	3.84	1.2288/3.6864	1.28
信道编码	卷积码/Turbo码	卷积码/Turbo码	卷积码/Turbo码
基站间同步/异步	异步	GPS同步	GPS同步或网络同步
调制方式	HPSK(上行) QPSK(下行)	BPSK(上行) QPSK(下行)	QPSK、8PSK(可选)

　　与第一代和第二代移动通信技术相比，3G的优点主要体现在可实现移动宽带，能够处理图像、音乐、视频流，提供包括网页浏览、电话会议、电子商务等多种信息服务，能适应多种环境，能实现全球漫游，在传输声音和数据速度上大幅度提升，并有足够的系统容量等。

5. 第四代移动通信（4G）

　　2013年12月，中国正式向三大运营商发放4G牌照，4G得到了飞速发展，2018年5月工业和信息化部公布通信业经济运行情况：移动宽带用户（即3G和4G用户）总数达12.3亿户，占移动电话用户的82.3%；4G用户总数达到10.9亿户，占移动电话用户的73%。

　　第四代移动通信系统可称为广带（Broadband）接入和分布网络，具有非对称的超过2Mbit/s的数据传输能力，数据率超过UMTS，是支持高速数据率（2～20Mbit/s）连接的理想模式，上网速度从2Mbit/s提高到100Mbit/s，具有不同速率间的自动切换能力。

　　第四代移动通信系统是多功能集成的宽带移动通信系统，在业务上、功能上、频带上都与第三代系统不同，会在不同的固定和无线平台及跨越不同频带的网络运行中提供无线服务，比第三代移动通信更接近于个人通信。第四代移动通信技术可把上网速度提高到超过第三代移动技术的50倍，可实现三维图像高质量传输。

1.2.2　中国移动通信发展的现状

　　我国自1987年开展移动通信业务以来，已基本建成了覆盖范围广、通信质量高的综合通信网络。移动通信一直保持快速发展，用户数量不断增长，业务种类不断丰富。移动通信业务从初期单纯的语音业务开始逐步发展成为包括消息业务、数据业务、预付费和VPN等智能业务在内的多元化业务，且已形成快速增长的势头。

　　2009年1月7日，工业和信息化部向三大电信运营商发放了第三代移动通信（3G）牌照，中国移动获得TD-SCDMA运营牌照，中国电信和中国联通分别获得CDMA2000和WC-DMA运营牌照。3G牌照的正式发放对于提高中国电信业的技术等级和竞争力，使它们更好地服务于消费者和国民经济的发展，具有重要意义。

　　2013年8月，国务院总理李克强主持召开国务院常务会议，要求提升3G网络覆盖和服务质量，推动年内发放4G牌照，12月4日正式向三大运营商发布4G牌照，2014年，4G在中国已经进入运营主体。截至2015年12月底，全国移动电话用户总数13.06亿户，4G用户总数达3.86225亿户。截至2018年2月我国4G用户数突破10.3亿户。2017年1月，工业通信业发展情况发布会上，工业和信息化部总工程师张峰已经明确表示，国际移动通信标准化组织 3GPP 于 2017 年 6 月完成了第一版 5G 国际标准。2018 年 5 月 21 日至 25 日，3GPP 工作组在韩国釜山召开了 5G 第一阶段标准制定的最后一场会议。据悉，本次会议将确定 3GPP R15 标准的全部内容，近期 3GPP 将宣布 5G 第一阶段的确定标准。第一批 5G 智能手机 2018 年将在中国、美国、韩国和日本等国家推出。

1.2.3　移动通信发展的趋势

20 世纪 80 年代以来，全球范围内的移动通信得到了前所未有的发展，这种发展势头还在延续，甚至会更快。随着无线通信、计算机及 Internet 等技术的不断融合，未来移动通信将呈现多网络日趋融合、多种接入技术综合应用、新业务不断推出的发展趋势。未来移动通信的基本特征体现为：

1）功能一体化的通信服务：个人通信、信息系统、广播及娱乐等各项业务将会结合成一个整体，提供给用户比以往更广泛的服务与应用。系统的使用将会更加安全、方便以及更加照顾用户的个性。

2）方便快捷的移动接入：移动接入将是提供语音、高速信息业务、广播及娱乐等业务的主要接入方式，人们可以方便快捷地接入到系统中。

3）形式多样的终端设备：用户将使用形式多样的终端设备接入到系统中。设备与人之间的交流不再仅仅是简单的听、说、看，还可以通过其他途径进行交流。

4）自治管理的网络结构：系统的网络将是一个完全自治的、自适应的网络，它可以自动管理、动态改变自己的结构以满足系统变化和发展的要求。

1.3　移动通信的主要特点及系统构成

1.3.1　移动通信的主要特点

与固定通信系统相比，移动通信主要存在以下几方面的特点：

1. 必须利用无线电波进行信息传输

移动通信是借助无线电波进行信息传输的，通信中的用户可以在一定范围内自由活动，其位置不受束缚，但无线电波的传播特性在一些情况下很差。一方面，电波传播的环境十分复杂，会遭受到各种衰落的影响，电波不仅会随着传播距离的增加而发生传播损耗（也叫大尺度衰落），并且会受到地形、地物的遮蔽而发生阴影衰落（也叫中等尺度衰落），而且电波在传播时会存在反射、绕射、衍射等，将从多条路径到达接收端，这种多径信号的幅度、相位和到达时间都不一样，它们相互叠加会产生多径衰落（也叫小尺度衰落）；另一方面，移动用户的快速移动会使其接收信号中含有附加频率的变化，产生随机调频，即发生了所谓的多普勒效应，从而影响通信质量。

2. 通信环境存在十分复杂的干扰

移动通信系统工作于一个多频道、多电台同时工作的开放式环境中，会受到各种各样的干扰。这些干扰中有常见的外部干扰，如天电干扰、工业干扰、信道噪声等，也有来自系统本身的内部干扰，如邻频道干扰、同频干扰、互调干扰等。因此，抗干扰措施在移动通信系统的设计过程中显得尤为重要。

3. 可利用的频谱资源有限

在移动通信中，随着移动用户数的不断增加，可利用的频谱资源将越来越少。为解决这一矛盾，一方面要开发新的频段，另一方面要采用各种新技术和新措施，缩小频道间隔、提高频率复用等，以提高频谱利用率。

4. 网络管理控制复杂

根据通信地区的不同需要，移动通信网络可以组成带状(如铁路、公路沿线)、面状(如覆盖某一城市或地区)或立体状(如地面通信设施与中、低轨道卫星通信网络组成的综合系统)等，可以单网运行，也可以多网并行并实现互联互通。为此，移动通信网络必须具备很强的管理和控制功能，诸如用户的登记和定位，通信(呼叫)链路的建立和拆除，信道的分配和管理，通信的计费、鉴权、安全和保密管理以及用户过境切换和漫游的控制等。

5. 移动设备必须适用于可变的移动环境

对手机的主要要求是体积小、重量轻、省电、操作简单和携带方便等。车载台和机载台除要求操作简单和维修方便外，还应保证在振动、冲击、高低温变化等恶劣环境中正常工作。

1.3.2 移动通信系统的构成

移动通信系统是移动用户之间、移动用户与固定用户之间，以及固定用户与移动用户之间，能够建立许多信息传输通道的传输系统。系统中主要包括无线收发信机、交换控制设备和移动终端设备，这些设备通过无线传输、有线传输的方式进行信息的收集、处理和存储等。下面以蜂窝移动通信系统为例，具体介绍移动通信系统的构成。

蜂窝移动通信系统主要由基站子系统(BSS)、移动台(MS)、网络子系统(NSS)、操作子系统(OSS)构成，如图1-1所示。

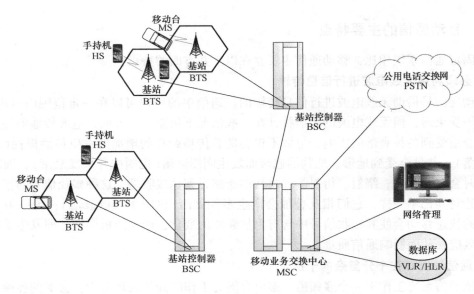

图1-1　蜂窝移动通信系统构成

基站子系统(BSS)包括一个基站控制器(BSC)和由其控制的若干基站收发台(BTS)，负责管理无线资源，实现固定网与移动用户之间的通信连接，传送系统信号和用户信息。

移动台(MS)包括手持台和车载台等,是移动通信系统中不可缺少的部分。

网络子系统(NSS)包括移动业务交换中心(MSC)、归属位置寄存器(HLR)、访问位置寄存器(VLR)、鉴权中心(AUC)等,是移动通信系统的控制交换中心,又是与公用电话交换网的接口。

操作子系统(OSS)包括操作维护中心(OMC)、网络管理中心(NMC)等,负责移动通信系统的控制和检测。

1.4　移动通信的分类

根据移动通信的特点及应用领域等,移动通信有多种不同的分类形式,下面主要介绍以下几种分类。

1.4.1　按设备的使用环境分类

移动通信分为陆地移动通信、空中移动通信、海上移动通信。

1. 陆地移动通信

陆地移动通信是指地面基站与陆地(包括河、湖)上的移动物体(人、车、船)等所携带(装载)的移动台间的通信。特点是:移动台的高度低,其电波的传播经常受到附近建筑物等的反射或遮挡。

2. 空中移动通信

空中移动通信是指近地空间中的航空器(飞机、飞艇等)上的移动台与地面基站间的通信。特点是:两通信地点间一般没有反射和遮挡,而是接近自由空间。

3. 海上移动通信

海上移动通信是指陆地上的基站与海洋移动船体上的电台间的通信。特点是:移动台与基站间大部分为水面覆盖,存在海面反射。

1.4.2　按服务对象分类

移动通信分为民用移动通信、军用移动通信。

1. 民用移动通信

民用移动通信是一种用户终端移动、基站相对固定,应用于人们日常生活中的通信系统。特点是:自由移动性强、终端间可实现无线通信、覆盖面宽及性价比较高。如蜂窝移动通信、无线寻呼、无绳电话等均属于民用移动通信。

2. 军用移动通信

军用移动通信是一种用户终端移动,基站相对隐蔽或机动,应用于部队的通信系统。特点是:机动性能高、抗毁能力强、保密性好、技术复杂、价格昂贵等。

1.4.3　按移动通信系统分类

就目前移动通信系统的应用领域来看,移动通信系统可分为公用移动通信系统和专用移动通信系统两个大类。公用移动通信系统是专为广大人民提供移动通信服务的,而专用移动通信系统则是为特定人群提供移动通信服务的。

1. 公用移动通信系统

公用移动通信系统包括蜂窝移动通信系统、无线寻呼系统、无绳电话系统等。

（1）蜂窝移动通信系统　蜂窝移动通信系统结构如图1-2所示。由于该移动通信无线服务区由许多正六边形小区覆盖而成，呈蜂窝状，故称蜂窝移动通信系统。适用于全自动拨号、全双工工作、大容量公用移动陆地网组网，可与公用电话交换网中任何一级交换中心相连接，实现移动用户与本地电话网用户、长途电话网用户及国际电话网用户的通话接续；可与公用数据网相连接，实现数据业务的接续。该系统具有越区切换、自动和人工漫游、计费及业务统计等功能。

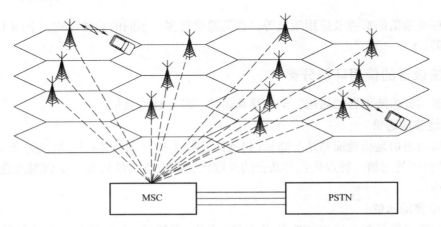

图1-2　蜂窝移动通信系统结构

（2）无线寻呼系统　无线寻呼系统结构如图1-3所示。它是一种单向通信系统，既可作公用也可作专用，仅仅是规模大小不同而已。无线寻呼系统由与公用电话交换网相连接的无线寻呼控制中心、寻呼发射台及寻呼接收机等组成。无线寻呼系统有人工和自动两种接续方式。随着通信新技术的不断涌现，针对BB机的无线寻呼系统现已退出市场。

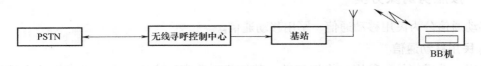

图1-3　无线寻呼系统结构

（3）无绳电话系统　无绳电话系统结构如图1-4所示。初期应用于家庭。这种系统相当简单，只需要一个与有线电话用户线相连接的基站和随身携带的手持机(无绳电话)，基站与手持机之间就可以建立起通信。不过该系统发展相当迅速并很快应用于商业，而且其通信可由室内走向室外。

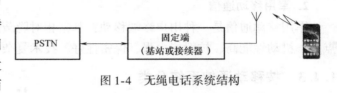

图1-4　无绳电话系统结构

2. 专用移动通信系统

专用移动通信系统包括集群移动通信(也称大区制移动通信)系统和卫星移动通信系统。

（1）集群移动通信系统　集群移动通信系统是一种用于集团调度指挥通信的移动通信系统，主要应用于专业移动通信领域，其结构如图1-5所示。该系统具有的可用信道可为系统的全体用户共用，具有自动选择信道功能，它是共享资源、分担费用、共用信道设备及服务的多用途、高效能的无线调度通信系统。

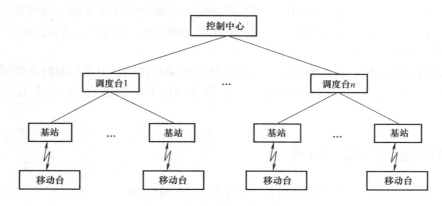

图1-5　集群移动通信系统结构

集群移动通信系统的组成与公用移动通信系统类似，但是又有自己的特点。它由移动台、基站、调度台以及控制中心组成。移动台是用于运行中或停留在某未定地点进行通信的用户台，由无线收发信机、控制单元、天馈线（或双工台）和电源组成，它包括车载台、便携台的手持台；基站由若干无线收发信机、天线共用器、天馈线系统和电源等设备组成，天线共用器包括发信合路器和接收分路器，天馈线系统包括接收天线、发射天线和馈线；调度台是能对移动台进行指挥、调度和管理的设备，分有线和无线调度台两种，无线调度台由无线收发信机、控制单元、天馈线（或双工台）、电源和操作台组成，有线调度台只有操作台；控制中心包括系统控制器、系统管理终端和电源等设备，它主要控制和管理整个集群移动通信系统的运行、交换和接续，它由接口电源、交换矩阵、集群控制逻辑电路、有线接口电路、监控系统、电源和微机组成。

集群移动通信系统的最大特点是语音通信采用PTT（Push to Talk），以一按即通的方式接续，被叫无需摘机即可接听，且接续速度较快，并能支持群组呼叫等功能。它的运作方式以单工、半双工为主，主要采用信道动态分配方式，并且用户具有不同的优先等级和特殊功能，通信时可以一呼百应。

随着数字技术的发展，集群移动通信系统已经逐渐发展成为数字集群移动通信系统。数字集群移动通信系统具有很多优点，它的频谱利用率有很大提高，可进一步提高集群移动通信系统的用户容量；它提高了信号抗信道衰落的能力，使无线传输质量变好，即提高了语音质量；由于使用了发展成熟的数字加密理论和实用技术，对数字系统来说，保密性也有很大改善。另外，数字集群移动通信系统可提供多业务服务，也就是说除数字语音信号外，还可以传输用户数字、图像信息等。由于网内传输的是统一的数字信号，容易实现与综合数字业务网ISDN、PSTN、PDN等接口的互联，因此极大地提高了集群网的服务功能。最后，数字集群移动通信网能实现更加有效、灵活的网络管理与控制。数字集群网中，在用户语音比特源内插入控制比特比较容易实现，即将信令和用户信息统一成数字信号，这种一致性克服了模拟网的不足，给数字集群移动通信系统带来了极大的好处。

（2）卫星移动通信系统 卫星移动通信系统是地球站之间利用人造地球卫星转发信号的无线电通信系统，主要工作在微波波段，可传送电话、电报、图像、数据等信息，是现代通信的重要方式之一。

卫星通信的特点是：覆盖面积广，能实现固定的和移动的多址通信，组网灵活，通信容量大，质量高，距离远，受地理条件影响小，但传播损耗大，时延长，回波影响明显，信号易被别人截获及实施干扰。

卫星移动通信系统分为两个大类：一类是移动终端在移动，卫星相对静止的同步卫星移动通信系统；另一类是移动终端相对静止（对移动中的卫星而言）的非同步卫星移动通信系统。

1.5 移动通信的工作方式

移动通信的工作方式分为单工制、半双工制和双工制三种。

1.5.1 单工制

单工制是一种通信双方只能分时进行收信和发信的按键通信方式。任意一方不能同时进行发信和收信，为此，不论是甲方还是乙方，在发信时，其接收机都不工作，因此称为"单工"。根据收发频率的不同，单工制又可分为同频单工和异频单工。

（1）同频单工 通信双方使用相同的频率 f_1 工作，发送时不接收，接收时不发送，只占用一个频点，如图1-6所示。

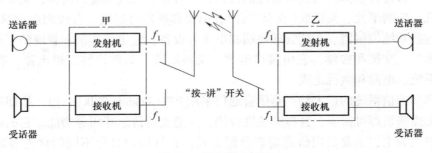

图1-6 同频单工制式

（2）异频单工 发射机和接收机分别使用两个不同的频率进行发送和接收。若甲的发射频率和乙的接收频率为 f_1，乙的发射频率和甲的接收频率为 f_2，则同一部电台的发射机和接收机是轮流工作的，如图1-7所示。

单工通信常用于点到点的通信，常用的对讲机就是采用的这种通信方式。

单工制的优点主要是：①系统组网方便。②由于收发信机是交替工作的，所以不会造成收发之间的"反馈"。③发信机工作时间相对可缩短，耗电少，设备简单，造价便宜。

单工制的缺点是：①当收发使用同一频率时，邻近电台的工作会造成强干扰。②操作不方便，双方需轮流通信，会造成通话人为的断断续续。③同频基站间干扰较大。

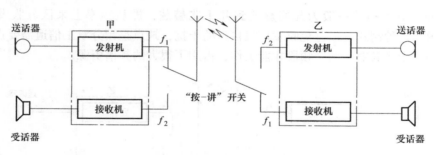

图 1-7　异频单工制式

1.5.2　半双工制

半双工制是指收发信机分别使用两个不同频率的按键通信方式。基站使用频分双工方式，收发信机同时工作，而移动台则采用异频单工方式，收发信机交替工作，因此称为"半双工"，如图 1-8 所示。基站用两副天线同时工作（或采用天线共用装置共用一副天线），移动台通常处于收信守候状态。

这种通信方式一般用于专用移动通信系统中，如汽车调度等。

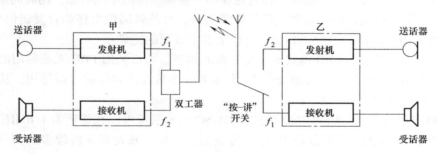

图 1-8　半双工制式

半双工制的优点主要是：

1）由于移动台采用异频单工方式，故设备简单、省电、成本低、维护方便，而且受邻近移动台干扰少。

2）收发采用异频，收发频率各占一段，有利于频率协调和配置。

3）有利于移动台紧急呼叫。

半双工制的缺点是移动台需按键讲话，松键收话，使用不方便，讲话时不能收话，故有丢失信息的可能。

1.5.3　双工制

双工制是指通信的双方在通话时收发信机均同时工作，即任意一方在讲话的同时，也能收听到对方的信息，有时也称全双工通信。这时通信双方一般通过双工器来完成这种功能。双工通信又分为频分双工（FDD）和时分双工（TDD）两种模式。

1. 频分双工（FDD）

第二代数字蜂窝移动通信系统采用的就是频分双工（FDD）模式。FDD 是指收发信机所用频率不同，双工频差一般为几兆赫兹到几十兆赫兹，即从频率上来区分收发信道，如图1-9所示。这种制式可以避免收发信机自身的干扰，缺点是频分双工信道需要占用频差为几兆赫兹到几十兆赫兹的两个频段才能工作，占用了很大的频谱资源。

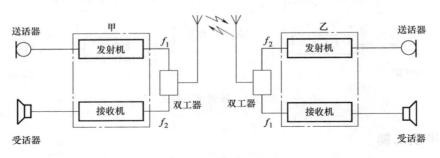

图1-9　频分双工制式

2. 时分双工(TDD)

时分双工(TDD)技术是近年来发展起来的新技术，我国3G技术标准中的TD-SCDMA就采用了这种技术。

所谓时分双工，指信号的接收和传送是在同一频率信道的不同时隙，用时间来分离接收与传输信道，某个时间段由基站发送信号给移动台，另外时间段由移动台发送信号给基站。它与传统的FDD(频分双工)模式相比具有以下五个方面的优势：

(1) 频谱灵活性高　TDD模式不需要对称的频谱，可以利用FDD无法利用的不对称频谱，在频谱利用上可以做到"见缝插针"。只要有一个载波的频段就可以使用，从而能够灵活有效地利用现有的频率资源。

(2) 频谱利用率高　使用TDD模式，TD-SCDMA系统可以在带宽为1.6MHz的单载波上提供高达2Mbit/s的数据业务和48路语音通信，使单一基站可支持较多的用户，系统建网及维护费用降低。

(3) 支持不对称数据业务　TDD可以根据上下行链路业务量来自适应调整上下行时隙个数，这对于IP型数据业务所占比例越来越大的今天特别重要。

(4) 有利于采用新技术　上下行链路用相同的频率，其传播特性相同，功率控制要求降低，有利于采用智能天线、预Rake等技术。

(5) 成本低　无收发隔离的要求，可以使用单片IC来实现RF收发信。

当然，TDD模式也是有缺点的。首先，TDD模式对定时和同步要求严格，上下行链路之间需要保护时隙，同时对高速移动环境的支持也不如FDD模式；其次，TDD信号为脉冲突发形式，采用不连续发送(DTX)，因此发射信号的峰-均功率比值较大，导致带外辐射较大，对RF的实现提出了较高要求。

1.6　移动通信中的多址技术

移动通信系统中是以信道来区分通信对象的，每个信道只容纳一个用户进行通话，许多同时通话的用户，相互以信道来区分，这就是多址。移动通信系统是一个多信道同时工作的系统，具有大面积覆盖的特点，在无线电波覆盖区域内，怎样建立用户之间无线信道的连接，是多址接入要考虑的问题。由移动通信网构成可知移动通信系统都由一个或几个基站与若干个移动台组成，基站一般是多路的，具有许多信道，可与许多移动台同时进行通信，而移动台是单路的，每个移动台只供一个用户使用。当许多用户同时通信时，可以用不同的信道分隔，防止相互产生干扰，以实现双边通信的连接，称为多址连接。在移动通信业务区内，移动台之间或移动台与市话用户之间是通过基站同时建立起各自的信道，实现多址连接的。

　　基站是以怎样的信号传输方式接收、处理和转发移动台来的信号呢？基站又是以怎样的信号结构发出各移动台的寻呼信号，并且使移动台从这些信号中识别出本台的信号呢？这就是多址接入方式要解决的问题。

　　多址接入方式的数学基础是信号的正交分割原理。无线电信号可以表示为时间、频率和码型的函数，即可写作

$$S(c,f,t) = c(t)s(f,t)$$

式中，$c(t)$ 是码型函数；$s(f,t)$ 为时间（t）和频率（f）的函数。

　　当以传输信号载波频率的不同划分来建立多址接入时，称为频分多址（FDMA）方式；当以传输信号存在的时间不同划分来建立多址接入时，称为时分多址（TDMA）方式；当以传输信号的码型不同划分来建立多址接入时，称为码分多址（CDMA）方式。

1.6.1　频分多址

　　频分多址（FDMA）是将给定的频谱资源划分为若干个等间隔的频道（或称信道），供不同的用户使用。接收方根据载波频率的不同来识别发射地址，从而完成多址连接，如图 1-10 所示。

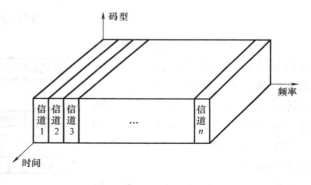

图 1-10　FDMA 示意图

　　从信道分配角度来看，FDMA 方式是按照频率的不同给每个用户分配单独的物理信道，多个信道在频率上严格分割，但在时间和空间上重叠。而在频分双工（FDD）情形下分配给用户的物理信道是一对信道（占用两段频段），一段频段用作前向信道（即基站向移动台传输的信道），另一段频段用作反向信道（即移动台向基站传输的信道）。模拟信号和数字信号均可采用频分多址方式传输，该方式的特点为：

　　1）单路单载波传输。每个信道只传输一路业务信息，载波间隔须满足业务信息传输带宽的要求。

　　2）信号连续传输。分配好信道后，基站和移动台同时连续接收和发送信号。

　　3）需要周密的频率规划，具有频道受限和干扰受限的特点。

　　4）信道带宽相对较窄（25～30kHz），为防止干扰，相邻信道间要留有防护带。

　　5）基站需要多个收发信道设备。

　　6）频率利用率低，系统容量小。

1.6.2 时分多址

时分多址(TDMA)是把时间分割成具有周期的帧,每一帧再分割成若干个时隙(无论帧或时隙都是互不重叠的),然后根据一定的时隙分配原则,使各个移动台在每帧内只能按指定的时隙向基站发送信号,在满足定时和同步的条件下,基站可以分别在各时隙中接收到各移动台的信号而不混扰。同时,基站发向多个移动台的信号都按顺序被安排在预定的时隙中传输,各移动台只要在指定的时隙内接收,就能在合路的信号中把发给它的信号区分出来,如图1-11所示。每个用户占用一个周期性重复的时隙。该方式只能传送数字信号,语音信号须经过模/数转换(数字语音编码)、数字调制后才能进行传送。

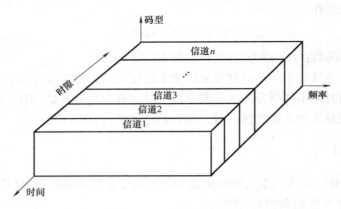

图 1-11   TDMA 示意图

图1-12是TDMA的帧结构。每条物理信道可以看作是每一帧中的特定时隙。在TDMA系统中,n个时隙组成一帧,每帧由前置码、消息码和尾比特组成。在TDMA/FDD系统中,相同或相似的帧结构单独用于前向或反向。

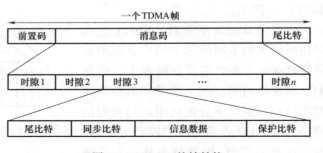

图 1-12   TDMA 的帧结构

在一个TDMA帧中,前置码包括地址和同步信息,以便基站和用户都能彼此识别对方信号。

TDMA有如下一些特点:

1)多个用户共享一个载频,并占据相同的带宽。

2)系统中的数据发射不是连续的而是以突发的方式发射。由于用户发射机可以在不同的时间(绝大部分时间)关掉,因而耗电较低。

3)与FDMA相比,TDMA系统的传输速率一般较高,故需要采用自适应均衡。

4)由于数据发射是不连续的,移动台可以在空闲的时隙里监听其他基站,这有利于加强通信网络的控制和保证移动台的越区切换。

5)各时隙间必须留有一定的保护时间(或相应的保护比特)。

6)TDMA系统必须有精确的定时和同步,保证各移动台发送的信号不会在基站发生重叠或混淆，并且能准确地在指定的时隙中接收基站发给它的信号。同步技术是 TDMA 系统正常工作的重要保证，往往也是比较复杂的技术难题。

7）系统抗干扰能力强，频率利用率高，容量大。

1.6.3　码分多址

码分多址（CDMA）是各发送端用各不相同、相互（准）正交的地址码调制其所发送的信号，在接收端利用码型的（准）正交性，通过地址识别（相关检测）从混合信号中选出相应的信号，如图 1-13 所示。

在 CDMA 移动通信中，不同的移动用户传输所用的信号不是靠频率不同或时隙不同来区分的，而是用靠不同的编码序列来区分，或者说靠信号的不同波形来区分。从频域或时域上来看，多个 CDMA 信号是互相重叠的。接收机用相关器从多个 CDMA 信号中选出其中使用预定码型的信号。其他使用不同码型的信号因为与接收机产生的本地码型不同而不能被解调。

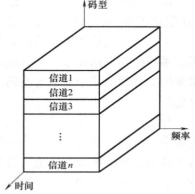

图 1-13　CDMA 示意图

码分多址技术相对比较复杂，但现在已经有不少移动通信系统采用码分多址技术。第三代移动通信系统就是采用宽带的码分多址技术。

码分多址技术利用不同码型实现不同用户的信息传输，扩频信号是一种经过伪随机序列调制的宽带信号，其带宽通常比原始信号带宽高几个数量级。

把无线电信号的码元或符号用扩频码来填充，且不同用户的信号用互成正交的、不同的码序列来填充，这样的信号可在同一载波频率上发射。接收时，只要接收端与发送端采用相同的码序列进行相关接收，就可以恢复原信号。利用码型和移动用户一一对应关系，只要知道用户地址（地址码）便可实现选址通信。在 CDMA 系统中，每对用户是在一对地址码型中通信，所以其信道是以地址码型来表征的。在移动通信系统中，为了充分利用信道资源，这些信道（地址码型）是动态分配给移动用户的，其信道分配是由基站通过信令信道进行的。

码分多址通信系统的特点包括：

1）抗干扰、抗多径衰落能力强。

2）保密安全性高。

3）系统容量大。

4）系统容量配置灵活。

5）通信质量更佳。

6）频率规划简单。

1.7　移动通信中的编码与调制技术

用于通信的原始信号大多是模拟信号，要实现数字移动通信，必须将模拟信号进行数字化处理，才可能在数字信道中进行传输，并且要对数字信号进行特定处理才能使其在合适的信道中传输，这就要考虑到编码和调制技术。

1.7.1 移动通信中的编码技术

数字通信中，原始信息在传输之前要实现两级编码：信源编码和信道编码。

1. 信源编码

在发送端，把经过采样和量化后的模拟信号变换成数字脉冲信号的过程，称为信源编码。通信信源中的模拟信号主要是语音信号和图像信号，而移动通信业务中最多的是语音信号，故语音编码技术在数字移动通信中占有相当重要的地位。

语音编码属于信源编码，指的是利用语音信号及人听觉特征上的冗余性，在将冗余性压缩(信息压缩)的同时，把模拟语音信号转变为数字信号的过程。

语音编码的目的是把模拟语音转变为数字信号以便在信道中传输，语音编码技术在移动通信系统中与调制技术一起直接决定了系统的频谱利用率。在移动通信中，节省频谱是至关重要的。移动通信中对语音编码技术研究的目的是在保证一定语音质量的前提下，尽可能地降低语音码的比特率。

什么样的语音编码技术适用于移动通信，这主要取决于无线移动信道的条件。由于频率资源十分有限，所以要求编码信号的速率较低；由于移动信道的传播条件恶劣，因而要编码算法应有较好的抗误码能力。另外，从用户的角度出发，还应有较好的语音质量和较短的时延。概括起来，移动通信对数字语音编码的要求如下：

- 速率较低，纯编码速率应低于 16kbit/s；
- 在一定编码速率下音质应尽可能高；
- 编码时延应较短，控制在几十毫秒以内；
- 在强噪声环境中，算法应具有较好的抗误码性能，以保持较好的语音质量；
- 算法复杂程度适中，易于大规模集成。

信源编码通常分为三类：波形编码、参量编码和混合编码。其中波形编码和参量编码是两种基本类型，混合编码是前两者的衍生产物。

(1) 波形编码　脉冲编码调制(PCM)和增量调制(DM)是波形编码的代表，波形编码直接对模拟语音采样、量化，并用代码表示。波形编码的比特率一般在 16kbit/s 至 64kbit/s 之间。

波形编码的优点有：①具有很宽范围的语音特性，对各类模拟语音波形信号进行编码均可达到很好的效果。②抗干扰能力强，具有优良的语音质量。③技术成熟，复杂度不高。④费用适中。

波形编码的缺点有：编码速率要求高，一般要求为 16 ~ 64kbit/s，所占用的频带较宽，只适用于有线通信系统中，对于频率资源相当紧张的移动通信来说，显然这种编码方式不合适。

典型的波形编码技术包括脉冲编码调制(PCM)、增量调制(DM 或 ΔM)、自适应增量调制(ADM)、差值脉冲编码调制(DPCM)、自适应差值脉冲编码调制(ADPCM)等。

(2) 参量编码　参量编码又称声源编码，它是以发音机制的模型作为基础，用一套模拟声带频谱特性的滤波器系数和若干声源参数来描述这个模型，在发送端从模拟语音信号中提取各个特征参量并进行量化编码。这种编码的特点是语音编码速率较低，一般为 2 ~ 4.8kbit/s，语音的可懂度较好，但有明显的失真。

参量编码的优点是：由于只需传输语音特征参量，因而语音编码速率可以很低，一般为 2~4.8kbit/s，并且对语音可懂性没有多少影响。

参量编码的缺点是：语音有明显的失真，并且对噪声较为敏感，语音质量一般，不能满足商用语音质量的要求。

典型的参量编码技术包括线性预测编码(LPC)及各种改进型。目前移动通信系统的语音编码技术大多以这种类型的技术为基础。

(3) 混合编码 混合编码是近年来提出的一类新的语音编码技术，它将波形编码和参量编码结合起来，力图保持波形编码语音的高质量与参量编码的低速率。

混合编码的特点是：数字语音信号中既包括若干语音特征参量又包括部分波形编码信息，因而综合了参量编码和波形编码各自的优点。混合编码的比特率一般为 4~16kbit/s，当编码速率达到 8~16kbit/s 范围时，其语音达到商用语音通信标准的要求。因此，混合编码技术在数字移动通信系统中得到了广泛的应用。

典型的混合编码技术包括应用于 GSM 蜂窝移动通信系统的规则脉冲激励长期预测编码(RPE-LTP)和应用于 IS-95 CDMA 蜂窝移动通信系统的码激励线性预测编码(CELP)。

2. 信道编码

信道编码是发送方和接收方通过一定的信道收发信息时采用的编码方式，以便保证传输信息的完整性、可靠性和安全性。信道编码通常与传输信道的特性密切相关，特性不同，信道编码通常不一样。

移动通信中常用的信道编码包括：

- 奇偶校验码；
- 重复码；
- 循环冗余校验码；
- 卷积码；
- 交织。

信道编码是专门用于数字通信传输系统的，在模拟传输中没有对应的部分。它是这样构成的：按照已知的方法把冗余位插入到信源提供的比特流中。因此，信道编码的结构增加了传输比特率。信道译码器知道发射端所用的编码方法，并检查在接收端信息是否改变。如果信息发生变化，则它能检测出存在的传输错误，在某些情况下，还可以对错码进行纠正。

为了提高系统性能，无线移动通信系统中采用级联码，级联码是把两个编码以串联或并联的方式结合起来。串联级联码中第一个编码器(称为外码)的输出比特流，用作第二个编码器(称为内码)的输入。内码具有较好的纠错能力，外码具有更高的效率，能纠正残存的错码。并联级联码中每个编码器具有相同的输入，没有内外码之分。

由于通信线路上总有噪声和损耗存在。噪声和有用信息混合的结果，再加上损耗就会出现差错。因此信道编码多数会兼有差错控制的功能，信道编码有时也被称为纠错/检测编码。

(1) 奇偶校验码 奇偶校验码是一种最简单的编码。其方法是首先把信源编码后的信息数据流分成等长码组，在每一信息码组之后加入一位(1bit)校验码元作为"奇偶检验位"，使得总码长 n(包括信息位 $n-1$ 位和校验位 1 位)中的码重为偶数(称为偶校验码)或为奇数(称为奇校验码)。如果在传输过程中任何一个码组发生一位(或奇数位)错误，则收到的码组必然不再符合奇偶校验的规律，因此可以发现误码。奇校验和偶校验两者具有完全相同的工作原理和检错能力，原则上采用任一种都是可以的。例如

00110101010111101010100011

00110101 01011101 01010001 1…

奇校验：00110101 ——→001101011（码重为奇数）

偶校验：00110101 ——→001101010（码重为偶数）

由于每两个1的模2加为0，故利用模2加可以判断一个码组中码重是奇数还是偶数。奇偶校验码的特点是编码速率较高，只能发现奇数个错误，无纠错功能。

（2）重复码　最容易想到的能纠正错误的办法，就是将信息重复传几次，只要正确传输的次数多于错误传输的次数，就可用少数服从多数的原则排除差错，这就是简单的重复码原则。例如

00110101 ——→0011010100110101

重复码的特点是编码/译码速率较高，但信道有效利用率低。

（3）循环冗余校验码　循环冗余校验码（CRC）是非常适合于检错的差错控制码。它有两个突出的优点：①可以检测出多种可能的组合型差错。②比较容易实现编码和译码电路。因此，几乎所有的检错码都是利用循环码，这种专门用于检错的循环码称为循环冗余校验码。

由于信道偶尔会受到外部较强的干扰，可能在传输码字中发生连续差错——突发性差错，CRC可以检测出以下几种格式的错误：

1）突发长度不超过 $(n-k)$ 位的全部错误格式。

2）当突发性差错位达到 $(n-k+1)$ 位时，可以部分检错。

3）当突发性差错位超过 $(n-k+1)$ 位时，检错比例为 $[1-2^{-(n-k-1)}]$。

4）当生成多项式含有偶数个非"0"元素时，CRC可以检出码字的全部奇数个误差格式的错误。

注：码字长度为 n，信息字段为 k 位。

（4）卷积码　卷积码是非线性编码，其性能对于许多实际情况常优于分组码。

卷积码的特点是：①编码简单。②设备简单。③性能高。④适合解离散的差错，对于连续的差错效果不理想。

卷积码在它的信码元中也有插入的校验码元，但并不执行分组校验，每一个检验码元都要对前后的信息单元起校验作用，整个编译码过程也是一环扣一环，连锁地进行下去。

（5）交织　在数字通信中，交织也是常见的信道编码方式。

在发送端，编码序列在送入信道传输之前先通过一个交织寄存器矩阵，将输入序列逐行存入交织寄存器矩阵，存满以后，按列的次序取出，再送入传输信道。

接收端收到后先将序列存到一个与发送端相同的交织寄存器矩阵，但按列的次序存入，存满以后，按行的次序取出，然后送进译码器。由于收发端存取的程序正好相反，因此，送进译码器的序列与编码器输出的序列次序完全相同，译码器丝毫感觉不出交织寄存器矩阵的存在与否。

这种编码方式实现简单，通常不单独使用，却可以和其他编码方式结合完成检验连续出错的情况。

1.7.2　移动通信中的调制技术

在通信系统中，发送端的信息要变换成原始电信号，接收端恢复原始电信号并要变换成接收信息。这里的原始电信号一般含有直流分量和频率较低的频谱分量，称为基带信号。基带信号往往不能直接作为传输信号，必须将基带信号变换成适合信道传输的信号，并在接收端进行反变换。这个变换和反变换分别称为调制和解调。经过调制的信号称为已调信号或频带信号，它携带信息，而且更适合在选定的信道中传输。

调制是一种对信号进行变换的处理手段，经调制将信号变换成适合于传输和记录的形式。被调制的信号可以是数字的，也可以是模拟的。调制的目的：便于信息的传输；改变信号占据的带宽，改善系统的性能；便于多路多址传输。调制以后的信号对干扰有较强的抵抗作用，同时对相邻的信道信号干扰较小，且解调方便易于集成。所以在不同环境和条件下，使用不同的调制技术。

按照调制器输入信号(调制信号)的形式，调制可以分为模拟调制(或连续调制)和数字调制。模拟调制是利用输入的模拟信号直接调制(或改变)载波的振幅、频率或相位，从而得到调幅(AM)、调频(FM)或调相(PM)信号。数字调制是利用数字信号来控制载波的振幅、频率或相位。基本的数字调制方式有幅移键控(ASK)、频移键控(FSK)和相移键控(PSK)。

目前正在商用的 GSM 蜂窝移动通信系统采用高斯滤波最小频移键控(GMSK)调制方式，IS-95 CDMA 蜂窝移动通信系统前向信道采用四相相移键控(QPSK)调制方式，反向信道采用偏置四相相移键控(OQPSK)调制方式。这里不讨论它们的具体工作原理，只讨论它们的主要特点。

1. 高斯滤波最小频移键控(GMSK)

高斯滤波最小频移键控(GMSK)基本原理是将基带信号先经过高斯滤波器滤波，使基带信号形成高斯脉冲，之后进行最小频移键控(MSK)调制。由于滤波形成的高斯脉冲包络无陡峭的边沿，也无拐点，所以经调制后的已调波相位路径在 MSK 的基础上进一步得到平滑。高斯滤波器用于限制邻频道干扰。这种技术提供了相当好的频谱效率、固定的信号幅度，是一种具有很好的载干比(C/I)的优秀调制方式。它还具有功耗小、重量轻、收发信机成本低等优点。在数字移动通信中进行高速率数据传输时，能够满足邻频道带外辐射功率介于 $-80 \sim -60$dB 的指标。

2. 四相相移键控(QPSK)

四相相移键控(QPSK)与二相相移键控(BPSK)相比有以下特点：①可以压缩信号的频带，提高信道的利用率。②可以减小由于信道特性引起的码间串扰的影响。③传同样信息时，传输速率减半。④传输的可靠性将随之降低。

3. 偏置四相相移键控(OQPSK)

偏置四相相移键控(OQPSK)是在四相相移键控(QPSK)调制基础上演变而来的，是四相相移键控(QPSK)的改进型。偏置四相相移键控(OQPSK)的特点包括：①OQPSK 最大相位跳变为 $\pm\pi/2$。②OQPSK 具有较高的抗相位抖动性能。③不需要线性功率放大器。由于不需要线性功率放大器，功率放大器的效率高，功耗小，温升低。这正是移动台所需要的，所以 CDMA 反向信道移动台就是采用的偏置四相相移键控(OQPSK)调制方式。

小　　结

1. 移动通信是指通信的双方，或至少一方，能够在移动状态下进行信息传输和交换的一种通信方式。通信双方可以不受时间及空间的限制，随时随地进行有效、可靠和安全的通信。

2. 移动通信发展大致经历了五个阶段：①公用汽车电话。②第一代移动通信(1G)。③第二代移动通信(2G)。④第三代移动通信(3G)。⑤第四代移动通信(4G)。

3. 移动通信的主要特点：①必须利用无线电波进行信息传输。②通信环境存在十分复杂的干扰。③可利用的频谱资源有限。④网络管理控制复杂。⑤移动设备必须适用于可变的移动环境。

4. 蜂窝移动通信系统主要由基站子系统(BSS)、移动台(MS)、网络子系统(NSS)、操作子系统(OSS)构成。

5. 移动通信按设备的使用环境可分为陆地移动通信、空中移动通信、海上移动通信；按服务对象可分为民用移动通信、军用移动通信；按移动通信系统可分为公用移动通信系统和专用移动通信系统。

6. 移动通信的工作方式可分为单工制、半双工制和双工制三种。

7. 移动通信系统中的多址接入技术包括频分多址(FDMA)、时分多址(TDMA)、码分多址(CDMA)等。

8. 移动通信的编码分为信源编码与信道编码。移动通信的调制采用数字调制技术，GSM 系统采用高斯滤波最小频移键控(GMSK)调制方式，IS-95 CDMA 系统前向信道采用四相相移键控(QPSK)调制方式，反向信道采用偏置四相相移键控(OQPSK)调制方式。

思考题与练习题

1-1　什么是移动通信？移动通信有哪些特点？

1-2　移动通信系统发展到目前经历了几个阶段？各阶段有什么特点？

1-3　试述移动通信的发展趋势和方向。

1-4　移动通信系统的组成如何？试讲述各部分的作用。

1-5　常见的移动通信系统有哪些？各有何特点？

1-6　集群移动通信系统的组成有哪些？

1-7　移动通信的工作方式及相互间的区别有哪些？

1-8　什么是 FDD 和 TDD 模式？各自的特点是什么？

1-9　移动通信系统中的多址技术包括哪些？分别有什么特点？

1-10　什么是编码？编码可以分为哪几种？

1-11　语音编码技术通常分为哪三类？试描述各类的优缺点。

1-12　什么是调制？GSM 系统和 CDMA 系统各采用什么调制方式？

第 2 章　移动通信的组网技术

内容提要：本章介绍了频率管理与有效利用技术、区域覆盖与信道配置、移动通信系统的网络结构，介绍了多信道共用的概念和空闲信道的选取方法，还介绍了数字信令、音频信令等。通过本章的学习，了解移动通信系统的网络结构和信令组成形式，正确理解频率管理与有效利用技术、区域覆盖与信道配置方法以及多信道共用技术。

2.1　频率管理与有效利用

现代通信要求的是在尽可能大的范围和尽可能多的用户间实现多种信息交换，还要实现不同系统间的连接，保证通信的质量和效率，让移动用户在更大范围内有序地通信，则必须解决组网的问题。成功组网是衡量一个系统综合性能的重要指标，直接影响到系统的服务质量和运营商的建设成本等问题。组网过程中必须解决很多技术问题才能使网络正常运行，这些问题大致可以分为以下几个方面。

1）频率资源的管理与有效利用问题。频率资源是人类共同拥有的特殊资源，需要在全球范围内统一管理，在不同的空间域、时间域、频率域可以采用多种技术手段来提高它的利用率。

2）网络控制方面的问题。随着移动通信服务区域的扩大，需要用合理的方法对整个服务区域进行区域划分并组成相应的网络。各种业务需求不同，网络结构也就有所不同。

为了保证整个网络的用户有次序地进行通信，必须对网络内的设备进行各种控制及管理，要适时地将主叫用户与被呼叫用户的线路（有线和无线链路）连接起来，这些都是移动通信网络组网的共性问题。

无线通信是利用无线电波在空间传递信息的。由于无数的用户共用同一个空间，因此，不能在同一时间、同一场所、同一方向上使用相同频率的无线电波，否则就会形成干扰。当前移动通信发展所遇到的最突出问题就是如何将有限的可用频率有次序地提供给越来越多的用户使用而不相互干扰，这就涉及频率的管理与有效利用。

2.1.1　频率的管理

频率是一种特殊资源，它并不是取之不尽的。与别的资源相比，它有一些特殊的性质。例如说，无线电频率资源不是消耗性的，用户只是在某一个空间和时间内占用，用完之后依然存在，不使用或使用不当都是浪费；电波传播不分地区和国界，它具有时间、空间和频率的三维性，可以从这三方面进行有效利用，提高其利用率；它在空间传播时容易受到来自大自然和人为的各种噪声和干扰的污染。基于这些特点，频率的分配和使用需要在全球范围内制定统一的规则。

国际上，由国际电信联盟（ITU）召开世界无线电管理大会，制定无线电规则。它包括各种无线电系统的定义、国际频率分配表和使用频率的原则、频率的分配和登记、抗干扰的措施、移动业务的工作条件以及无线电业务的分类等。

国际频率分配表按照大区域和业务种类给定。全球划分为三个大区域：

第一区：欧洲、非洲和部分亚洲国家；

第二区：南北美洲(包括夏威夷)；

第三区：大部分亚洲和大洋洲。

业务种类划分为固定业务、移动业务(分海、陆、空)、广播业务、卫星业务和遇险呼叫业务等。

各国以国际频率分配表为基础，根据本国的实际需要，制定国家频率分配表和无线电规则。我国位于第三区，结合具体情况进行了具体调整，见表2-1。

表2-1　中国无线电频率分配中的频段划分

名称	符号	频　　率	波　　长	波段	传播特性	主　要　用　途
甚低频	VLF	3～30kHz	1000～10km	超长波	空间波为主	远距离通信、海岸及潜艇通信、远距离导航
低频	LF	30～300kHz	10～1km	长波	地波为主	越洋通信、中距离通信、地下岩层通信、远距离导航
中频	MF	300～3000kHz	1000～100m	中波	地波与天波为主	航用通信、业余无线电通信、中距离导航
高频	HF	3～30MHz	100～10m	短波	地波与天波为主	远距离短波通信、国际定点通信
甚高频	VHF	30～300MHz	10～1m	米波	空间波	人造电离层通信、空间飞行体通信、移动通信
特高频	UHF	300～3000MHz	1～0.1m	分米波	空间波	小容量微波中继通信
超高频	SHF	3～30GHz	10～1cm	厘米波	空间波	大容量微波中继通信、卫星通信、数字通信、国际海事卫星通信
极高频	EHF	30～300GHz	10～1mm	毫米波	空间波	波导通信

当前中国移动电话使用的频段主要在150MHz、450MHz、800MHz、900MHz和2000MHz等频段。根据各类业务及系统的不同，网络对频率等均有明确的规定。

双工移动通信网规定工作在VHF频段的收发频差为5.7MHz，UHF 450MHz频段的收发频差为10MHz，UHF 900MHz频段的收发频差为45MHz，并规定基站对移动台下行链路的发射频率高于移动台对基站上行链路的发射频率。

我国统一管理频率的机构是国家无线电管理委员会，移动通信网必须遵守国家的有关规定，并接受当地无线电管理委员会的具体管理。

无线通信中划分信道的方法很多，可按照频率不同、时隙不同、码型不同等来划分信道。无论何种划分，最终承载信息的都是频率。

无线信道的频率间隔大小取决于所采用的调制方式和设备的技术性能，世界各国VHF/UHF频段的相邻信道间隔不尽相同，从几千赫兹到几兆赫兹不等。

已调信号的占有频带是指包含了信号90%功率的带宽，它是决定信道间隔的主要因素。无线信道保证了这一带宽，即可保证本信道信息的有效传输。但是也不能忽略带宽之外的辐射功率对邻近信道的影响。因此，相邻信道之间还必须留有一定的保护带，即占有带宽应小于信道间隔。

2.1.2　频率的有效利用技术

频率的有效利用就是从时间域、空间域和频率域这三个方面采用多种技术，以设法提高频率的利用率。

1. 时间域的频率有效利用

在某一个时间段，如果某一个用户固定占有了某一信道，但事实上它不可能占用全部时间。在该用户空闲的时间内，任何其他用户都无法再使用这个信道，只能让它闲置着，这是很大的浪费。计算表明，若多个信道供大量用户所共用，则频率资源的利用率可以明显提高。当然，在信道共用的情况下，当某一用户发出呼叫时，有可能信道正被其他用户占用着，因而呼叫不通，即发射呼损（如同有线电话的占线）。显然，在信道数一定的条件下，用户越多则频率利用率越高，但同时呼损也越频繁。究竟怎样的呼损率是人们可以接受的？共用信道数、用户数、呼损率、信道利用率之间有怎样的定量关系？这就是多信道共用技术需要研究的问题，也是组网技术的一个重要方面。

2. 空间域的频率有效利用

在某一个地区（空间）使用了某一频率之后，只要能控制电波辐射的方向和功率，在相隔一定距离的另一个地区可以重复使用这一频率，这就是频率复用。蜂窝移动通信网就是根据这一概念组成的。在频率复用的情况下，会有若干个收发信机使用同一频率，虽然它们工作在不同的空间，但由于相隔距离有限，仍会存在相互之间的干扰，称为同频道干扰。在频率复用的通信网络设计中，必须使同频工作的收发信机有足够的距离，以保证有足够的同频道干扰"防护比"。因此，在采用空间域有效利用技术的频率复用技术时，必须严格掌握好网络的空间结构，以及各基站的信道配置等，这也是组网技术的一个重要方面。

3. 频率域的频率有效利用

频率域的频率有效利用有两种方法：信道的窄带化和宽带多址技术。

窄带化技术从基带方面考虑可采用频带压缩技术，如低速率的语音编码等；从射频调制频带方面考虑可采用各种窄带调制技术，如窄带和超窄带调频以及各种窄带数字调制技术。应用窄带化技术减小信道间隔后，可在有限的频段内设置更多的信道，从而提高频率的利用率。

宽带多址技术有频分多址（FDMA）、时分多址（TDMA）、码分多址（CDMA）以及它们的组合等。

频率有效利用的最终评价标准是频率利用率，它可定义为

$$频率利用率(\eta) = \frac{通信业务量}{使用频谱空间的大小}$$

上式中的频谱空间是指由频宽、时间、实际物理空间所构成的三维空间，即

使用频谱空间的大小 = W(使用的频带宽度) $\times S$(占有物理空间的大小) $\times t$(使用时间)

通信业务量以话务量 A 表示，则有

$$\eta = \frac{A}{WSt}$$

由此可见，为了提高频率利用率，应该压缩信道间隔，减小电波辐射空间的大小，使信道经常处于使用状态。

2.2　区域覆盖与信道配置

2.2.1　区域覆盖

通信系统包括点到点的通信和多点之间的通信。点到点的通信，即在两点之间建立一条通信链路，确保信息从某一地点有效而可靠地传输到另一地点。通信系统往往需要进行多点之间的通信，即可称为网通信。现代移动通信系统一般都是网通信。

任何移动通信网都有一定的服务区域，无线电波辐射必须覆盖整个区域。在公共通信系统中，大部分的服务区域是宽阔的面状区域，根据对服务区域覆盖方式的不同，服务区域可划为两种体制：一种是小容量的大区制，另一种是大容量的小区制。大区制采用一个基站覆盖整个通信服务区或者个别情况由较少的基站覆盖整个服务区，但是每个基站基本上是独立的。小区制是把一个服务区域划分为若干个小区，或者说若干个小区组成一个大的服务区，并通过交换控制中心进行统一控制，实现移动用户之间或者移动用户与固定用户之间的通信。

1. 大区制移动通信

大区制就是在一个服务区域（如一个城镇）内只有一个或几个基站，并由它负责移动通信的联络和控制，如图 2-1 所示。

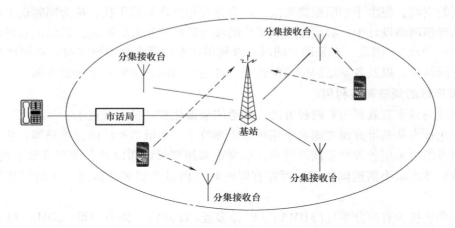

图 2-1　大区制移动通信示意图

为了扩大服务区域的范围，通常基站天线架设得都很高，发射机输出功率也较大（一般为 200W 左右），基站覆盖半径为 30 ~ 50km。

由于移动台电池容量有限，通常移动台发射机的输出功率较小，故移动台距基站较远时，移动台可以收到基站发来的信号（即下行信号），但基站却收不到移动台发出的信号（即上行信号）。为了解决两个方向通信不一致的问题，可以在服务区域中的适当地点设立若干个分集接收台，如图 2-1 所示，以保证在服务区内的双向通信质量。

在大区制中，为了避免相互间的干扰，在服务区内的所有频道（一个频道包含一对收发频率）的频率都不能重复。比如说，移动台 MS_1 使用了频率 f_1 和 f_2，那么，另一个移动台 MS_2 就不能再使用这对频率了，否则将产生严重的同频干扰。因而，这种体制的频率利用率和通信容量都受到了限制，满足不了用户数量急剧增长的需要。

大区制的优点是组网简单、投资少、见效快，主要应用于专网或用户相对较少的地域，如农村或城镇，为了节约初期工程投资，可按大区制设计考虑。但是，从长远规划来看，为了满足用户数量及业务日益增长的需要，提高频率的利用率，采用小区制的办法是有必要的。

2. 小区制移动通信

（1）小区制　当用户数量很多时，话务量相应增大，需要提供很多信道才能满足通话的要求。为了保证覆盖区域通信质量，依据频率重复使用的观点，可将整个服务区域划分成若干个半径为 2 ~ 20km 的小区域，每个小区域中设置基站，负责与小区内移动用户的无线通信，这种方式称为小区制，如图 2-2 所示。

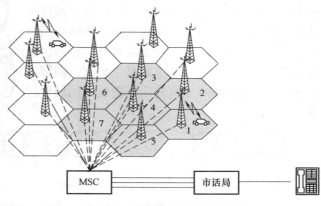

图 2-2　小区制移动通信示意图

图 2-2 中把一个服务区分为 7 个小区（可以是其他数目，比如 4、9 等），这 7 个小区构成一个区群，同一区群里不能使用相同信道（频道），不同的区群里可以采用信道复用技术（同频复用技术）。经过合理的配置，可以让相邻区群使用相同信道，并且不会产生干扰。比如移动台 A 在第 4 区使用过的频道，可以在另一个区群里第 4 区的移动台 B 使用。

小区制的特点是：

1）可以提高频率利用率。这是因为分成若干个小区以后，相隔一定距离的小区可以同时使用相同的工作频率组。也就是说，在一个很大的服务区内，同一组信道频率可以多次重复使用，因而增加了单位区域上可供使用的信道数，提高了服务区的容量密度，有效提高了频率利用率。

2）组网灵活。随着用户数的不断增长，每个覆盖区还可以继续划小，以不断适应用户数量增长的实际需要。采用小区制能够有效地解决信道数量有限和用户数量增大的矛盾。

3）网路构成复杂。各小区基站之间的信息交换要有交换设备，且各基站至交换局都需要有一定的中继线，这将使建网成本和复杂性增加。

不过小区制还存在一个问题，就是正在通话的移动台，从一个小区进入另一个小区的概率增加了，为了保持通话的连续性，要求移动台经常更换工作频率，并且小区越小，通话中需更换工作频率的次数越多，这样对交换技术的要求也越高。同时，由于增加了基站的数目，建网的成本和复杂性也有所提高。另外，采用同频率复用技术，同频小区之间会产生干扰（同频干扰），在系统设计时必须考虑它的影响。小区制适用于用户数量较大的公用移动通信系统。

（2）服务区　采用小区制的移动通信的服务区是指移动台能够获得服务的区域。通常服务区根据不同的业务要求、用户区域分布、地形以及不产生相互干扰等因素可分为条状服务区和面状服务区。

1）条状服务区。条状服务区也称为带状服务区，指用户的分布呈条状（或带状），例如铁路、公路、狭长城市、沿海水域、内河等，如图2-3所示。

条状网可以进行频率复用。若以采用不同频道组的两个小区组成一个区群，则称为二频组；若以采用不同频道组的三个小区组成一个区群，则称为三频组，如图2-4所示。从建网成本和频率利用角度看，二频组是可取的。由图2-4可见，相邻区域都有重叠区，而且不论二频组还是三频组、四频组都不可避免存在因频率重复使用而造成的同频干扰问题。

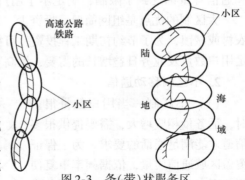

图2-3 条(带)状服务区

a) 二频组

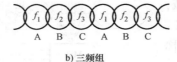

b) 三频组

c) 四频组

图2-4 二频组、三频组、四频组工作方式

2）面状服务区。面状服务区包括许多方面的内容，下面简单介绍。

① 小区形状。小区形状应该是规则形状。若基站使用全向发射天线，则基站覆盖区实际是一个圆。但从理论上说，圆形小区邻接会出现多重覆盖或无覆盖区。在进行面状服务区设计时，能覆盖一个平面的规则多边形有正三角形、正方形、正六边形三种，它们的比较如图2-5所示。经过比较可知，正六边形小区的中心间隔最大，覆盖面积也最大，并且重叠区域宽度最小，重叠区域的面积最小。对于同样大小的服务区域，采用正六边

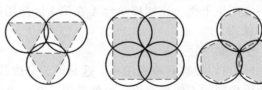

图2-5 正三角形、正方形、正六边形的比较

形构成的小区所需的小区数最少，故所需频率组数也最少。因此，用正六边形组网是最经济的一种方式。而正三角形因为重叠面积过大，一般不考虑使用这种方式。

为了更直观地描述覆盖的情况，表2-2分别对正三角形、正方形、正六边形这三种覆盖方式进行了比较，通过比较所得到的参数，不难发现，正六边形覆盖方式是最理想的。

表2-2 正三角形、正方形、正六边形的比较

项 目	小区形状		
	正三角形	正方形	正六边形
相邻小区的中心间隔	r	$\sqrt{2}\,r$	$\sqrt{3}\,r$
单位小区面积	$\dfrac{3\sqrt{3}}{4}r^2 = 1.3r^2$	$2r^2$	$\dfrac{3\sqrt{3}}{2}r^2 = 2.6r^2$
重叠区宽度	r	$(2-\sqrt{2})r \approx 0.59r$	$(2-\sqrt{3})r \approx 0.27r$
重叠区面积(在正多边形内部)	$(\pi-1.3)r^2 \approx 1.84r^2$	$(\pi-2)r^2 \approx 1.14r^2$	$(\pi-2.6)r^2 \approx 0.54r^2$
重叠区与小区面积比	1.41	0.57	0.21
所需频率组最少个数	6	4	3

由于正六边形服务区的形状很像蜂窝，所以采用这种小区制的通信网络称为蜂窝网。常见的蜂窝移动通信系统中的蜂窝分为三类，它们分别是宏蜂窝、微蜂窝以及智能蜂窝，这三种蜂窝技术各有特点。

a. 宏蜂窝技术。蜂窝移动通信系统中，运营商在网络运营初期的主要目标是建设大型的宏蜂窝小区，取得尽可能大的地域覆盖率，宏蜂窝每个小区的覆盖半径大多为 1 ~ 35km。在实际的宏蜂窝小区内，通常存在着两种特殊的微小区域：其一是"盲点"，由于电波在传播过程中遇到障碍物而造成的阴影，"盲点"区域的通信质量特差，基本保证不了正常通信；其二是"热点"，由于空间业务负荷的不均匀分布而形成的业务繁忙区域，导致通信无法实现接入等。运营商一般依靠设置直放站、分裂小区等办法来解决上面两个"点"的问题。除了考虑经济方面的因素外，从原理上讲，这两种方法也不能无限制地使用。因为扩大了系统覆盖，通信质量要下降；提高了通信质量，往往又要牺牲容量，故要在保证通信质量的同时还要兼顾容量。随着用户的增加，宏蜂窝小区进行了小区分裂，并变得越来越小。一方面，当小区小到一定程度时，建站成本就会急剧增加，小区半径的缩小也会带来严重的干扰；另一方面，盲区仍然存在，热点地区的高话务量也无法得到很好的吸收。微蜂窝技术就是为了解决以上难题而产生的。

b. 微蜂窝技术。与宏蜂窝技术相比，微蜂窝技术具有覆盖范围小、传输功率低以及安装方便灵活的特点。微蜂窝小区的覆盖半径为 30 ~ 300m，基站天线低于屋顶高度，传播主要沿着街道的视线进行，信号在楼顶的泄露小。微蜂窝可以作为宏蜂窝的补充和延伸，微蜂窝的应用主要有两方面：一是提高覆盖率，应用于一些宏蜂窝很难覆盖到的盲点地区，如地铁、地下商场和地下停车场等；二是提高容量，主要应用在高话务量地区，如繁华的商业街、购物中心、体育赛事期间的体育场等。微蜂窝在提高网络容量的应用时一般与宏蜂窝构成多层网。宏蜂窝进行大面积的覆盖，作为多层网的底层，微蜂窝则小面积连续覆盖叠加在宏蜂窝上，构成多层网的上层，微蜂窝和宏蜂窝在系统配置上是不同的小区，有独立的广播信道。

c. 智能蜂窝技术。智能蜂窝是指基站采用具有高分辨阵列信号处理能力的自适应天线系统，可智能地监测移动台所处的位置，并以一定的方式将确定的信号功率传递给移动台的蜂窝小区。对于上行链路而言，采用自适应天线阵接收技术，可极大地降低多址干扰，增加系统容量；对于下行链路而言，则可以将信号的有效区域控制在移动台附近半径为 100 ~ 200 波长范围内，使同频道干扰大为减小。智能蜂窝小区既可以是宏蜂窝，也可以是微蜂窝。利用智能蜂窝小区的概念进行组网设计，能够显著地提高系统容量，改善系统性能。

② 区群（簇）的构成。由许多正六边形小区作为基本几何图形覆盖的整个服务区，构成形状类似蜂窝的移动通信网，称为小区制蜂窝移动通信网或蜂窝网（Cellular Network）。图 2-6 所示为一个全展开的蜂窝网，具有特定的蜂窝组网规律。为了实施频率复用，让有限的频率资源能最大程度地被利用，同时有效控制同频道工作小区之间的干扰影响，依此发展了许多复用的图样。由若干个正六边形组成的区域图样称为区群或簇（Cluster）。构成单元无线区群的基本条件是：

a. 正六边形基本图样应能彼此邻接且无空隙地覆盖整个面积。

b. 相邻单元中，同频道的小区间距离相等，且为最大。

满足上述条件所构成的簇的小区数目 n 是有限的，并且 n 应满足下式：

$$n = a^2 + ab + b^2 \tag{2-1}$$

式中，a 和 b 分别为相邻同频小区之间的二维距离（相隔小区数），如图 2-6 所示。a、b 均为整数，其中一个可以为 0，但不能同时为 0。由式（2-1）可以算出可取的 n 值，列于表 2-3 中，相应的簇的形状如图 2-7 所示。

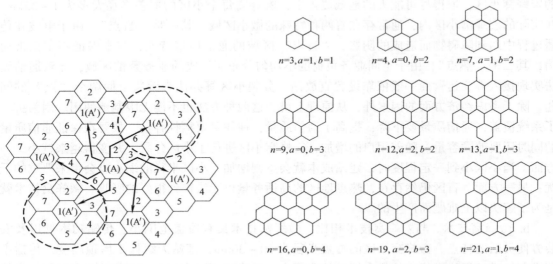

图 2-6　确定同频小区的方法　　　　图 2-7　正六边形小区区群的构成

表 2-3　区群内的小区数

a	1	0	1	0	2	1	0	2	1	0	3	2
b	1	2	2	3	2	3	4	3	4	5	3	4
n	3	4	7	9	12	13	16	19	21	25	27	28

③ 同频小区的距离。在区群内小区数不同的情况下，可采用下列方法来确定同频小区之间的位置和距离。如图 2-6 所示，寻找中心小区 A 的同频小区，可以从中心小区 A 出发，先沿边的垂线方向跨过 a 个小区，再向左或者右转 60°跨过 b 个小区，就可到和中心小区 A 使用相同信道组的小区 A′ 了，中心小区 A 和小区 A′ 是不属于一个区群的。

图 2-8 画出了由簇复用构建蜂窝网的示意图，由此可以计算同频小区间距离 D。

小区的辐射半径（即正六边形的顶点半径）设为 r_0，则在相邻的两个簇中，位置对应的两个同频小区中心之间的距离 D，即同频复用距离，可用下式计算：

$$D = \sqrt{3n}\, r_0 \tag{2-2}$$

由式（2-2）可见，一方面，簇内小区数 n 越大，同频小区之间的距离越远，抗同频干扰的性能也就越好。另一方面，在进行蜂窝移动通信系统的频率分配时，每一个小区分配一个频道组，每一个簇分配一组频道组，

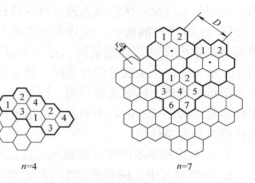

图 2-8　n 个小区的复用模式

在大面积覆盖时，相隔一定距离后这组频率又可以再用，只要相隔距离能保证同频道抑制足够大，频率复用就可以提高频率利用率。D_c 是获得给定信号同频干扰比所需的同频复用距离，则在 D 远大于 D_c 的条件下，n 应取最小值，因为 n 越小，频率利用率越高。

将同频无线区间的距离 D 和小区半径 r_o 的比值 $R = D/r_o$ 称为同频复用比。D/r_o 是蜂窝系统中计算同频干扰和频率复用的一个重要参数。由式(2-2)得

$$R = \frac{D}{r_o} = \sqrt{3n} \tag{2-3}$$

对于常用的簇构成模式，有不同的 D/r_o（见表2-4），因而实际系统能够提供的载干比（即 C/I）只与 R 有关。其中，C/I 也称干扰保护比，是指接收到的有用信号电平（载波）与所有非有用信号电平（干扰）的比值。

表 2-4　同频复用比和小区数的关系

n	3	4	7	9	12	21
D/r_o	3.0	3.5	4.6	5.2	6.0	7.9

（3）中心激励与顶点激励　前面论述中都把基地台（基站）设在小区的中央，由全方向天线形成圆形覆盖区，这就是所谓中心激励方式，如图2-9a 所示。假如小区内有大的障碍物，如孤立的山丘或高大的建筑物，中心激励方式难免会有辐射的阴影区。若改在正六边形的三个顶点上，用120°扇形覆盖的定向天线，就可以避免阴影区的出现，这就是所谓顶点激励方式。顶点激励的基地台（基站）设置如图2-9b 所示。图2-10 说明顶点激励消除障碍物阴影的原理。

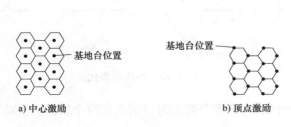

图 2-9　激励方式

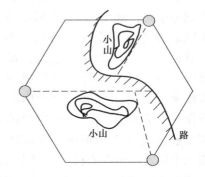

图 2-10　顶点激励消除障碍物阴影

顶点激励方式除对消除障碍物阴影有利外，对来自天线方向图主瓣之外的干扰也能有一定的隔离度，因而允许减小同频小区之间的距离，进一步提高频谱的利用率，对简化设备、降低成本都有好处。

（4）频率复用模式　蜂窝结构的价值是借助频率复用来突破频谱资源限制的，从而产生无限的系统容量。从上面分析可知，簇是构成蜂窝网的二次图形。全部频谱在簇内分配使用。对于全向覆盖并由 n 个小区组成的簇，频道总数被分成 n 组，每个小区分给一个频道组，全部频道分给簇。簇获得全部频率，相邻的簇重复使用相同的频率分配模式。

频率复用模式的确定主要是以同频干扰防护门限为依据。如果 n 太大，则每个小区中分得的频道数太少。如果 n 太小，则每个小区频道数增加，这将导致同频小区距离更近而使同频干

扰防护降低。目前常用蜂窝网簇的结构有 $n=12$，9，7，4，3。频率复用距离由式(2-2)计算，实例结果为

$$D = \begin{cases} 6r_o & n=12 \\ 4.6r_o & n=7 \\ 3.46r_o & n=4 \\ 3r_o & n=3 \end{cases}$$

且同频小区距离彼此相等。

（5）小区分裂　小区分裂是提高蜂窝网容量及频谱效率的一项重要措施。原则上，蜂窝移动通信系统可以为无限多用户提供服务，初期设计总是认为服务区内各小区大小相同，用户密度均匀分布，各基站开设频道数也相等。实际上，随着用户数不断增长，服务区内各小区用户密度不再相等。例如，闹市区的用户密度大，话务量急增；郊区的用户密度小，话务量也较小。随着城市建设的不断发展，原来的用户低密度区可能变成高密度区。显然，初期设计方案已不符合用户不均匀分布的情况。为了适应这种情况，在高用户密度的地区，应将小区面积划小一些，或将小区中基站全向覆盖改为定向覆盖，使每个小区所分配的频道数增多，满足话务量增大的需要，这种技术措施称为小区分裂。

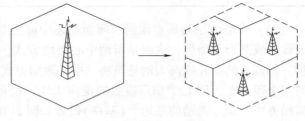

图 2-11　重新划分

小区分裂的方式有两种，一种是重新划分小区，如图 2-11 所示；另一种是小区扇形化，如图 2-12 所示。小区扇形化就是把小区分成几个扇区，每个扇区使用一组不同的信道，并采用一副定向天线来覆盖每个扇区。每个扇区都可以看作一个新的小区。最常用的结构包括三个扇区或者六个扇区。在市区一般采

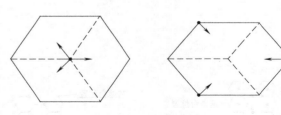

图 2-12　小区扇形化

用三个扇区，而在农村一般是全方向性的小区，在覆盖公路的时候则采用两个扇区。基站可以位于小区中央，也可以位于小区的顶点。

小区分裂方式的主要缺点是：干扰电平增大，需要建造新的基站，需要重新进行频率规划，增加了切换的次数，而且随着小区半径的减小，同频干扰就越严重。小区扇形化的优点是：不增加基站的数目，增大了 C/I 值，改善了通信的质量。

（6）小区制移动通信网服务区域的划分　在小区制移动通信系统中，由于用户的移动性，位置信息是一个很关键的参数，如图 2-13 所示。

小区制移动通信网服务区域的最小不可分割的区域是由一个基站（全

图 2-13　小区制移动通信网服务区域的划分

向天线)或一个基站的一个扇形天线所覆盖的区域，称为小区。若干个小区组成一个位置区（LA），位置区的划分是由通信网运营商设置的。一个位置区可能和一个或多个 BSC 有关，但只属于一个 MSC。位置区信息存储于系统的 MSC/VLR 中，系统使用位置区标识（LAI）识别位置区。

为了确认移动台的位置，每个 PLMN 的覆盖区都被分为许多个位置区，一个位置区可以包含一个或多个小区。网络将存储每个移动台的位置区，并作为将来寻呼该移动台的位置信息。对移动台的寻呼是通过对移动台所在位置区的所有小区寻呼实现的。进行网络规划时，对位置区的划分相当重要。划分位置区的过程中，应在不会产生呼叫负荷过高的前提下，尽量使位置更新次数降低到最小。

当移动台更换位置区时，移动台发现其存储器中的 LAI 与接收到的 LAI 不一致，便执行登记。这个过程称为位置更新，位置更新是移动台主动发起的。

一个 MSC 业务区是其所管辖的所有小区共同覆盖的区域，可由一个或几个位置区组成。公用陆地移动网（PLMN）业务区是由一个或多个 MSC 业务区组成。每个国家有一个或多个。例如中国移动的全国 GSM 移动通信网络，以网络号"00"表示；中国联通的全国 GSM 移动通信网络，以网络号"01"表示。业务区是由全球各个国家的 PLMN 组成的。

2.2.2　信道配置

1. 固定信道分配

（1）分区分组分配法　按要求进行频率分配：所需的信道应占用最小的频段，即尽量提高频谱的利用率。为了避免同信道干扰，单位无线区群中不能使用相同的信道。为避免三阶互调干扰，每个无线区应采用无三阶互调信道组。

例如，一个单位无线区群由 6 个无线区组成，每个无线区均要求 4 个工作信道(共需 24 个工作信道)，则可用下述方法确定各无线区的工作信道序号。

由表 2-5 可见，若取信道序号为 1、2、5、11、13、18 的无三阶互调信道组作为参考，则该信道组的差值序列为(1、3、6、2、5)。由构成无三阶互调信道组的规律可知，只要选取的信道序号之间的差值满足以上的差值序列，则是无三阶互调信道组。同样，若在该信道组中仅取出 4 个信道来构成无三阶互调信道组，则有很多构成方法，如取信道序号为 1、2、5、11 作为一组，其差值序列为(1、3、6)，满足差值序列为(1、3、6)的信道组均为无三阶互调信道组。同理，取信道序号为 1、2、11、13，其差值序列为(1、9、2)；取信道序号为 1、2、5、13，其差值序列为(1、3、8)等。这样就可以得到多个差值序列，由这些差值序列就能构成更多个无三阶互调信道组(4 个信道一组)。根据分区分组分配法的要求用试探法选取可用的信道组，则可得到：

第一信道组：选取信道序号为 1、2、5、11 的 4 个信道作为第一信道组，其差值序列为(1、3、6)。

第二信道组：采用差值序列(1、3、6)，为了充分利用信道频率，信道序号平移至第六信道算起，则可得到信道序号为 6、7、10、16 的 4 个信道作为第二信道组。

第三信道组：取差值序列(1、9、2)，信道序号从第三信道算起，则可得到信道序号为 3、4、13、15 的 4 个信道作为第三信道组。

第四信道组：取差值序列(4、6、7)，信道序号从第八信道算起，则可得到信道序号为 8、

12、18、25 的 4 个信道作为第四信道组。

　　第五信道组：取差值序列(1、3、8)，但信道序号从第二十一信道算起，信道序号从大到小倒数，则可得到21、20、17、9 的 4 个信道作为第五信道组。

　　第六信道组：同样，取差值序列(1、3、5)，但信道序号从第二十三信道算起，信道序号从大到小倒数，则可得到23、22、19、14 的 4 个信道作为第六信道组。

　　根据上述结果，作出分区分组信道分配图，如图 2-14 所示。

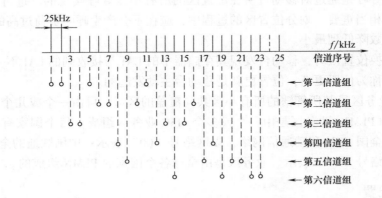

图 2-14　分区分组信道分配图

表 2-5　无三阶互调 I 型信道组

需用信道数 n	最小占用信道数 m_1	无三阶互调的信道组（下列数字为信道序号）	需用信道数 n	最小占用信道数 m_1	无三阶互调的信道组（下列数字为信道序号）
3	4	1、2、4	7	26	1、2、5、11、19、24、26； 1、3、8、14、22、23、26； 1、2、12、17、20、24、26； 1、4、5、13、19、24、26； 1、5、10、16、23、24、26
4	7	1、2、3、7；1、3、6、7			
5	12	1、2、5、10、12；1、3、8、11、12			
6	18	1、2、9、13、15、18； 1、2、5、11、16、18； 1、2、5、11、13、18； 1、2、9、12、14、18	8	35	1、2、5、10、16、23、33、35
			9	45	1、2、6、13、26、28、36、42、45
7	26	1、2、8、12、21、24、26； 1、3、4、11、17、22、26；	10	56	1、2、7、11、24、27、35、42、54、56

　　同理，若一个单位无线区群由 7 个无线区组成，每个无线区均要求有 6 个无三阶互调的信道，则各个无线区采用的工作信道序号包括：

　　第一信道组：1、5、14、20、34、36；

　　第二信道组：2、9、13、18、21、31；

　　第三信道组：3、8、19、25、33、40；

　　第四信道组：4、12、16、22、37、39；

　　第五信道组：6、10、27、30、32、41；

第六信道组：7、11、24、26、29、35；

第七信道组：15、17、23、28、38、42。

上述的两个例子中，信道的分配满足分区分组分配法的要求。但是，当每个无线区需要的信道数很多时，要满足上述要求就很困难，是不现实的。

（2）等频距分配法　等频距分配法是按信道之间频距相等的原则进行信道分组，是大容量蜂窝网广泛使用的频率分配方法。等频距分配法的特点包括：

1）等频距分配法按频率间隔来分配信道，既可 100% 地利用频率资源，又可有效地避免信道组中的邻频道干扰。

2）同频干扰的防护由蜂窝系统簇的构成和网络结构作为计算依据和质量保证。

3）对于互调干扰的影响，由于信道组中有足够大的信道间隔，接收机中频滤波器有较强的带外抑制能力，可以减小到很小的程度。

4）在频道支配中，切实做到在相邻无线区不使用有邻频道的频道组，能有效降低邻频道干扰。

在等频距分配法中，频道分组应根据簇内小区数 n 和基站覆盖情况来决定总的频道组数。例如，当 $n = 7$，基站为中心设置 60° 定向覆盖时，一个正六边形小区中的频道组数 $q = 6$，总的信道组数为 $nq = 42$。很明显，nq 就是信道组中相邻信道序号的间隔。

为了避免近端对远端干扰，必须对接收滤波器和同一个蜂窝中的信道组间隔提出要求。也就是说，信道组间隔的确定必须考虑近端对远端的干扰抑制比。假设有 160 个信道，共分成 10 个信道组，每个信道组 16 个信道，则第一个信道组的信道序号可以通过等频距分配法（见表 2-6）求得。第二个信道组的信道序号为 2、12、22、32、42、52、62、72、82、92、102、112、122、132、142、152，其他信道组依次类推。按照这种分配方法，当无线区需用 16 个信道时，工作信道之间的最小频距为 250kHz（当信道间隔为 25kHz 时）。由于信道间的频距较大，故采用适当的选频电路就能保证工作信道之间的隔离度，从而可降低互调干扰。这种信道分配方法适用于大容量移动电话系统。

固定信道分配方法的优点是：各基站只需配置与所分配的信道相对应的设备，其控制简单。但是当一个无线区的信道全忙时，即使邻区的信道空闲也不能使用，故信道的利用还不够充分。尤其是当移动用户相对集中时，将会导致呼损率的增大。

表 2-6　等频距分配法

1	21	41	61	81	101	121	141
11	31	51	71	91	111	131	151

2. 动态信道分配

动态信道分配不是将信道固定地分配给某个无线区，而是很多无线区都可以使用同一信道。每个无线区使用的信道数不是固定的，当某时刻业务量大时，占用的信道数就多，否则就少。动态信道分配的目的是增大系统容量和改善通信质量。动态信道分配法应用于无绳电话系统、集群无线调度系统等，个人通信设备也需要这种信道分配模式。

从技术上看，给某个无线区指定一个空闲信道时，必须满足信道距离相同的要求，即在复用距离之内的各个无线区中均未使用该被指定的信道，只有这样才能避免同信道干扰。例如要在某无线区内给某一用户增加一个空闲信道时，如果本无线区某一信道是空闲的，那就需要检查一下在复用距离之内的其他无线区内该信道是否也是空闲的。如果空闲，则可将该信道提供给用户使用；如果忙，则必须按以上方法再检查其他信道，只要检查的信道能够满足如上要求，便可提供给用户使用。如果把所有的信道都检查过了，仍未找到满足要求的信道，则发出忙音，表示通话阻塞。由此可见，动态信道分配不但需要收集和处理大量的数据，还要实时地给出处理结果，其系统的控制极其复杂，设备多，成本高。但是，动态信道分配与固定信道分配比较，频率利用率可提高20%～50%。此外，还可以采用混合信道分配方法，它是固定信道分配和动态信道分配相结合的一种方法，即将一部分信道固定地分配给各个无线区，另一部分信道作为无线区均可使用的动态信道。各无线区可优先使用分配给它的固定信道组，当固定信道组不够用时，再按动态信道分配法使用空闲的动态信道。

2.3　移动通信系统的网络结构

移动通信网类型很多，分类方法不尽相同，下面仅按使用部门不同来划分，移动通信网可分为公用网和专用网两大类。公用网是开放的，全社会任何单位或个人均可享用，必须与地面固定公用网联网（最理想的是全自动拨叫）；专用网是封闭或半封闭的，主要供某系统内部通信使用，有条件地与地面公用或专用网络连通。这就对移动通信的网络结构提出了截然不同的要求，并构成不同的模式。

在构建我国移动通信网络结构时，应遵循以下原则：

1）要适合我国地域广大、经济不平衡的特点。

2）既要考虑目前实现的可能性，又要考虑今后的发展方向。

3）应便于实现越局（区）频道自动转接和漫游通信。

4）不应对现有公用电信网产生重大改变，并尽量能相互兼容。

5）建网要经济，尽可能利用现有的网络资源。

2.3.1　基本网络结构

移动通信的基本网络结构如图2-15所示，基站通过传输链路和交换机相连，交换机再与固定的电信网络相连接，这样就可建立移动用户←→基站←→交换机←→固定网络←→固定用户，移动用户←→基站←→交换机←→基站←→移动用户等不同情况下的通信链路。

基站与交换机之间、交换机与固定网络之间可以采用有线链路（如光纤、同轴电缆、双绞线等），也可以采用无线链路（如微波链路）。

移动通信网络中使用的交换机通常称为移动业务交换中心（MSC）。它与常规交

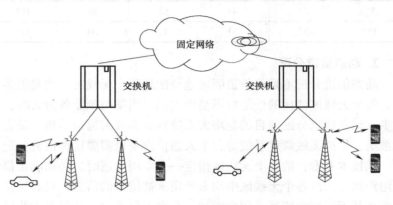

图2-15　基本网络结构

换机的不同之处是：MSC 除了要完成常规交换机的所有功能外，还负责移动性管理和无线资源管理(包括越区切换、漫游、用户位置登记管理等)。

蜂窝移动通信网络中，每个 MSC(它包括移动电话局和移动汇接局)要与本地的市话汇接局、本地长途交换中心相连接。MSC 之间需要相互连接才可以构成一个功能完善的网络。

2.3.2　其他网络结构

根据系统容量的大小、覆盖区域的大小，移动通信网络的结构可以划为单基站(一个基站)小容量的移动通信网络结构，移动通信本地网结构，混合式区域联网的移动通信网络结构以及叠加式区域联网的大、中容量移动通信网络结构。无论什么样的移动通信网络都必须具有和公用电话网联网的功能，中等容量以上的还应具有完全自动交换控制功能。

1. 单基站小容量的移动通信网络结构

单基站小容量的移动通信网络结构是由一个基站构成的移动通信网，如图 2-16 所示。移动用户通过市话用户线进入公用电话交换网。

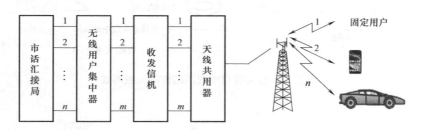

图 2-16　单基站小容量的移动通信网络结构

n—用户数量(市话用户数量)　　m—无线信道数量

这种网络结构中移动用户为市话用户线的延伸。若移动用户有 n 个，基站只有 m 个信道($n > m$)，则在基站装一个 $m:n$ 的集中器(集线器)，不需要交换中心，所有交换功能全由市话汇接局进行。

这种网络适用于中小城市，服务区域半径一般不超过 30km，用户数量在 500 以下，其特点是结构简单、经济。移动用户之间的呼叫需要通过市话汇接局交换机进行交换后再接回基站。

2. 移动通信本地网结构

移动通信本地网的服务范围一般为一个移动交换区。一个移动交换区内一般只设一个移动业务交换中心，当用户增加较多时，也可设多个移动业务交换中心作为移动电话局。移动通信本地网的覆盖区通常包括城市市区和郊区、卫星城镇、郊县县城和农村地区，在本地网范围内采用同一移动区号。因此，全国可划分为若干个移动通信本地网，原则上按照长途区号建立移动通信本地网。移动通信本地网结构的一般形式如图 2-17 所示。基站与移动业务交换中心之间通过中继线相连，中继线路应根据实际情况采用电缆、光缆、微波中继等传输手段。

移动通信本地网中，用户在 500～2000 之间，每个 MSC 都要与所在地的长途局和市话汇接局相连。根据业务量的情况，还可以越级与长途交换中心或邻区长途交换中心建立高效直达路由，如图 2-18 所示。

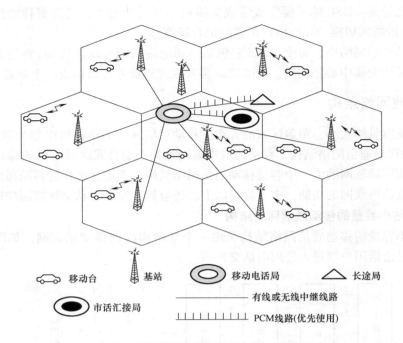

图 2-17 移动通信本地网结构的一般形式

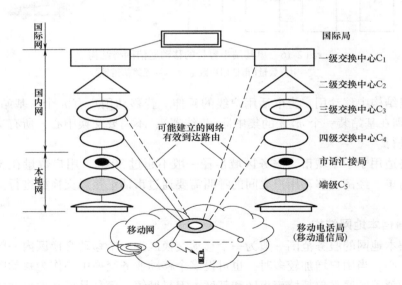

图 2-18 移动电话局在长途网中的位置

3. 混合式区域联网的移动通信网络结构

当多个移动交换区进行区域联网时，就构成了大、中容量移动通信网。混合式区域联网的移动通信网络结构如图 2-19 所示。从图中可以看出，整个联网区域分成若干个移动交换区，每个移动交换区一般设立一个移动业务交换中心。在联网的区域内，由相关主管部门根据需要，可规定一个或一个以上移动业务交换中心作为移动汇接局，以疏通该区域内其他移动业务交换中心的来话、转话话务。

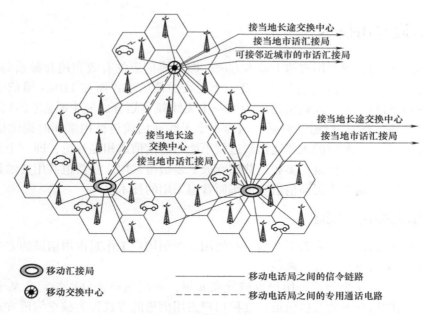

图 2-19 混合式区域联网的移动通信网络结构

4. 叠加式区域联网的大、中容量移动通信网络结构

这是一种具有自己的层次(等级)结构和独立编号计划及网号的网络,网络结构如图 2-20 所示。它的优点是移动通信自成网络,编号自成体系,号码资源多,灵活性强,有利于自动漫游及计费。

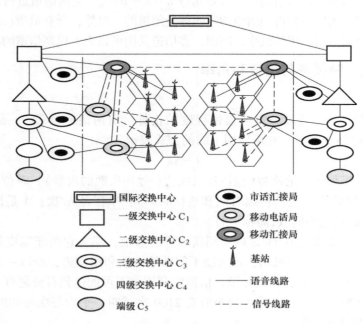

图 2-20 叠加式区域联网的大、中容量移动通信网络结构

2.4　多信道共用技术

移动通信频率的有效利用有两个基本方法,即无线信道的有效利用和频谱的有效利用。在 FDMA 通信中,一个无线通信频道就是一个无线通信信道;而在 TDMA 通信中,为了提高无线通信频道的利用率,人们将通信中的一个无线频道划分成 n 个时隙(TS),一个用户占用其中一个时隙(TS)进行通信对话。这样一个无线通信频道被用来同时提供给 n 个用户进行通信对话,因此,此时的无线通信频道就不能与通信信道相提并论,即一个无线通信频道就变成了 n 个无线通信信道,多频道共用变成了多信道共用。多信道共用技术是目前无线通信,尤其是移动通信中为提高信道利用率而普遍采用的技术。

2.4.1　多信道共用的概念

在一个无线区内,通常有若干个信道在使用。按照用户工作时占用信道的方式分类,有独立信道方式和多信道共用方式两种。

若一个无线区有 n 个信道,用户也被分成 n 组,每组用户被分别指定在某个信道上工作,不同信道内的用户不能互换信道,这种用户占用信道的方式称为独立信道方式。这种方式下,即使移动台具有多信道选择的能力,也只能在规定的那个信道上工作。当某信道被某一用户占用时,在通话结束之前,属于该信道的所有其他用户都不能再占用该信道通话。但是,此时其他一些信道很可能正在空闲。这样就造成了有些信道在紧张"排队",而另一些信道却呈现空闲状态。独立信道方式对信道的利用显然是不充分的。

多信道共用是指一个无线区内的 n 个信道被该无线区内的所有用户共用。当其中 $k(k<n)$ 个信道被占用时,其他需要通话的用户可以选择 $n-k$ 中的任一空闲信道进行通话,因为任何一个移动用户选取空闲信道和占用信道的时间都是随机的。显然,所有信道(n 个)同时被占用的概率远小于一个信道被占用的概率,因而,多信道共用可以大大提高信道的利用率。

2.4.2　话务量、呼损率与信道利用率

1. 话务量

话务量是度量通信系统业务量或繁忙程度的指标。所谓话务量(A),是指单位时间内(1h)进行的平均电话交换量。它可以用下面的公式表示:

$$A = S\lambda \tag{2-4}$$

式中,λ 是每小时平均呼叫的次数(包括呼叫成功和呼叫失败的次数),单位为次;S 是每次呼叫平均占用信道的时间(包括接续时间和通话时间),单位是 $h/$次;A 是话务量,单位为"爱尔兰"(Erlang,占线小时数,简称 Erl)。

对于一个信道,如果它在 1h 之内不间断地进行通信,那么它所能完成的最大话务量是 1Erl。由于用户发起呼叫是随机的,不可能不间断地持续利用信道,所以一个信道实际所能完成的话务量必定小于 1Erl,也就是说,信道的利用率不可能达到百分之百。

例如,设在 100 个信道上,平均每小时有 2100 次呼叫,平均每次呼叫时间为 2min,则这些信道上的呼叫话务量为

$$A = \frac{2100 \times 2}{60}\text{Erl} = 70\text{Erl}$$

2. 呼损率

当多个用户共用时，通常总是用户数大于信道数。因此，会出现许多用户同时要求通话而信道数不能满足要求的情况。这时只能先让一部分用户通话，而让另一部分用户等待，直到有空闲信道时再通话。后一部分用户虽然发出呼叫，但因无信道而不能通话，称为呼叫失败。在一个通信系统中，造成呼叫失败的概率称为呼叫失败概率，简称为呼损率(B)。

设 A_o 为呼叫成功而接通电话的话务量，简称为完成话务量；λ_o 为 1h 内呼叫成功而通话的次数，则完成话务量 A_o 和呼损率 B 分别为

$$A_o = \lambda_o S \tag{2-5}$$

$$B = \frac{A - A_o}{A} = \frac{\lambda - \lambda_o}{\lambda} = 1 - \frac{A_o}{A} \tag{2-6}$$

式(2-6)中 $A - A_o$ 为损失话务量。因此，呼损率的物理意义是损失话务量与呼叫话务量之比的百分数。显然，呼损率 B 越小，成功呼叫的概率越大，用户就越满意。因此，呼损率也称为系统的服务等级 GOS(the Grade of Service)。例如，某系统的呼损率为 10%，即说明该系统内的用户呼叫 100 次，其中有 10 次因信道被占用而打不通电话，其余 90 次则能找到空闲信道而实现通话。但是对于一个通信网来说，要想使呼损率减小，只有让呼叫流入的话务量减少，即容纳的用户数少一些，但这是不希望的。可见，呼损率和话务量是矛盾的，即服务等级和信道利用率是矛盾的。

如果呼叫有以下性质：每次呼叫相互独立，互不相关(呼叫具有随机性)；每次呼叫在时间上都有相同的概率。假定移动电话通信服务系统的信道数为 n，则此时呼损率 B 为

$$B = \frac{\dfrac{A^n}{n!}}{1 + \dfrac{A}{1!} + \dfrac{A^2}{2!} + \dfrac{A^3}{3!} + \cdots + \dfrac{A^n}{n!}} = \frac{\dfrac{A^n}{n!}}{\displaystyle\sum_{i=0}^{n} \dfrac{A^i}{i!}} \tag{2-7}$$

式(2-7)就是电话工程中的 Erlang 公式。若已知呼损率 B，则可根据上式计算出 A 和 n 的对应数量关系。

3. 信道利用率

采用多信道共用技术能够提高信道利用率(η)。由前面的分析可以看出，单位时间内，信道空闲的时间越短，信道的利用率就越高。信道的利用率可以用每个信道平均完成的话务量来表示。若共用信道数为 n，则信道的利用率 η 为

$$\eta = \frac{A_o}{n} = \frac{A(1 - B)}{n} \tag{2-8}$$

日常生活中，一天 24h 总有一些时间使用电话的人多，另外一些时间使用电话的人相对少，因此对于一个通信系统来说，可以区分为忙时和非忙时。例如，我国早晨 8 点到 9 点属于电话忙时，而一些欧美国家晚上 7 点左右属于电话忙时，因此考虑通信系统的用户数量和信道数量的时候，显然，应采用忙时的平均话务量。因为只要忙时信道够用，非忙时肯定不成问题。忙时话务量和全日话务量之比称为繁忙小时集中度。

下面简单介绍繁忙小时集中度与每个用户忙时话务量。

(1) 繁忙小时集中度　繁忙小时集中度(K)的定义为

$$K = \frac{\text{忙时话务量}}{\text{全日话务量}} \tag{2-9}$$

繁忙小时集中度 K 一般为 $8\% \sim 14\%$。

（2）每个用户忙时话务量 假设每个用户每天平均呼叫次数为 C，每次呼叫平均占用信道时间为 T（单位为 s），繁忙小时集中度为 K，则每个用户忙时话务量为

$$A_a = \frac{CTK}{3600} \tag{2-10}$$

式中，A_a 为最忙时间内最忙小时的话务量，它是统计平均值。

例如，每天平均呼叫 3 次，每次呼叫平均占用信道时间为 120s，繁忙小时集中度为 10%（$K = 0.1$），则每个用户忙时话务量为 0.01Erl/用户。

移动通信电话网的统计数值表明，对于公用移动通信网，每个用户忙时话务量可按 0.01Erl/用户计算；对于专用移动通信网，由于业务的不同，每个用户忙时话务量也不一样，一般可按 0.06Erl/用户计算。

2.4.3 空闲信道的自动选取

实现多信道共用可采用人工方式，也可采用自动方式。人工方式是由人工操作来完成信道的分配，即值机人员给主叫用户和被叫用户指定当前的空闲信道。然后主叫用户和被叫用户手工将电台调谐到被指定的空闲信道上通话。自动方式是由控制中心自动发出信道指定命令，移动台自动调谐到被指定的空闲信道上通话。因此，每个移动台必须具有自动选取空闲信道的能力。

自动选取空闲信道的目的，是要充分利用信道频率资源，迅速建立通信联系的信道。空闲信道的自动选取方式有以下四种。

1. 专用呼叫信道方式

在给定的多个共用信道中，选择一个信道专门作为呼叫信道，以完成建立通信联系的信道分配，而其余信道作为话务信道。这种信道控制方式称为专用呼叫信道方式。专用呼叫信道方式的工作过程如下：

（1）等候状态 网内所有用户的电台都停在呼叫道内，并处于守候状态。

（2）呼叫状态 网内每个用户摘机，发出呼叫请求。这时，用户电台自动寻找空闲话务信道，若有空闲信道，则在呼叫信道中发出呼叫信号；若无空闲信道，则应示忙。

（3）应答状态 主叫用户发出呼叫信号后，自动转入所寻找的空闲话务信道上等待应答。被叫用户确认呼叫信号后，自动转入该空闲话务信道上，作出应答，并建立通信。

（4）挂机状态 双方通话完毕，各自由话务信道返回呼叫信道内，进入等候状态。

由上述过程可以看出，一旦建立通信，专用呼叫信道便是空闲的，可以接待另一次呼叫请求。专用呼叫信道处理一次呼叫过程所需时间很短，一般为几百毫秒。所以，设立一个专用呼叫信道就可以处理成百上千个用户。因此，它适用于共用信道数较多的系统，即大容量用户系统。例如，80 个共用信道甚至更多，而用户数可以上万。我国蜂窝移动电话网的信道选择方式就采用这种方式。

2. 循环定位方式

在给定的多个共用信道中，没有专门指定的话务信道和呼叫信道。具体哪一个信道临时作为呼叫信道使用由基站控制。每个信道都有机会临时担当呼叫信道，这种循环确定信道的方式叫循环定位方式。其工作过程如下：

（1）指定呼叫信道 当有空闲信道时，基站可以选择其中一个空闲信道，作为临时的

呼叫信道。在此信道上基站发出空闲信号。

（2）定位守候　网内用户电台除正在通话的以外，应能自动进行信道扫描，一旦搜索到基站的空闲信号就停止扫描并定位（停留）在该信道上，处于守候状态。换句话说，网内所有空闲用户都应定位在该临时呼叫信道上。

（3）建立通信　一旦某用户在该临时呼叫信道呼叫时，被叫用户即在该信道内应答，建立通信。这时，该信道变成话务信道。而基站就另找一个空闲信道作为临时呼叫信道，重复（1）的过程。

（4）通话终了　通话用户挂机后，各自的电台自动进行信道扫描，寻找基站发出的空闲信号，并停在该空闲信道内，返回定位守候状态。

由上述可知，这个系统的定位守候状态所处的信道是在不断变更的。当有一对用户通话时，系统就需重新定位一次，而且基站要不断发出空闲信号的载频，移动台要不断进行信道扫描。当全部空闲信道都被占用时，基站则不发空闲信号，移动台找不到基站的空闲信号时即示忙。

循环定位方式的优点在于全部信道都可用于通话，这适用于中小容量用户系统使用。缺点是呼叫过程及通话建立均在一个空闲信道内进行，处理时间较长。同时，几个用户同一时间发出呼叫"冲突""争抢"现象的可能性较大。当然，在用户数少的系统中，这种"冲突"的概率很小。另外，基站必须经常发出空闲信号，这会使互调干扰变得严重。

3. 循环不定位方式

循环不定位方式是基于循环定位方式，而试图解决"冲突"现象的一种改进方式。循环不定位方式中的基站，在所有空闲信道上都发出空闲信号，而网内用户电台能扫描空闲信道，并随机占据就近的空闲信道，不像循环定位方式那样定位在一个临时专用信道中。

由于网内用户是分散在不同的空闲信道上，从而大大减少了"冲突"的机会。用户呼叫基站时，是在各自的空闲信道上分散进入的。基站呼叫移动用户时，必须选择一个空闲信道发出足够长的指令信号。这时，网内用户由各自所处的信道开始扫描，最后大家都停留在基站所发空闲信道上，并处于守候状态。这时，基站再发出选择呼叫信号。被叫用户应答时，便完成了一次接续，该信道成为话务信道。基站再在其余空闲信道上发出空闲信号，移动台再次分散到各个随机选取的空闲信道上，处于等待基站呼叫状态。

循环不定位方式可概括为移动用户不定位呼叫基站，基站发长指令信号定位移动台并建立通信。由于用户不必集中定位于一个信道上对基站呼叫，故称循环不定位方式。

由上述工作过程可以看出，循环不定位方式中对移动台完成一次呼叫成功的时间是很长的。因此，这种方式只适用于信道数较少的系统。它的突出缺点是：系统的全部信道都处于工作状态，即话务信道在发话，空闲信道在发空闲信号。信道间会发生严重的互调干扰。

4. 循环分散定位方式

循环分散定位方式是对循环不定位方式的改进，克服了接续时间太长的缺点。循环分散定位方式中的基站，对全部空闲信道都发出空闲信号，网内用户分散在各个空闲信道上。用户呼叫基站是在各自的信道上进行的。基站呼叫移动用户时，其呼叫信号在所有空闲信道上发出，并等待应答信号。这样就避免了将分散的用户集中在一个信道上所花费的时间，也不必发出长指令信号，从而提高了接续的速度。

因此，这种方式的优点是接续快，效率高而"冲突"少。但是，这种方式中基站的接续控制比较复杂。此外，组网应用时，必须认真考虑多信道常发信号带来的干扰。

2.5　信令

移动通信网中，除传输用户信息（如语音信息）之外，为使整个网络有序地工作，还必须在正常通话的前后和过程中传输很多其他的控制信号，如摘机、挂机和忙音等以及移动通信网中所需要的信道分配、用户登记与管理、呼叫与应答、越区切换和发射机功率控制等信号。这些与通信有关的一系列控制信号称为信令。

信令不同于用户信息，用户信息是直接通过通信网络由发信者传输到收信者，而信令通常需要在通信网络的不同环节（基站、移动台和移动控制中心）之间传输，各环节进行分析处理并通过交互作用而形成一系列的操作和控制。因此，信令是整个移动通信网的重要组成部分之一，其作用是保证用户信息有效且可靠地传输，其性能在很大程度上决定了一个通信网络为用户提供服务的能力和质量。

按信号形式的不同，信令可分为数字信令和音频信令两类。由于数字信令具有速度快、容量大、可靠性高等一系列明显的优点，它已成为目前公用通信网中采用的主要形式。不同的移动通信网络，其信令系统各具特色。

2.5.1　数字信令

1. 数字信令的构成

传输数字信令时，为了便于接收端解码，要求数字信令按一定格式编排。典型的数字信令格式如图 2-21 所示。

前置码（P）又称位同步码（或比特同步码），它提供位同步信息，以确定每一位码的起始和终止时刻，以便接收端进行积分和判决，

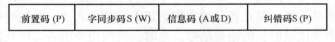

| 前置码 (P) | 字同步码 S (W) | 信息码 (A 或 D) | 纠错码 S (P) |

图 2-21　典型的数字信令格式

提取位同步信息，前置码一般采用 1010… 交替码。

字同步码 S（W）用于确定信息（报文）的开始位，相当于时分制多路通信中的帧同步，因此也称为帧同步码。适合作为字同步码的特殊码组很多，它们都具有尖锐的自相关函数，便于与随机的数字信息相区别。接收时，可以通过在数字信号序列中识别出这些特殊码组的位置来实现字同步。最常用的是著名的巴克码。

信息码（A 或 D）是真正的信息内容，通常包括控制、寻呼、拨号等信令，各种系统都有特殊规定。

纠错码 S（P）的作用是检测和纠正传送过程中产生的差错，主要是指纠、检信息码的差错。因此，通常纠、检错码与信息码共同构成纠、检错编码，有时又称纠错码为监督码，以区别于信息码。

2. 数字信令的传输

基带数字信令常以二进制 0、1 表示，为了能在移动台（MS）与基站（BS）之间的无线信道中传输，必须进行调制。例如，对二进制数据流在发射机中可采用频移键控（FSK）方式进行调制，即对数字信号“1”以高于发射机载频的固定频率发送，而“0”则以低于载频的固定频率发送。不同制式、不同设备在调制方式、传输速率上存在着差异。数据流可以在控

制信道上传送，也可以在语音信道上传送。但语音信道主要用于通话，只有在某些特殊情况下才发送信令信息。

3. 差错控制编码

数字信号或信令在传输过程中，由于受到噪声或干扰的影响，信号码元波形变坏，传输到接收端后可能发生错误判决，即把"0"误判为"1"，或把"1"误判为"0"。有时由于受到突发的脉冲干扰，错码会成串出现。为此，传送数字信号时，往往要进行各种编码。通常把在信息码元序列中，加入监督码元的办法称为差错控制编码，也称为纠错编码。不同的编码方法，有不同的检错或纠错能力，有的编码只能检错，不能纠错。一般来说，监督位码元所占比例越大(位数越多)，检(纠)错能力越强。监督码元位数的多少，通常用冗余度来衡量，因此，纠错编码是以降低信息传输速率为代价，来提高传输可靠性的。

2.5.2　音频信令

音频信令是由不同音频信号组成的。目前常用的有单音频信令、双音频信令和多音频信令等三种。这里介绍几种常用的音频信令。

1. 带内单音频信令

用 0.3 ~ 3kHz 范围内不同的单音作为信令，称为带内单音频信令。例如单音频码 (SFD)，它由 10 个带内单音组成，见表 2-7。表中 F1 至 F8 用于选呼。基站发 F9 表示信道忙，发 F10 表示信道空闲。反过来，移动台发 F10 表示信道忙，发 F9 表示信道空闲。拨号信号采用 F9 和 F10 组成 FSK 信号。

表 2-7　单音频码(SFD)

按　键	对应频率/Hz	按　键	对应频率/Hz	按　键	对应频率/Hz
F1	1124	F5	1446	F9	1860
F2	1200	F6	1540	F10	2110
F3	1275	F7	1640		
F4	1355	F8	1745		

单音频信令系统要求发送端有多个不同频率的振荡器，接收端有相应的选择性极好的滤波器，通常用音叉振荡器和滤波器。这种信令的优点是抗衰落性能好，但每一单音必须持续 200ms 左右，处理速度慢。

2. 带外亚音频信令

采用低于 300Hz 的单音作为信令。例如，用 67Hz 至 250Hz 间的 43 个频率点的单音可对 43 个移动台进行选台呼叫，也可进行群呼，一次呼叫时间为 4s。通常要求频率准确度为 ±0.1%，稳定度为 ±0.01%，单音振幅为 $U_{p-p} = 4V$，允许电平误差为 ±1dB。

用于选择呼叫接收机的音锁系统(CTCSS)用的就是亚音频信令。用户电台在接收期，若未收到有用信号，则音锁系统起闭锁作用。只有当收到有用信号以及与本机相符的亚音频信令时，接收机的低频放大电路才被打开并进行正常接收。

3. 双音频拨号信令

双音频拨号信令是移动台主叫时发往基站的信号，它应考虑与市话机的兼容性且宜于在无线信道中传输。常用的方式有单音频脉冲、双音频脉冲、10 中取 1、5 中取 2 以及 4×3 方式。

单音频脉冲方式是用拨号盘使 2.3kHz 的单音按脉冲形式发送，虽然简单，但受干扰时易误动。双音频脉冲方式应用广泛，已比较成熟。10 中取 1 是用带内 10 个单音中的一种单音来表达一种信号，每一单音代表一个十进制数。5 中取 2 是使用带内的 5 个单音，每次同时选发两个单音，共有 $C_5^2 = 10$ 种组合，代表 0～9 共 10 个数。

4×3 方式就是市话网用户环路中用的双音多频（DTMF）方式，也是 CCITT 与我国国家标准都推荐的用户多音频信令。这种信令与地面自动电话网衔接时不需译码转换，故被自动拨号的移动通信网普遍采用。它使用带内的 7 个单音，并将它们分为高音群和低音群。每次发送时，用高音群的一个单音和低单群的一个单音来代表一个十进制数。7 个单音的分群以及它们的组合所对应的按键号见表 2-8。

表 2-8　4×3 方式的频率组成

按　　键　　号　　频率/Hz　　频率/Hz	1209	1336	1477
697	1	2	3
770	4	5	6
852	7	8	9
941	*	0	#

表中频率组合的排列与电话机拨号盘的排列相一致，使用十分方便。这种方式的优点是：每次发送的两个单音中，一个取自低音群，一个取自高音群，两者频差大，易于检出；与市话兼容，无需转换，传送速度快；设备简单，有国际通用的集成电路可用，性能可靠，成本低。此外，尚留有两个功能键"＊"和"#"，可根据需要赋予其他功能。

2.5.3　No.7

No.7 是 No.7 信令系统的简称。CCITT No.7 是国际化、标准化的通用公共信道信令系统。No.7 信令系统将信令与语音通路分开，采用高速数据链路传送信令，具有信道利用率高，信令传送速度快，信令容量大的特点。它不但可以传送传统的中继线路接续信令，还可以传送各种与电路无关的管理、维护、信息查询等消息，而且任何消息都可以在业务通信过程中传送，可支持 ISDN、移动通信、智能网等业务的需求。

No.7 信令网与通信网分离，便于运行维护和管理，可方便扩充新的信令规范，适应未来信息技术和各种业务发展的需要。它是现代通信中的三大支撑网（数字同步网、No.7 信令网、电信管理网）之一。随着通信技术的飞速发展，数字传输和数字交换网的不断发展健全，移动通信和智能网的建立，建设和发展 No.7 信令网成为通信发展的迫切需要。No.7 是通信网向综合化、智能化发展不可缺少的基础支撑。

No.7 信令系统在电话网上叠加了一个共路信令网，电话网执行电路交换，而共路信令网执行分组交换，两者互补，使传统电话网的能力得到极大的提高。电话网的局间信令在共路信令网上传输除了具有速度快、可靠性高、容量大的特点之外，信令网上还可设置数据库服务器、网络管理监控中心、具有语音识别功能的智能节点等，使高级智能网 AIN 成为现实。另外，No.7 信令系统还是蜂窝移动通信网、PCN（Personal Communication Network）、ATM 网以及其他数据通信网的基础。

1. No. 7 信令系统的结构

（1）共路信令网结构　概念上，No. 7 信令是一种在独立于电信网的网络上运行的信令，这个网络称为共路信令网或叫 No. 7 信令网，它由多个信令点组成，信令点间一般由 64kbit/s 的数字链路连接。典型的共路信令网包括 SSP、SCP 和 STP 三种信令点。

1）SSP(Service Switching Points)：是一种能执行多种 No. 7 信令应用服务(用户呼叫处理、800 号服务、他方付费电话服务等) 的程控数字交换机的电话局。其中，又将只提供使用 No. 7 信令进行用户呼叫处理的电话局称为 CCSSO(Common Channel Signaling Switching Offices)。一般情况下，只要将现有的程控数字交换机的软件升级并增加一些硬件，就能执行 CCSSO 或 SSP 的功能。然而这种软件是非常昂贵的，一个 SSP 的软件价格达数百万美元。

2）SCP(Service Control Points)：是决定呼叫如何处理的智能网要素，它利用 TCAP 协议提供传输和必要的(低级)应用程序指示。对 SCP 的性能要求会随着应用的不同有相当大的变化，有些 SCP 系统有很大的规模，比如主运营商的 800 号转换数据库。有些规模会很小，并且使用在非常专业的应用中，比如，一个分布式无线网络中像无线办公环境(在一个建筑物内)那样的 VLR/HLR。但是，每一种情况下，SCP 都必须连接到 SS7 网络，并且通过网络提供数据库和业务控制程序。对 SCP 的另一点重要要求是把业务编程或业务设计环境集中。

3）STP(Signaling Transfer Points)：是将信令消息从一条信令链路转接到另一条信令链路的信令点，是共路信令网的专用设备，它的主要功能是信令中转、信令路由和全称地址的翻译。一个 STP 可支持数百条链路，为了提高信令网的可靠性，STP 通常总是成对配置的。

共路信令网往往是一个地区性大网，或全国性大网，或国际大网，它节点多，可靠性要求高，管理维护复杂。为此，网络中必须配置多个网络操作子系统(OSS)，它与 STP 及 SCP 连接，对它们执行管理控制。

为了网络的可靠性和负载均衡，每个区域设立两对 RSTP(Regional STP)、两个 SCP。每个 SCP 设立两个数据库，数据库 CMSDB(Call Management Service Data Base)用于 800 号服务，数据库 LIDB(Line Information Data Base)用于信用卡电话服务、他方付费电话服务和第三方付费电话服务。两个 SCP 上的两个数据库复制完全相同，当一个 SCP 出现故障时，另外一个 SCP 可继续提供服务。

一个区域的 RSTP 和其他区域的 RSTP 直接连接，或通过其他长途信令网互联。每个区域设立一个信令工程管理中心(SEAC)。每个小区设立一个或多个 LSTP(Low STP)，所有 LSTP 和 RSTP 连接。每个 LSTP 和小区内所有 SSP 和 CCSSO 连接。电话局和信令网连接的典型做法是：汇接局(AT)的程控交换机升级为 AT/SSP，端局(CEO)的程控交换机升级为 EO/CCSSO。但是，并非所有端局都必须具备 CCSSO 功能。

（2）协议结构　目前，No. 7 信令按功能可划分成六部分：MTP、SCCP、TCAP、OMAP、ISUP 和 MAP。随着 No. 7 信令应用的发展，TCAP 上还将增加其他应用部分。

1）MTP(Message Transfer Part)：分成三级，即 SDL(Signaling Data Link)、SLF(Signaling Link Functions) 和 SNF(Signaling Network Functions)。第一级 SDL 的功能对应于 OSI 模型的物理链路层。第二级 SLF 的功能对应于 OSI 模型的数据链路层，其协议类似于 HDLC，它负责点到点的通信处理。第三级 SNF 的主要功能是消息的识别和分配，消息的路由，信令网的业务量管理、路由管理以及链路管理。

2）SCCP(Signaling Connection Control Part)：是 MTP 第三级的补充，它与 SNF 合在一起对应于 OSI 模型的网络层。SCCP 的协议功能分为四等：Class0、Class1、Class2、Class3。Class0 和 Class1 执行无连接的网络服务，Class2 和 Class3 执行有连接的网络服务。除连接控制外，SCCP 还执行全称地址的翻译和端到端的路由。

3）TCAP(Transaction Capabilities Application Part)：为 No.7 信令的应用提供事务处理所需要的支持，它对应于 OSI 模型的应用层，其协议类似于 OSI 的 ROS。

4）OMAP(Operation Maintenance and Administration Part)：主要功能是网络管理和维护，它类似于 OSI 的 CMIP 协议。

5）ISUP(ISDN User Part)：是 No.7 信令中最复杂的一部分，它的主要功能是在两个程控交换机(ISDN 交换机)之间为主叫用户和被叫用户建立语音通路(呼叫建立)、释放语音通路(呼叫释放)、监视线路、处理补充业务等。除 ISUP 之外，国际电报电话咨询委员会(CCITT)还定义了 TUP(Telephone User Part)和 DUP(Data User Part)。TUP 执行话路信令，DUP 执行非话路信令。

6）MAP(Mobile Application Part)：主要功能是支持蜂窝移动通信，其协议还未完善。

不同信令点包括 No.7 信令的不同部分。STP 只包括 MTP 和 SCCP 两部分；SCP 包括 MTP、SCCP、TCAP 和基于数据库查询的应用(如 800 号服务、他方付费电话服务等)；CCSSO 一般只包括 MTP 和 ISUP；而 SSP 包括 No.7 信令的各个部分。

2. No.7 信令的应用

(1) 话路信令　No.7 信令的一个最基本应用是替代老的 No.1 到 No.6 信令，用作现代数字程控交换机的局间信令，控制局间呼叫的接续。和老的局间信令相比，No.7 信令用作局间信令有许多优点：

1）信令传送速度高，呼叫接续时间短。

2）信号容量大，一条 64kbit/s 的链路在理论上可处理几万路话路。

3）灵活，易于扩充。

4）对话路干扰小，话路质量高。

5）可传递端到端信令或用户信令。

6）可使话路服务智能化，即使传统的电话业务具备 CLASS 特性。

CLASS(Customer Local Area Signaling Service)代表一组特殊电话服务特性，它包括自动回叫、自动重叫、用户追踪、主叫名传递、呼叫选择接受等 13 种功能。这些功能或服务特性是用户电话机无法单独提供的。

(2) 800 号服务　所谓 800 号电话号是公司企业向客户提供的一种特殊电话号码，该号码的地区码为 800(虚拟地区码)，客户使用这个电话和公司企业通话时的费用由公司支付，打电话的客户免费。800 号电话号是一个虚拟的逻辑电话号，一个公司可能拥有许多实际电话号码，但 800 号电话号只有一个。客户可能在任何地方拨这个号码要求与该公司某个职能部门通话，这就存在一个将 800 号电话号转变成实际电话号的过程。这个过程的实现依赖于信令网的 SCP。

(3) 他方付费电话服务　他方付费电话服务(Alternate Billing Service, ABS)有三种形式：第一种形式是信用卡电话，它不同于中国早些年用的磁卡电话；第二种形式是被叫付费电话(Collect Billing Call 或 Collect Call)；第三种形式是第三方付费电话(Third Number Billing

Call)。在共路信令网建立之前，他方付费电话服务依赖电话局操作员才能实现，有了共路信令网，他方付费电话服务基本自动化，方便而高效。

（4）高级智能网（AIN）　高级智能网在共路信令网中引入了两种新的节点：Adjunct 和 IP。Adjunct 的功能类似于 SCP，它直接和具有 SSP 功能的程控交换机连接，向它们提供直接快速的数据库服务和呼叫处理的平台功能。电话局的管理员（甚至用户）可以利用平台功能为自己的交换机设计电话服务特性，当然，程控交换机的软件也必须升级为 AIN 软件。

在 AIN 交换机中，一个用户电话处理过程分为许多阶段，每个阶段后定义一个触发检查点，AIN 交换机软件在每个检查点检测交换机产生的事件。电话的呼叫处理由 AIN 交换机和 Adjunct 共同完成（传统的呼叫处理完全在交换机中完成）。AIN 进行一般性处理，在检查点检测一个事件时，这个处理由 Adjunct 来完成。Adjunct 所做的工作可以由管理员利用平台功能进行设计，以便获得不同的电话服务特性。

IP(Intelligent Peripherals)为一种网络智能设备，它直接和 AIN 交换机连接，其主要功能是语音识别。如果网络管理员在某个断点处定义了语音识别特性，那么用户可以用语音输入被叫电话号码，此时，AIN 交换机必须将语音号码送往 IP 翻译成数字号码后才能进行后续呼叫处理。

（5）蜂窝移动通信系统　蜂窝移动通信系统需要在共路信令网中增加至少三种节点：MSC、HLR 和 VLR。蜂窝移动通信系统将一个通信区域分成许多 CELL，每个 CELL 内设立一个 MSC(Mobile service Switching Center)，负责 CELL 内无线用户的通信。MSC 是一个使用 No. 7 信令的无线交换机，它包括 No. 7 信令中的 MTP、SCCP、TCAP 和 MAP。在蜂窝移动通信系统中，每个无线用户必须在数据库 HLR(Home Location Register)和 VLR(Visitor Location Register)中登记。

蜂窝移动通信系统包括许多 No. 7 信令过程，其中最重要的两个信令过程是 Registration 和 Intersystem Handoff/Intersystem Handback Register，它们是移动用户自动在 VLR 注册的过程。当一个移动用户跨越两个 CELL 边界时，通信的处理由一个 MSC 交付到另外一个 MSC，这就是 Intersystem Handoff 信令过程，反之为 Intersystem Handback 信令过程。

MAP 协议还在完善之中，目前大部分厂商采用的协议标准是 EIA/TIA 制定的过渡标准 IS—41—B。

（6）其他应用　No. 7 信令有着广阔的应用前景。除了上述五种应用之外，它可以用作 ATM 网络和 B-ISDN 网络的内部信令。此外，由于数据通信网络规模的扩大，技术复杂度的增加，网络操作维护、管理、测试和故障诊断的矛盾日益突出，解决这个问题的最好方法是利用 No. 7 信令的 OMAP 协议在共路信令网中建立网络管理维护中心。共路信令网是一个速度快、可靠性高的分组交换网，网络管理维护中心的操作员可以对通信网进行远程实时测试、诊断、监视、控制和管理，并且不干扰正常的数据通信。

小　　结

1. 无线电通信频率是人类所共有的一种特殊资源，它具有时间、空间和频率的三维性。可以从这三个方面对其实施有效利用，提高其利用率。无线通信中划分信道的方法有很多种，可按照频率的不同、时隙的不同、码型的不同等来划分信道。无论何种划分，最终承载信息的都是频率。频率有效利用的最终评价标准是频率利用率，为了提高频率利用率，应压缩信道间隔，减小电波辐射空间的大小，使信道经常处于使用状态。

2. 在公共通信系统中，根据对服务区域覆盖方式的不同，服务区域可划为两种体制：一种是小容量的大区制，另一种是大容量的小区制。大区制的主要优点是组网简单、投资少、见效快，但是系统容量小。小区制的主要优点是采用了信道复用技术(同频复用)，既解决了频率不够用的问题，又提高了频率利用率；由于移动台、基站都采用较小的发射功率，还可以减小干扰。小区制采用正六边形的小区结构，形成蜂窝网状分布，故小区制又称为蜂窝制。信道配置方法有分区分组分配法和等频距分配法。

3. 要实现任意两个移动用户之间或移动用户和市话用户之间的相互通信，必须建立具有交换功能的移动通信网。移动通信网的结构可以划分为单基站(一个基站)小容量的移动通信网络结构，移动通信本地网结构，混合式区域联网的移动通信网络结构以及叠加式区域联网的大、中容量移动通信网络结构。

4. 所谓多信道共用是指多个无线信道为许多移动台所共用，或者说，网内大量用户共享若干无线信道，多信道共用可以大大提高信道的利用率。空闲信道的自动选取方式有专用呼叫信道方式、循环定位方式、循环不定位方式、循环分散定位方式四种。大容量移动通信系统采用专用呼叫信道方式。

5. 信令含有信号和指令双重意思，它是移动通信系统内部实现自动控制的关键。与通信有关的一系列控制信号称为信令。按信号形式的不同，信令又可分为数字信令和音频信令两类。由于数字信令具有速度快、容量大、可靠性高等一系列明显的优点，它已成为目前公用通信网中采用的主要形式。不同的移动通信网络，其信令系统各具特色。

6. No.7 信令系统将信令与语音通路分开，采用高速数据链路传送信令，具有信道利用率高，信令传送速度快，信令容量大的特点。它不但可以传送传统的中继线路接续信令，还可以传送各种与电路无关的管理、维护、信息查询等消息，而且任何消息都可以在业务通信过程中传送，可支持 ISDN、移动通信、智能网等业务的需求。

思考题与练习题

2-1 频率的有效利用技术有哪些？

2-2 为什么说最佳的小区形状是正六边形？

2-3 什么是中心激励？什么是顶点激励？采用顶点激励有什么好处？

2-4 简述怎样在给定的服务区中寻找同频小区。

2-5 移动通信网的基本网络结构包括了哪些功能？

2-6 简述移动通信网中的交换。

2-7 什么是多信道共用？

2-8 小区制移动通信网的服务区域如何划分？

2-9 空闲信道的选取方式有哪些？试说明它们的基本工作原理和特点。

2-10 什么叫信令？信令的功能是什么？

2-11 简述数字信令的构成和特点。

2-12 介绍 No.7 信令的应用。

第 3 章 GSM 移动通信系统

内容提要：GSM 移动通信系统的主要组成部分为移动台、基站子系统和网络子系统。为了便于识别不同的移动用户、不同的移动设备以及不同的网络，对区域进行了划分和定义，并规定了各种识别号码。GSM 移动通信系统是一种多业务系统，能提供许多种不同类型的业务。本章还将着重讨论 GSM 无线接口、控制与管理等内容，并对通用分组无线业务 GPRS 进行简要介绍。

3.1 GSM 系统概述

3.1.1 GSM 系统的发展

1982 年，北欧四国向 CEPT（Conference Europe of Post and Telecommunication）提交了一份建议书，要求制定 900MHz 频段的欧洲公共电信业务规范，以建立全欧洲统一的蜂窝系统，解决欧洲各国由于采用多种不同模拟蜂窝系统造成的互不兼容，无法提供漫游服务的问题。同年欧洲移动通信特别小组成立，简称 GSM（Group Special Mobile）。1986 年，北欧四国决定制定数字蜂窝网标准，同时在巴黎对不同公司、不同方案的 8 个系统进行了现场试验和比较。1987 年 5 月，北欧四国选定窄带 TDMA 方案，于 1988 年颁布了 GSM 标准，并将 GSM 重新命名为 "Global System for Mobile Communication"，即 "全球移动通信系统"。1991 年 GSM 系统正式在欧洲问世，网络开通运行。

GSM 系统包括两个并行的系统：GSM900 和 DCS1800，这两个系统功能相同，主要差异是频段不同。GSM 标准中，未对硬件作出规定，只对功能、接口等作了详细规定，便于不同公司的产品互联互通。GSM 标准共有 12 项内容，见表 3-1。

表 3-1 GSM 标准

序　号	内　　容	序　号	内　　容
01	概述	07	MS 的终端适配器
02	业务	08	BS-MSC 接口
03	网络	09	网络互通
04	MS-BS 接口与协议	10	业务互通
05	无线链路的物理层	11	设备型号认可规范
06	语音编码规范	12	操作和维护

GSM 是当今应用最普及的数字移动通信系统，已经被全球大多数国家所接受。由于 GSM 的分层结构和网络实体间的标准接口，运营商可以从不同的设备供应商那选择配件，也允许设备制造商只制造某些专用部分，而不需要制造整个系统，这一点很受设备制造商的

欢迎。GSM 设备制造商能够不断推出专用设备的第二代和第三代，使其集成度更高、质量更好、成本更低。

3.1.2 GSM 系统的技术特点

1. GSM 系统的主要特点

GSM 系统的主要特点可归结为：

1）频谱效率。由于采用了高效调制器、信道编码、交织、均衡和语音编码技术等，系统具有高频谱效率。

2）容量。由于每个信道传输带宽增加，同频复用载干比降低至 9dB，故 GSM 系统的同频复用模式可以缩小到 4/12 或 3/9，甚至更小（模拟系统为 7/21）。半速语音编码的引入和自动话务分配减少了越区切换的次数，使 GSM 系统的容量效率（每兆赫兹每小区的信道数）比 TACS 系统高 3~5 倍。

3）语音质量。鉴于数字传输技术的特点及 GSM 标准中有关空中接口和语音编码的定义，在门限值以上时，语音质量总是达到相同的水平而与无线传输质量无关。

4）开放性接口。GSM 标准所提供的开放性接口不仅限于空中接口，而且包括网络之间以及网络中各设备实体之间的接口，例如 A 接口和 Abis 接口。

5）安全性。通过鉴权、加密和 TMSI 号码的使用，达到安全目的。鉴权用来证实用户的入网权利，其实现方式是从网络向 MS 端发送一个询问信号，然后 MS 端的 SIM 卡按照其密钥计算出一个签字响应发回鉴权中心，该密钥也存在网络鉴权中心中，鉴权中心比较两个签字响应，若一致则通过，否则取消。加密用于空中接口，由 SIM 卡和网络 AUC 的密钥决定。TMSI 号码是一个由业务网络给用户指定的临时识别号，以防止有人跟踪而泄漏其地理位置。

6）与 ISDN、PSTN 等的互联。与其他网络的互联通常利用现行的标准接口，如 ISUP 或 TUP 等。

7）在 SIM 卡基础上实现漫游。漫游是移动通信的重要特征，它标志着用户可以从一个网络自动进入另一个网络。对于 GSM 系统，它可以提供全球漫游，当然，网络经营商之间的某些协议还是必需的。例如为了计费，可以通过 MOU 协调。GSM 系统中，漫游是在 SIM 卡识别号以及被称为 IMSI 的国际移动用户识别码基础上实现的。这意味着用户不必带着终端设备而只需带着 SIM 卡进入其他国家即可。终端设备可以租借，仍可达到用户号码不变的目的。

2. GSM 系统的主要参数

1）频段：上行——890~915MHz，移动台发；下行——935~960MHz，基站发。

2）频带宽度：25MHz。

3）上下行频率间隔：45MHz。

4）载频间隔：200kHz。

5）通信方式：全双工。

6）信道分配：每个载频 8 个时隙，包含 8 个全速信道、16 个半速信道。

7）每个时隙信道速率：22.8kbit/s。

8）信道总速率：270kbit/s。

9）调制方式：GMSK（高斯滤波最小频移键控）。

　10）接入方式：TDMA。

　11）语音编码：RPE-LPC，13kbit/s 的规则脉冲激励线性预测编码。

　12）分集接收：跳频为每秒 217 跳，交错信道编码，自适应均衡。

3.1.3　GSM 系统的结构

　　GSM 系统的主要组成部分为移动台、基站子系统和网络子系统，如图 3-1 所示。基站子系统（BSS）由基站收发台（BTS）和基站控制器（BSC）组成；网络子系统由移动业务交换中心（MSC）、操作维护中心（OMC）、归属位置寄存器（HLR）、访问位置寄存器（VLR）、鉴权中心（AUC）和设备标志寄存器（EIR）等组成。

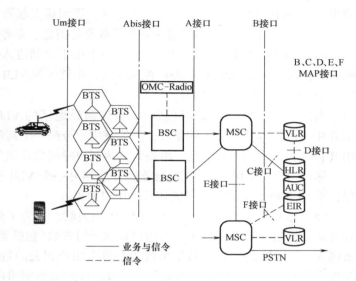

图 3-1　GSM 系统的基本结构

1. 移动台（MS）

　　移动台是移动网中的用户终端，包括移动设备（Mobile Equipment，ME）和移动用户识别模块（Subscriber Identification Module，通常称为 SIM 卡）。

2. 基站子系统（Base Station Subsystem，BSS）

　　基站子系统（BSS）负责在一定区域内与移动台之间的无线通信。一个 BSS 包括一个基站控制器（Base Station Controller，BSC）和一个或多个基站收发台（Base Transceiver Station，BTS）两部分。

　　（1）基站收发台（BTS）　BTS 是 BSS 的无线部分，它完成 BSC 与无线信道之间的转换，实现 BTS 与 MS 之间通过空中接口的无线传输及相关的控制功能。

　　（2）基站控制器（BSC）　BSC 是 BSS 的控制部分，处于基站收发台（BTS）和移动业务交换中心（MSC）之间。一个基站控制器通常控制几个基站收发台，主要功能是进行无线信道管理、实施呼叫以及建立和拆除通信链路，并为本控制区内移动台越区切换进行控制等。

3. 网络子系统（Network Sub System，NSS）

　　网络子系统对 GSM 移动用户之间的通信以及 GSM 移动用户与其他通信网用户之间的通信起着管理作用。NSS 由一系列功能实体构成，各功能实体之间与 NSS 和 BSS 之间都通过 No.7 信令系统互相通信。

　　（1）移动业务交换中心（MSC）　它是蜂窝通信网络的核心，为本 MSC 区域内的移动台提供所有的交换和信令服务。

　　（2）网关 MSC（Gateway MSC，GMSC）　它是完成路由功能的 MSC，在 MSC 之间完成路由功能，并实现移动通信网与其他网的互联。

　　（3）归属位置寄存器（HLR）　它是一种用来存储本地用户位置信息的数据库。移动通信网中，可以设置一个或若干个 HLR，这取决于用户数量、设备容量和网络的组织结构等因素。每个用户都必须在某个 HLR(相当于该用户的原籍)中登记。登记的内容主要包括：

1）用户信息：如用户号码、移动设备号码等。

2）位置信息：如用户的漫游号码、VLR 号码、MSC 号码等，这些信息用于计费和用户漫游时的接续。这样可以保证当呼叫任一个不知处于哪一个地区的移动用户时，均可由该移动用户的 HLR 获知它当时处于哪一个地区，进而建立起通信链路。

3）业务信息：用户的终端业务和承载业务信息、业务限制情况、补充业务情况等。

(4)访问位置寄存器(VLR)　它是一个用于存储进入其覆盖区的用户位置信息的数据库。当移动用户漫游到新的 MSC 控制区时，由该区的 VLR 来控制。一般而言，一个 MSC 对应一个 VLR，记作 MSC/VLR。

当移动台进入一个新的区域时，首先向该地区的 VLR 申请登记，VLR 要从该用户的HLR 中查询，存储其有关的参数，并给该用户分配一个新的漫游号码(MSRN)，然后通知其HLR 修改该用户的位置信息，准备为其他用户呼叫此移动用户时提供路由信息。

移动用户一旦由一个 VLR 服务区移动到另一个 VLR 服务区，则重新在新的 VLR 上登记，原 VLR 将取消临时记录的该移动用户数据。

(5)鉴权中心(AUC)　AUC 与 HLR 相关联，是为了防止非法用户接入 GSM 系统而设置的安全措施。AUC 可以不断为用户提供一组参数(包括随机数 RAND、符号响应 SRES 和加密键 Kc 三个参数)，该参数组可视为与每个用户相关的数据。每次呼叫过程中可以检查系统提供的和用户响应的该组参数是否一致，以此来鉴别用户身份的合法性，从而只允许有权用户接入网络并获得服务。

(6)设备标志寄存器(EIR)　它是存储移动台设备参数的数据库，用于对移动设备进行鉴别和监视，并拒绝非法移动台入网。

3.1.4　GSM 系统的网络结构

基于我国的国情特点、经济发展及移动用户增长，组建 GSM 数字移动通信网时选用了独立建网方式，采用了专用网号方式。

1. 移动业务本地网的网络结构

将全国划分为若干移动业务本地网，建网原则是长途区号为 2 位或 3 位的地区可建移动业务本地网。每个移动业务本地网应设立一个 HLR，必要时可以增设 HLR，用于存储归属移动业务本地网的所有用户的有关数据。几个移动业务本地网还可以共用一个 MSC，每个移动业务本地网可设立一个或多个 MSC。

移动业务本地网中，每个 MSC 与局所在地的长途局相连，并与局所在地的市话汇接局相连。在长途局为多局制地区，MSC 应与该地区的高一级长途局相连。若没有市话汇接局，则可与本地市话端局相连。移动业务本地网组成示意图如图 3-2 所示。

2. 省内 GSM 移动通信网的网络结构

省内 GSM 移动通信网由省内的各移动业务本地网构成。省内设立若干个移动业务汇接中心，二级移动业务汇接中心可以只作汇接中心(即不带用户)，也可以兼作移动端局(与基站相连,可带用户)。省内 GSM 移动通信网中的每一个移动端局，至少应与省内两个二级移动业务汇接中心相连，二级移动业务汇接中心之间为网状网结构，如图 3-3 所示。

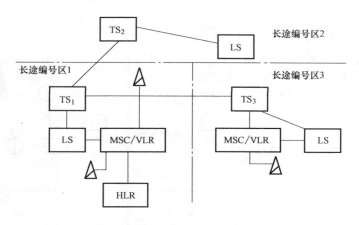

图 3-2　移动业务本地网组成示意图

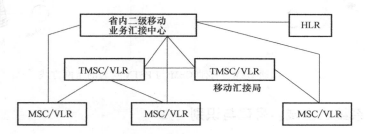

图 3-3　省内 GSM 移动通信网的网络结构

3. 全国 GSM 移动通信网的网络结构

全国 GSM 移动通信网按大区设立一级移动业务汇接中心，省内设立二级移动业务汇接中心，移动业务本地网设立端局组成三级网络结构，一级移动业务汇接中心之间为网状网结构，如图 3-4 所示。

早期，每省设 2 ~ 4 个省汇接中心，全国有 60 ~ 120 个省汇接中心，各省有 10 ~ 30 个 MSC，当用户达到一定数量时，建 MSC 网专线。当然，这些数据并不是一直不变的，随着用户量增大，可以根据需要进行调整。

4. 联通 GSM、移动 GSM 与 PSTN 间互通的网络结构

中国联通的 GSM 移动通信网、中国移动的 GSM 移动通信网和 PSTN 互通的组网方式如图 3-5 所示。

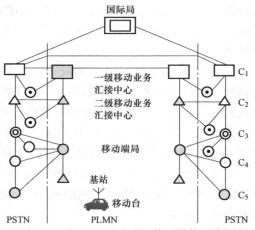

图 3-4　全国 GSM 移动通信网结构示意图

在中国联通 GSM 移动交换局所在地，联通网和 PSTN 之间各设一个网间接口局，双方接口局按一对一的方式成对互联。联通 GSM 用户与移动 GSM、PSTN 用户间的各种业务互通（含本地、自动长途、移动及国际业务等）所需的话路接续和信号，均经过网间接口局连接。

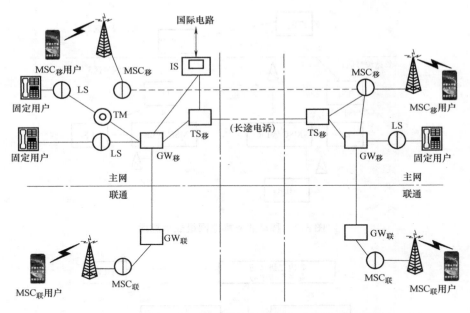

图 3-5　联通 GSM、移动 GSM 与 PSTN 互通的组网方式

3.1.5　GSM 系统的区域、号码与识别

1. 区域定义

GSM 系统属于小区制大容量移动通信网，其相应的区域定义如图 3-6 所示。

（1）GSM 服务区　GSM 服务区是指移动台可获得服务的区域，即不同通信网（如 PSTN 或 IS-DN）用户无需知道移动台的实际位置即可与之通信的区域。

一个 GSM 服务区可由一个或若干个公用陆地移动网（PLMN）组成。从地域而言，可以是一个国家或是一个国家的一部分，也可以是若干个国家。

（2）公用陆地移动网（PLMN）区　一个公用陆地移动网（PLMN）可由一个或若干个移动业务交换中心组成。该区具有共同的编号制度和路由计划。PLMN 与各种固定通信网之间的接口是 MSC，由 MSC 完成呼叫接续。

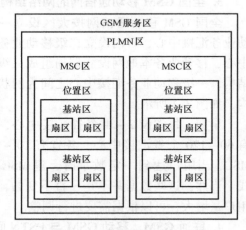

图 3-6　GSM 系统的区域定义

（3）MSC 区　MSC 区是指一个移动业务交换中心所控制的区域，它通常连接一个或若干个基站控制器，每个基站控制器控制多个基站收发台。从地理位置来看，MSC 包含多个位置区。

（4）位置区　位置区一般由若干个小区（或基站区）组成，移动台在位置区内移动无需进行位置更新。呼叫移动台时，通常向一个位置区内的所有基站同时发寻呼信号。位置区标识（LAI）是在广播控制信道（BCCH）中广播的。

（5）基站区　基站区是指基站收发信机有效的无线覆盖区，简称小区。

（6）扇区　当基站收发信天线采用定向天线时，基站区分为若干个扇区。当采用 120°定向天线时，一个小区分为 3 个扇区；当采用 60°定向天线时，一个小区分为 6 个扇区。

2. 号码与识别

GSM 网络包含无线信道、有线信道，并与其他网络如 PSTN、ISDN、公用数据网或其他 PLMN 互相连接。为了将一次呼叫接续传至某个移动用户，需要调用相应的实体。因此，正确地寻址就非常重要，各种号码就是用于识别不同的移动用户、不同的移动设备以及不同的网络。

（1）移动用户 ISDN 号（MSISDN）　MSISDN 即人们通常所说的呼叫某一用户时所使用的手机号码，其编号计划独立于 PSTN/ISDN 编号计划，编号结构为

$$CC + NDC + SN$$

其中，CC 为国家码（如中国为 86）；NDC 为国内移动网络接入号码；SN 为用户号码。

（2）国际移动用户识别码（IMSI）　这是网络唯一识别一个移动用户的国际通用号码，对所有的 GSM 网来说它是唯一的，并尽可能保密。移动用户以此号码发出入网请求或位置登记，移动网据此查询用户数据。此号码也是 HLR 和 VLR 的主要检索参数。根据 GSM 标准，IMSI 最大长度为 15 位十进制数字。具体分配如下：

$$MCC + MNC + MSIN/NMSI$$

其中，MCC 为移动国家码；MNC 为移动网号；MSIN 为移动用户识别码；NMSI 为国内移动用户识别码。

IMSI 编号计划国际统一，由 ITU-T E. 212 建议规定，以适应国际漫游的需要。

IMSI 由电信经营部门在用户开户时写入移动台的 EPROM。当任一主叫按 MSISDN 拨叫某移动用户时，被叫 MSC 将请求 HLR 或 VLR 将其翻译成 IMSI，然后用 IMSI 在无线信道上寻呼该移动用户。

（3）临时移动用户识别码（TMSI）　为了对 IMSI 保密，在空中传送移动用户识别码时用 TMSI 来代替 IMSI。TMSI 是由 VLR 给用户临时分配的，只在本地有效（即在该 MSC/VLR 区域内有效）。

（4）国际移动设备标识号（IMEI）　IMEI 是唯一标识移动设备的号码，又称移动台电子串号。该号码由制造厂家永久性地置入移动台，用户和网络运营商均不能改变它。

根据需要，MSC 可以发指令要求所有的移动台在发送 IMSI 的同时发送其 IMEI，如果发现两者不匹配，则确定该移动台非法，应禁止使用。EIR 中建有一张"非法 IMEI 号码表"，俗称"黑表"，用于禁止被盗移动台的使用。

（5）移动台漫游号码（MSRN）　这是系统分配给来访用户的一个临时号码，供移动交换机路由选择使用。移动台漫游进入另一个移动业务交换中心业务区时，该地区的移动系统赋予它一个 MSRN，经由 HLR 告知 MSC，MSC 据此才能建立至该用户的路由。当移动台离开该区后，访问位置寄存器（VLR）和归属位置寄存器（HLR）都要删除该漫游号码，以便再分配给其他移动台使用。

（6）位置区和基站的识别码　检测位置更新和信道切换时，要使用位置区标识（LAI），

LAI 的组成格式如下：

MCC + MNC + LAC

其中，MCC 和 MNC 均与 IMSI 的 MCC 和 MNC 相同。

位置区码(LAC)用于识别 GSM 移动通信网中的一个位置区，最多不超过两个字节，采用十六进制编码，由各运营商自定。

(7) 基站识别码(BSIC) 基站识别码(BSIC)用于移动台识别相同载频的不同基站，特别用于区别在不同国家的边界地区采用相同载频且相邻的基站。BSIC 为一个 6bit 编码，其格式如下：

MCC + BCC

其中，MCC 为 PLMN 码，用来识别相邻的 PLMN；BCC 为基站色码，用来识别相同载频的不同基站。

3.2 GSM 系统的信号处理与无线接口

3.2.1 GSM 系统无线传输特征

1. 接入方式

GSM 系统中，由若干个小区构成一个区群，区群内不能使用相同的频道，同频道距离保持相等。每个小区含有多个载频，每个载频含有 8 个时隙，即每个载频有 8 个物理信道，因此，GSM 系统采用时分多址/频分多址的接入方式，如图 3-7 所示。3.2.3 节将对物理信道及帧的格式作详细讨论。

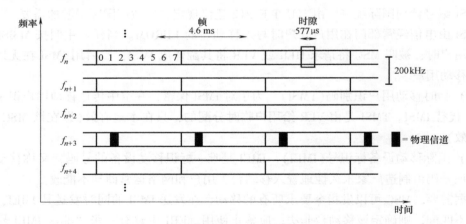

图 3-7　GSM 系统的接入方式和物理信道

2. 频率与频道序号

GSM 系统工作在以下射频频段：

上行(移动台发，基站收)　890 ~ 915MHz

下行(基站发，移动台收)　935 ~ 960MHz

随着业务的发展，可视需要向下扩展，或向 1.8GHz 频段的 DCS1800 过渡，即 1800MHz 频段：

上行(移动台发,基站收) 1710~1785MHz

下行(基站发,移动台收) 1805~1880MHz

GSM 系统的收发频率间隔为 45MHz。

移动台采用较低频段发射,传播损耗较低,有利于补偿上下行功率不平衡的问题。

由于载频间隔是 0.2MHz,因此 GSM 系统整个工作频段分为 124 对载频,其频道序号用 n 表示,则上下两频段中序号为 n 的载频可用下式计算:

$$下频段 \quad f_l(n) = 890 + 0.2n$$
$$上频段 \quad f_h(n) = 935 + 0.2n$$

式中,$f_l(n)$、$f_h(n)$ 的单位为 MHz;$n = 1 \sim 124$。例如 $n = 1$,$f_l(1) = 890.2\text{MHz}$,$f_h(1) = 935.2\text{MHz}$。

每个载频有 8 个时隙,因此 GSM 系统总共有 124×8 个 $= 992$ 个物理信道,一般称 GSM 系统有 1000 个物理信道。

3. 载波复用与区群结构

GSM 系统中,基站发射功率为每载波 500W,每个时隙平均为 500W/8 $= 62.5$W。移动台发射功率分为 0.8W、2W、5W、8W 和 20W 五种,可供用户选择。小区覆盖半径最大为 35km,最小为 500m,前者适用于农村地区,后者适用于市区。

由于系统采取了多种抗干扰措施(如自适应均衡、跳频和纠错编码等),同频道射频保护比可降到 $C/I = 9$dB,因此在业务密集区,可采用 3 小区 9 扇区的区群结构。

3.2.2 信号的处理

1. 语音编码

由于 GSM 系统是一种全数字系统,语音或其他信号都要进行数字化处理,因而第一步要把模拟语音信号转换成数字信号。

采用 PCM 编码方式,数字链路上的数字信号比特率为 64kbit/s($8\text{kbit/s} \times 8$)。如果 GSM 系统也采用此种方式进行语音编码,那么每个语音信道是 64kbit/s,8 个语音信道就是 512kbit/s。考虑实际可使用的带宽,GSM 标准中规定载频间隔是 200kHz。因此要把语音信道保持在规定的频带内,必须大大降低每个语音信道编码的比特率,这就要靠改变语音编码的方式来实现。

声码器编码可以采用很低的速率(可以低于 5kbit/s),虽然不影响语音的可懂性,但语音的失真性很大,很难分辨是谁在讲话。波形编码器语音质量较高,但要求的比特率相应也较高。因此,GSM 系统语音编码器采用声码器和波形编码器的混合物——混合编码器,其全称为线性预测编码-长期预测编码-规则脉冲激励编码器(LPC-LTP-RPE 编码器),如图 3-8 所示。图中,LPC + LTP 为声码器,RPE 为波形编码器,再通过复用器混合完成模拟语音信号的数字编码,每个语音信道的编码速率为 13kbit/s。

声码器的原理是模仿人类发音器官喉、嘴、舌的组合,将该组合看作一个滤波器,人发出的声音转换成语音信号后成为激励脉冲。当然这种激励脉冲是在不断变换的,声码器要做的是将语音信号分成 20ms 的段,然后分析这一时间段内所对应的滤波器的参数,并提取此时的脉冲序列频率,输出其激励脉冲序列。相继的语音段是十分相似的,LTP 将当前段与前一段进行比较,相应的差值被低通滤波后进行一种波形编码。

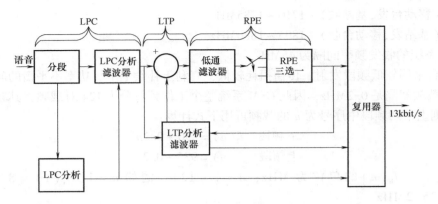

图 3-8 GSM 系统语音编码器

2. 信道编码

数字传输时，常采用误码率(BER)衡量所传信号的质量。BER 表明总比特中有多少比特被检测出错误，差错比特数或所占的比例要尽可能小。但要把它减小到 0，那是不可能的，因为路径是在不断变化的。这就是说必须允许存在一定数量的差错，但还必须能恢复出原信息，或至少能检测出差错，这对于数据传输来说特别重要，对语音来说只是质量降低。

为了提高数据传输的质量，可使用信道编码。信道编码能够检测和校正接收比特流中的差错。这是因为在原来的信道编码中加入了一些冗余比特，把几个比特上携带的信息扩散到更多的比特上，为此付出的代价是必须传送比该信息所需要的更多的比特，但可有效减少差错。

移动通信的传输信道属变参信道，它不仅会引起随机错误，更主要的是会造成突发错误。随机错误的特点是码元间的错误互相独立，即每个码元的错误概率与它前后码元的错误与否无关。突发错误则不然，一个码元的错误往往影响前后码元的错误概率。或者说，一个码元产生错误，则前后几个码元都可能产生错误。因此，在数字通信中，要利用信道编码对整个通信系统进行差错控制。差错控制编码可以分为分组编码和卷积编码两类。

GSM 系统中，上述两种编码方法均在使用。首先对一些信息比特进行分组编码，构成一个"信息分组 + 奇偶检验比特"的形式，然后对全部比特进行卷积编码，从而形成编码比特。这两次编码适用于语音和数据，但它们的编码方案略有差异。采用两次编码的好处是：有差错时，能校正的校正(利用卷积编码特性)，能检测的检测(利用分组编码特性)。

GSM 系统首先是把语音分成 20ms 的音段，这 20ms 的音段通过语音编码器被数字化和编码，产生 260 个比特流，并被分成 50 个最重要比特，132 个重要比特，78 个不重要比特。

如图 3-9 所示，对上述 50 个比特添加 3 个奇偶检验比特(分组编码)，这 53 个比特同 132 个重要比特与 4 个尾比特一起卷积编码，比率为 1:2，因而得 378 个比特，另外 78 个比特不予保护。

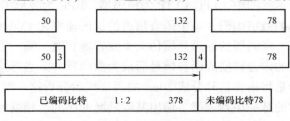

图 3-9 GSM 数字语音的信道编码

3. 交织技术

在陆地移动通信这种变参信道上，比特差错经常是成串发生的。这是由于持续较长的深衰落谷点会影响到相连的多个比特，然而，信道编码仅在检测和校正单个差错和不太长的差错串时才有效。为了解决这一问题，希望能找到把一条消息中的相继比特分散开的方法，即把一条消息中的相继比特以非相继方式发送。这样，在传输过程中即使发生了成串差错，恢复成一条相继比特串的消息时，差错也就变成单个（或长度很短），这时再用信道编码纠错功能纠正差错，恢复原消息，这种方法就是交织技术。

（1）交织技术的一般原理　假定有一些 4 比特组成的消息分组，把 4 个相继分组中的第 1 个比特取出来，并让这 4 个第 1 个比特组成一个新的 4 比特分组，称为第一帧。4 个消息分组中的比特 2～4，也进行同样处理，如图 3-10 所示。

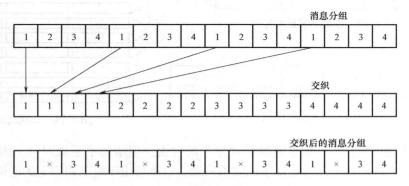

图 3-10　交织技术的原理

然后依次传送第 1 个比特组成的帧、第 2 个比特组成的帧、……，传输期间帧 2 丢失，如果没有交织，就会丢失某一整个消息分组，但采用了交织，仅每个消息分组的第 2 个比特丢失，再利用信道编码，全部消息分组中的消息仍能得以恢复，这就是交织技术的基本原理。概括地说，交织就是把码字的 b 个比特分散到 n 个帧中，以改变比特间的邻近关系，因此 n 值越大，传输特性越好，但传输时延也越大，所以实际使用中必须折衷考虑。

（2）GSM 系统中的交织方式　GSM 系统中，信道编码后进行交织，交织分为两次，第一次交织为内部交织，第二次交织为块间交织。

语音编码器和信道编码器将每一段 20ms 语音数字化并编码，提供 456 个比特。首先对它进行内部交织，即将 456 个比特分成 8 帧，每帧 57 个比特，如图 3-11 所示。

如果将同一 20ms 语音的两组 57 个比特插入到同一普通突发脉冲序列（见图 3-12）中，那么该突发脉冲序列丢失，会导致该 20ms 语音损失 25% 的比特，显然信道编码难以恢复这么多丢失的比特。因此必须在两个语音帧间再进行一次交织，即块间交织，把每 20ms 语音 456 个比特分成的 8 帧作为一个块，假设有 A、B、C、D 四块，如图 3-13 所示。第一个普通突发脉冲序列中，在其前部和后部的两个 57 个比特组中分别插入各 1 帧的 A 块和 D 块（插入方式见图 3-14，这就是二次交织），这样一个 20ms 语音的 8 帧分别插入 8 个不同普通突发脉冲序列中，然后一个一个突发脉冲序列发送，发送的突发脉冲序列首尾相接处不是同一语音块，即使在传输中丢失一个脉冲序列，也只影响每一语音比特数的 12.5%，而这能通过信道编码加以校正。

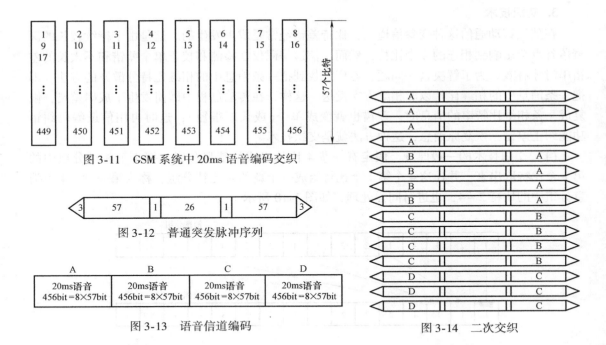

图 3-11　GSM 系统中 20ms 语音编码交织

图 3-12　普通突发脉冲序列

图 3-13　语音信道编码

图 3-14　二次交织

二次交织经得住丧失一整个突发脉冲序列的打击，但增加了系统时延。因此，在 GSM 系统中，移动台和中继电路上增加了回波抵消器，以改善由于时延而引起的通话回音。

4. 调制

调制和解调是信号处理的最后一步。GSM 使用的调制是 $BT = 0.3$ 的 GMSK，其调制速率为 270.833kbit/s，使用 Viterbi 算法进行解调。调制的功能是按照一定的规则把某种特性强加到电波上，这个特性就是要发送的数据。GSM 系统中承载信息的是电磁场的相位，采用调相方式。解调的功能就是接收信号，从一个受调的电波中还原发送的数据。

典型的调制包括两个步骤：首先把 GMSK 信号调制到一个较低的固定频率上，一般情况下称之为中频 70MHz 信号；然后再把这个已调信号调到要求的载频上，同时调整好要求的功率电平。

调制信号由发射天线送入空中，根据电磁场理论可以在远端的天线上测到信号场强，并把它恢复成电信号。但是由于各种原因，接收场强往往要偏离理论值，近点接收和远点接收有很大的差异。这些差异包括自由空间损耗及因环境因素（建筑物、地形等）而产生的不同衰落、信号的不同反射产生的多径传播时延叠加、寄生信号和噪声（同频干扰和邻频干扰）影响等。解调器必须在收到的受干扰信号中最大可能地估计原调制数据。为了帮助解调器完成这一复杂过程，通过发送一个接收端已知的预判决序列段（即"训练序列"），来帮助接收器估计信号受各种干扰的影响，并恢复数据。

3.2.3　信道类型及其组合

1. 物理信道

GSM 系统在无线路径上传输的是约 100 个调制比特单位的序列，称为一个突发脉冲。这个脉冲在一个载频上传播，占有一段频率，也占有一段时间。由 GSM 标准知，每个载频的带宽是 200kHz，每个载频上采用 TDMA 方式，每个载频的带宽又分 8 个时隙。因此，GSM 系统的空中物理信道是一个载频带宽为 200kHz、时长为 0.577ms 的物理实体，见图 3-7。

2. 逻辑信道

BTS 和 MS 间必须传送许多信息，包括语音信息和控制信息等。先把要传送的信息分类，再按不同方法对应至物理信道进行传播。逻辑信道按其中承载信息的不同，可分为控制信道和业务信道。

（1）控制信道

1）广播信道（BCH）。广播信道均为下行信道，用于向 MS 发送广播消息。

① 频率校正信道（FCCH）。频率校正信道使 MS 明确 BCCH 的载频及使 MS 保持频率同步。

② 同步信道（SCH）。同步信道传送供 MS 进行同步和对基站进行识别的信息。

③ 广播控制信道（BCCH）。当 MS 要进行漫游等待呼叫或发起呼叫时，要知道一些关于小区的信息，这些信息通过 BCCH 传送，包括位置区标识（LAI）、小区允许最大输出功率和相邻小区 BCCH 载频等。由于每个基站之间不同步，所以 MS 必须根据广播控制信道来获取进入其他小区的信息。

2）公共控制信道（CCCH）。公共控制信道组成了逻辑信道的第二组，被用于建立点到点的连接。

① 寻呼信道（PCH）。MS 每隔一定时间监听 PCH，以判断是否有来自它的呼叫。PCH 包括 MS 的 IMSI 或 TMSI。该信道是下行信道。

② 随机接入信道（RACH）。当 MS 在 PCH 听到有对自己的呼叫时，即通过 RACH 要求接入网络。该信道是上行信道。

③ 接入许可信道（AGCH）。网络通过 AGCH 给 MS 分配一个信令信道（独立专用控制信道 SDCCH），是下行信道。

3）专用控制信道（DCCH）。专用控制信道用于建立寻呼、发送测量报告和切换，它们全是双向点到点的信道。

① 独立专用控制信道（SDCCH）。MS 和 BTS 均转至此信道，MS 通过 SDCCH 通知网络应该占用哪个物理信道。在呼叫建立功能之外的业务传输中，SDCCH 用于传送短消息，是双向信道。

② 慢速随路控制信道（SACCH）。使用此信道，MS 向网络发送控制消息和相邻基站信号强度，同时接收系统信息，包括发射功率和时间提前量。该信道是双向信道。

③ 快速随路控制信道（FACCH）。FACCH 用"挪用"模式工作，占用业务信道的一段，主要用于向 MS 传送切换命令，是双向信道。

（2）业务信道（TCH）　TCH 用于语音业务的承载，有两种类型——全速 TCH（TCH/F）和半速 TCH（TCH/#）。全速 TCH 允许以 13kbit/s 传送语音和 12.6kbit/s 或 3kbit/s 传送数据，是双向信道。半速 TCH 允许以 7kbit/s 传送语音和 6kbit/s 或 3.6kbit/s 传送数据，是双向信道。

表 3-2 给出了 GSM 系统所支持的逻辑信道及它们的特性。

表 3-2　GSM 系统的逻辑信道及特性

逻辑信道	只有上行	只有下行	既有上行又有下行	点到点	广播	专用的	共享的
BCCH		√			√		√
FCCH		√			√		√
SCH		√			√		√
RACH	√			√			√
PCH		√		√			√
AGCH		√		√			√
SDCCH			√	√		√	
SACCH			√	√		√	
FACCH			√	√		√	
TCH			√	√		√	

3. 时隙的格式

GSM 系统中，每帧包含 8 个时隙，时隙的宽度为 0.577ms，其中包含 156.25bit。GSM 系统信道上一个时隙的信息称为突发脉冲序列。GSM 系统空中接口中共有五种不同的突发脉冲序列：常规突发脉冲序列、频率校正突发脉冲序列、同步突发脉冲序列、接入突发脉冲序列和伪突发脉冲序列。

（1）常规突发脉冲序列　这种脉冲序列用于 TCH 承载业务信息及除 RACH、SCH 和 FCCH 以外的控制信道信息，其格式如图 3-15 所示。

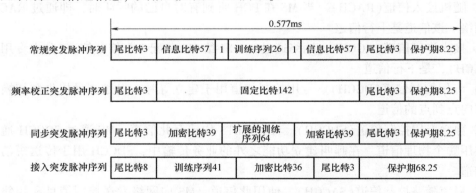

图 3-15　GSM 系统的突发脉冲序列格式

前后 3 个比特均为 000，用于消息定界；两段 57bit 为加密的语音或数据；26bit 的训练序列作为一种信道模式的创立方法，用于在接收方抑制时间分集的影响；26bit 左右各 1bit 作为此脉冲是否为 FACCH 借用的标识。为满足语音传输速率（13bit/s）的要求，必须在 TDMA 时隙和突发脉冲序列两者间找到一种折衷的方法。选择 26 帧 TCH 突发脉冲序列作为一个周期，共 120ms，则一个 TDMA 时隙为 120/（26×8）ms = 0.577ms。而实际应用中，为满足码速率 0.577ms 应传 156.25bit，多余的 8.25bit 用于消息间的保护。这是因为，移动用户在通话中不断移动而导致相邻消息会有一段偏移。8.25bit 对应 30μs，便于保持接收信息与发送同步。

（2）频率校正突发脉冲序列　频率校正突发脉冲序列用于校正移动台的载波频率，其格式如图 3-15 所示。起始和结束的尾比特各占 3bit，保护时间为 8.25bit，它们均与常规突发脉冲序列相同，其余 142bit 均置成 0，相应发送的射频是一个与载频有固定偏移（频偏）的纯正弦波，以便于调整移动台的载频。

（3）同步突发脉冲序列　同步突发脉冲序列用于移动台的时间同步，其格式如图 3-15 所示。主要组成包括 64bit 的同步信号（扩展的训练序列），以及两段各 39bit 的数据，用于传输 TDMA 帧号和基站识别码（BSIC）。

（4）接入突发脉冲序列　接入突发脉冲序列的格式如图 3-15 所示。由图可以看出，接入突发脉冲序列有 8 个尾比特，并有很大一段保护期。这是由于在第一次接入和切换至新 BTS 时，还不知道时间提前量（由距离引起的）信息，保护期可保证传送信息准确进入规定的接收时隙内，而不溢出至下一时隙。

（5）伪突发脉冲序列　在没有信息承载时发送伪突发脉冲序列。

4. 信道的组合方式

逻辑信道组合是以复帧为基础的，实际上是将各种逻辑信道装载到物理信道上。也就是说，逻辑信道与物理信道之间存在着映射关系。信道的组合方式与通信系统在不同阶段（接续或通话）所需要完成的功能有关，也与传输的方向（上行或下行）有关，除此之外，还与业务量有关。

（1）业务信道的组合方式　业务信道有全速和半速之分，下面只考虑全速情况。

业务信道的复帧含 26 个 TDMA 帧，其组成格式和物理信道（一个时隙）的映射关系如图 3-16 所示。图中给出了时隙 2（即 TS_2）构成一个业务信道的复帧，共占 26 个 TDMA 帧，其中 24 帧 T（即 TCH），用于传输业务信息；1 帧 A，代表慢速随路控制信道（SACCH），传输慢速辅助控制信道的信息（例如功率调整的信令）；还有 1 帧 I 为空闲帧（半速传输业务信息时，此帧也用于传输 SACCH 的信息）。

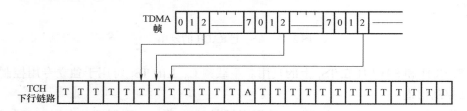

图 3-16　业务信道的组合方式

上行链路与下行链路的业务信道具有相同的组合方式，唯一的差别是有一个时间偏移，即相对于下行帧，上行帧在时间上推后 3 个时隙。

一般情况下，每一基站有 n 个载频（双工），分别用 C_0、C_1、…、C_{n-1} 表示。其中，C_0 称为主载频。每个载频有 8 个时隙，分别用 TS_0、TS_1、…、TS_7 表示。C_0 上的 $TS_2 \sim TS_7$ 用于业务信道，而 C_0 上的 TS_0 用于广播信道和公共控制信道，C_0 上的 TS_1 用于专用控制信道。在小容量地区，基站仅有一套收发信机，这意味着只有 8 个物理信道，这时 TS_0 既可用于公共控制信道，又可用于专用控制信道，而把 $TS_1 \sim TS_7$ 用于业务信道。其余载频 $C_1 \sim C_{n-1}$ 上的 8 个时隙均用于业务信道。

（2）控制信道的组合方式　控制信道的复帧含51帧，其组合方式类型较多，而且上行传输和下行传输的组合方式也不相同。

1）BCH和CCCH在TS_0上的复用。广播信道（BCH）和公共控制信道（CCCH）在主载频（C_0）的TS_0上的复用（下行链路）如图3-17所示。其中，I（IDEL）表示空闲帧。

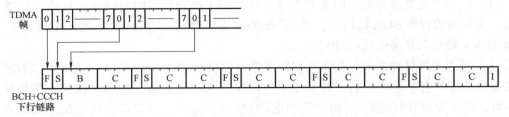

图3-17　BCH和CCCH在TS_0上的复用

由图可以计算出控制复帧共有51个TS。此序列是以51个帧为循环周期的，因此，虽然每帧只用了TS_0，但从时间长度上讲序列长度仍为51个TDMA帧。

如果没有寻呼或接入信息，F（即FCCH）、S（即SCH）及B（即BCCH）总在发射，以便使移动台能够测试该基站的信号强度，此时C（即CCCH）用空位突发脉冲序列代替。

对于上行链路而言，TS_0只用于移动台的接入，即51个TDMA帧均用于随机接入信道（RACH），其映射关系如图3-18所示。

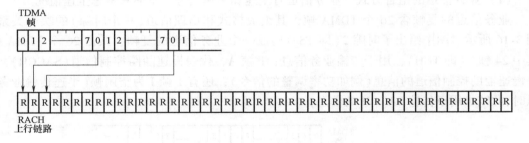

图3-18　TS_0上RACH的复用

2）SDCCH和SACCH在TS_1上的复用。主载频C_0上的TS_1可用于独立专用控制信道和慢速随路控制信道。

SDCCH和SACCH（下行）在TS_1上的复用如图3-19所示。下行链路占用102个TS_1，从时间长度上讲是102个TDMA帧。

由于在呼叫建立及入网登记时所需比特率较低，因而可在这些TS（TS_1）上放置8个SD-CCH（共有64个TS），图中用D_0、D_1、…、D_7表示，每个D_x占8个TS。D_x只在移动台建立呼叫时使用，移动台转到TCH上开始通话或登记完毕后，可将D_x用于其他移动台。慢速随路控制信道（SACCH）占32个TS，用A_0、A_1、…、A_7表示，每个A_x占4个TS。A_x是传输必需的控制信令，例如功率调整命令。图3-19中，I表示空闲帧，占6个TS。

由于是专用控制信道，因此上行链路C_0上TS_1组成的结构与上述下行链路的结构是相同的，但在时间上有一个偏移。

3）控制信道在TS_0上的复用。小容量地区或建站初期，小区可能仅有一套收发单元，

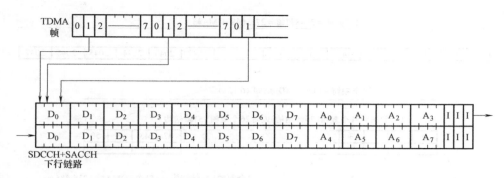

图 3-19　SDCCH 和 SACCH(下行)在 TS_1 上的复用

这意味着只有 8 个 TS(物理信道)。$TS_1 \sim TS_7$ 均用于业务信道,此时 TS_0 既用于公共控制信道(包括 BCH、CCCH),又用于专用控制信道(SDCCH、SACCH),其组成格式如图 3-20 所示。其中,下行链路包括 BCH(F、S、B)、CCCH(C)、SDCCH($D_0 \sim D_3$)、SACCH($A_0 \sim A_3$)和空闲帧 I,共占 102 个 TS,从时间长度上讲是 102 个 TDMA。

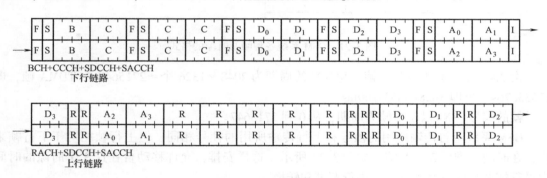

图 3-20　TS_0 上控制信道的综合复用

上行链路包括 RACH(R)、SDCCH($D_0 \sim D_3$)和 SACCH($A_0 \sim A_3$),共占 102 个 TS。

从上述分析可知,如果小区只有一对双工载频(C_0),那么 TS_0 用于控制信道,$TS_1 \sim TS_7$ 用于业务信道,即允许基站与 7 个移动台同时传输业务。多载频小区内,C_0 的 TS_0 用于公共控制信道,TS_1 用于专用控制信道,$TS_2 \sim TS_7$ 用于业务信道。而当另加一个载频时,其 8 个 TS 可全部用于业务信道。

5. 帧结构

GSM 系统各种帧及时隙的格式如图 3-21 所示。

每一个 TDMA 帧分为 $0 \sim 7$ 共 8 个时隙,帧长度为 $120/26\mathrm{ms} \approx 4.615\mathrm{ms}$。每个时隙含 156.25 个码元,占 $15/26\mathrm{ms} \approx 0.577\mathrm{ms}$。

由若干个 TDMA 帧构成复帧,其结构有两种:一种是由 26 帧组成的复帧,这种复帧长 120ms,主要用于业务信息的传输,也称为业务复帧;另一种是由 51 帧组成的复帧,这种复帧长 235.385ms,专用于传输控制信息,也称为控制复帧。

由 51 个业务复帧或 26 个控制复帧均可组成一个超帧,超帧的周期为 1326 个 TDMA 帧,超帧长为 $51 \times 26 \times 4.615 \times 10^{-3}\mathrm{s} \approx 6.12\mathrm{s}$。

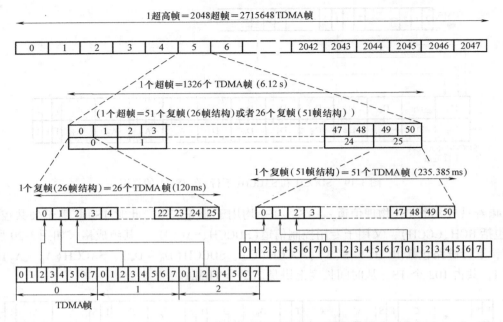

图 3-21　GSM 系统各种帧及时隙的格式

由 2048 个超帧组成超高帧，超高帧的周期为 2048 × 1326 个 ≈ 2715648 个 TDMA 帧，即 12533.76s，也即 3h28min53s760ms。

帧的编号（FN）以超高帧为周期，从 0 到 2715647。

GSM 系统上行传输所用的帧号和下行传输所用的帧号相同，但上行帧相对于下行帧来说，在时间上推后 3 个时隙，如图 3-22 所示。这样安排，允许移动台在这 3 个时隙的时间内进行帧调整以及对收发信机进行调谐和转换。

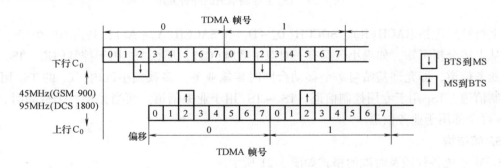

图 3-22　上行帧号和下行帧号所对应的时间关系

3.3　GSM 系统的控制与管理

3.3.1　移动台开机后的工作

当 MS 开机后，它将在 GSM 网中对自己进行初始化。由于 MS 对自身的位置、小区配置、网络情况及接入条件均不清楚，因此这些信息都要从网络中获得。为了获得这些必要的信息，MS 首先必须确定 BCCH 频率，以获得操作必需的系统参数。在 GSM900 中，有 124 个无线频率，在 DCS1800 中，有近 375 个无线频率。要确定 BCCH 频率，需搜索和对所有这些频率进行译码，这将花费许多时间。为了帮助 MS 完成这一任务，GSM 允许在 SIM 卡中存储一张频率表，这些频率是前一次小区登录的 BCCH 频率，以及在该 BCCH 广播的邻近小区的频点，MS 上电后就开始搜索这些频率。GSM 所有的 BCCH 均满功率工作，即 BCCH 不进行功率控制，BTS 在 BCCH 信道上所有的空闲时隙发空闲标志，这两点保证了 BCCH 频率比小区其他频率有更大的功率密度。MS 搜索无线频率，查找一个比其他功率大的频率较简单。找到无线频点以后，MS 下一步要确定 FCCH。运用同样的原理，由于 FCCH 功率密度大于 BCCH 功率密度，找到 FCCH 之后，MS 通过译码使自身的信号与系统的主频信号同步。一旦 MS 确定了 FCCH 并同步后，它可以正确地确定时隙和帧的边界，至此，便取得了时间同步。MS 知道在相同的频率上 FCCH 的第 8 个时隙后是同步信道(SCH)，它只需简单等待 8 个时隙后，便可对 SCH 译码，获得时间同步。至此，MS 已可对 BCCH 上的其他数据进行译码。

3.3.2　位置登记

与固定网一样，移动通信网最基本的作用是给网中任意用户之间提供通信链路，即呼叫接续。但与固定网不同的是，在移动通信网中，由于用户的移动性，就必须有一些另外的操作处理功能来支持。

当用户从一个区域移动到另外一个区域时，网络必须发现这个变化，以便接续这个用户的通信，这就是位置登记。当用户在通信过程中从一个小区移动到另一个小区时，系统要保证用户的通信不中断，这就是越区切换。这些位置登记、越区切换的操作，是移动通信系统中所特有的，这些与用户移动有关的操作称为移动性管理。

位置登记过程是指移动通信网对系统中的移动台进行位置信息更新的过程，它包括旧位置区的删除和新位置区的注册两个过程。

移动台的信息存储在 HLR、VLR 两个存储器中。当移动台从一个位置区进入另一个位置区时，就要向网络报告其位置的变化，使网络能随时登记移动用户的当前位置。利用位置信息，网络可以实现对漫游用户的自动接续，将用户的通话、分组数据、短消息和其他业务数据送达漫游用户。

为了减少对 HLR 的更新过程，HLR 中只保存了用户所在的 MSC/VLR 信息，而 VLR 中则保存了用户更详细的信息(如位置区的信息)。因此，每一次位置变化时，VLR 都要进行更新，而只有 MSC/VLR 发生变化时(用户进入新的 MSC/VLR 服务区时)才更新 HLR 中的信息。

移动台一旦加电开机后，就搜寻 BCCH 信道，从中提取所在位置区标识(LAI)。如果该 LAI 与原来的 LAI 相同，则意味着移动台还在原来的位置区，不需要进行位置更新；若不同，则意味着移动台已离开原来的位置区，必须进行位置登记。

位置登记可能在同一个 MSC/VLR 中进行，也可能在不同 MSC/VLR 之间进行。这两种情况下进行位置登记的具体过程会有所不同，但基本方法都是一样的。图 3-23 所示为涉及两个 MSC/VLR 的位置更新过程，其他情况可依此类推。

当用户由一个 MSC/VLR 管辖的区域进入另一个 MSC/VLR 管辖的区域时，移动台可能

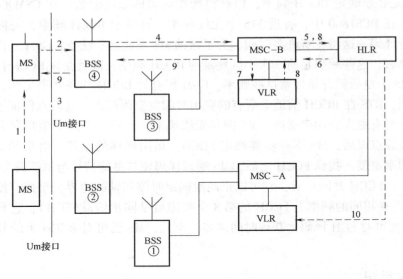

图 3-23 GSM 位置更新流程

用 IMSI 来标识自己，也可能用 TMSI 来标识自己。

（1）移动台用 IMSI 来标识自己时的位置登记和删除

1）过程 1 表示 MS 从一个位置区（属于 MSC-A）移动到另一个位置区（属于 MSC-B）。

2）过程 2 表示通过检测 BSS 的广播信息，MS 发现新收到的位置区标识与其存储的位置区标识不同。

3）过程 3、4 表示 MS 通过新基站向 MSC-B 发送"我在这里"的信息，请求位置更新。

4）过程 5 表示 MSC-B 把含有其自身标识和 MS 识别码的位置更新信息送给 HLR（鉴权与加密运算从此时开始）。

5）过程 6 表示 HLR 发回响应消息，其中包括用户的全部相关数据。

6）过程 7、8 表示在被访 VLR 中进行用户数据登记，包括分配临时移动用户识别码（TMSI）和移动台漫游号码（MSRN），并向 HLR 汇报。

7）过程 9 表示把有关用户位置更新响应的信息（包括 TMSI 和 MSRN）通过 BSS④送给 MS。

8）过程 10 表示 HLR 通知原 VLR 删除与此 MS 有关的用户数据。

（2）移动台用 TMSI 来标识自己时的位置登记和删除　当移动台进入一个新的 MSC/VLR 管辖的区域时，若 MS 用原来的 VLR（PVLR）分配给它的临时号码 TMSI 来标识自己，则新的 VLR 在收到 MSC"更新位置区"的消息后，不能直接判断出该 MS 的 HLR。而是向原来的 PVLR 发送"身份识别信息"消息，要求得到该用户的 IMSI，PVLR 用"身份识别信息响应"消息将该用户的 IMSI 发送给新的 VLR，VLR 再给该用户分配一个新的 TMSI，其后的过程如用 IMSI 标识进行位置更新一样。

如果 MS 因故未收到"确认"信息，则此次位置更新申请失败，可以重复发送三次申请，每次间隔至少 10s。

（3）附着与分离　移动台可能处于激活（开机）状态，也可能处于非激活（关机）状态。

当 MS 关机时，发送最后一次消息，要求进行分离操作，MSC/VLR 收到消息后要在有关的 VLR 和 HLR 中设置一特定的标志，使网络拒绝对该用户呼叫，以免在无线链路上发送无效的寻呼信号，这种功能称之为 "IMSI 分离"。

当 MS 开机后，若此时 MS 处于分离前相同的位置区，则将取消上述分离标志，恢复正常工作，这种功能称为 "IMSI 附着"。若位置区已变，则要进行新的常规位置更新。

（4）周期性登记　当 MS 向网络发送 "IMSI 附着" 消息时，因无线链路质量很差，有可能造成错误，即网络认为 MS 仍然为分离状态。反之，当 MS 发送 "IMSI 分离" 消息时，因收不到信号，网络也会错认为该 MS 处于 "附着" 状态。

为了解决上述问题，系统采取周期性登记方式，例如要求 MS 每 30min 登记一次。这时，若系统没有接收到来自 MS 的周期性登记信息，VLR 就以 "分离" 做标记，称为 "隐分离"。

网络通过 BCCH 通知 MS 其周期性登记的时间周期。周期性登记程序中有证实消息，MS 只有接收到此消息后才停止发送登记消息。

3.3.3　安全性管理

GSM 系统中，主要采取了以下安全措施：对用户接入网的鉴权、在无线链路上对用户通信信息的加密、移动设备的识别、移动用户的安全保密。

1. 鉴权和加密

鉴权的作用是保护网络，防止非法盗用，同时通过拒绝假冒合法用户的 "入侵"，保护 GSM 网络的用户。GSM 系统的鉴权原理是基于系统定义的鉴权键 Ki，即验证网络端和用户端的鉴权键 Ki 是否相同。为了安全需要，应避免 Ki 直接在无线接口的传输。GSM 系统用鉴权键 Ki 和一个由 AUC 中伪随机序列发生器产生的随机数（RAND）作为鉴权算法 A3 的输入，A3 的输出是 SRES。鉴权时在空中传送的是 SRES，并在 VLR 中比较。

GSM 系统中，为了安全性管理，应用了三种算法：A3、A5 和 A8 算法。其中，A3 算法应用于鉴权，A5 算法应用于用户数据的加密，A8 算法应用于产生一个供用户数据加密时使用的密钥 Kc。

GSM 系统的鉴权过程如图 3-24 所示。

1）用户购机入网时，电信部门将 IMSI 和用户鉴权键 Ki 一起分配给用户，同时，该用户的 IMSI 和 Ki 存入 AUC。

2）AUC 鉴权中心按下列步骤产生一个用于鉴权和加密的三参数组：

① 产生一个不可预测的随机数（RAND）。

② 以 IMSI、Ki 和 RAND 为输入参数，由两个不同的算法电路（A8 和 A3）计算出密钥 Kc 和符号响应 SRES。

③ 将 RAND、SRES 和 Kc 组成一个三参数组送往 HLR，以便该用户鉴权时使用。

3）HLR 自动为每个用户存储 1～10 组的三参数组，并在 MSC/VLR 需要时传给它。而 MSC/VLR 也为每个用户存储 1～7 组这样的三参数组。这样做的目的是减少 MSC/VLR 与 HLR、AUC 之间信号传送的次数。

4）呼叫处理过程中，MSC 向需被鉴权的移动台发送一组参数中的 RAND 号码，移动台据此再加上要在 SIM 卡内存储的 IMSI 和 Kc，作为 A3 鉴权运算电路的输入信号，算出鉴权的符号响应 SRES 并将其送回 MSC/VLR。

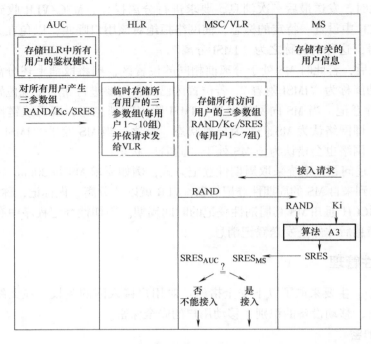

图 3-24 GSM 系统的鉴权过程

5）MSC 将原三参数组中由 AUC 算出的 SRES 与移动台返回的 SRES 比较，若相同，则认为合法，允许接入；否则为不合法，拒绝为其服务。

GSM 系统为确保用户信息（语音或非语音业务）以及与用户有关的信令信息的私密性，在 BTS 与 MS 之间交换信息时专门采用了一个加密程序。GSM 系统的加密过程如图 3-25 所示。

1）鉴权程序中产生的密钥 Kc，随 RAND 和 SRES 一起送往 MSC/VLR。

2）MSC/VLR 启动加密进程，发加密模式命令"M"（一个数据模型），经基站发往移动台。

3）在移动台中对"M"进行加密运算（A5 算法），其输入参数为 Kc、M 和 TDMA 当前帧号，加密后的信息送基站解密。若解密成功（"M"被还原出来），则从此时开始，双方交换的信息（语音、数据、信令）均需经过加密、解密步骤。

2. 移动设备的识别

移动设备识别的目的是确保系统中使用的移动设备不是盗用或非法的设备。移动设备的识别过程如下：

MSC/VLR 向移动用户请求 IMEI（国际移动设备标识号）并将 IMEI 发送给 EIR（设备标志寄存器）。

收到 IMEI 后，EIR 使用运营商所定义的三个清单：

1）白名单，包括已分配给运营商的所有设备识别序列号码。

2）黑名单，包括所有被禁止使用的设备识别序列号码。

3）灰名单，由运营商决定，例如包括有故障的以及未经型号认证的移动设备。

最后，将设备鉴定结果送给 MSC/VLR，以决定是否允许入网。

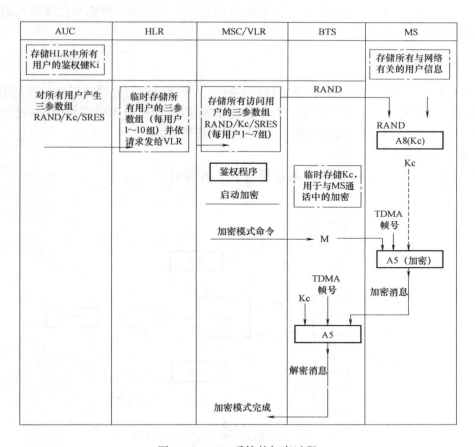

图 3-25　GSM 系统的加密过程

3. 移动用户的安全保密

移动用户的安全保密包括两个方面：用户的临时移动用户识别码(TMSI)和用户的个人识别码(PIN)。

（1）TMSI　TMSI 的设置是为了防止非法个人和团体通过监听无线路径上的信令交换而窃得移动用户的真实 IMSI 或跟踪移动用户的位置。

TMSI 由 MSC/VLR 分配，并不断进行更换，更换周期由网络运营商决定。每当移动台用 IMSI 向系统请求位置更新、呼叫建立或业务激活时，MSC/VLR 对它进行鉴权。允许接入网络后，MSC/VLR 产生一个新的 TMSI，通过给 IMSI 分配 TMSI 的信令将新的 TMSI 传送给移动台，写入用户的 SIM 卡。此后，MSC/VLR 和移动台之间的信令交换就使用 TMSI，而用户的 IMSI 不在天线路径上传送。

（2）PIN　PIN 是一个 4～8 位的个人身份号，用于控制对 SIM 的使用，只有 PIN 认证通过，移动设备才能对 SIM 卡进行存取，读出相关数据，并可以入网。每次呼叫结束或移动设备正常关机时，所有的临时数据都会从移动设备传送到 SIM 卡中，再打开移动设备时要重新进行 PIN 校验。

若输入不正确的 PIN，则用户可以再连续输入两次，超过三次不正确，SIM 卡就被阻塞，此时需由网络运营商消除阻塞。当连续 10 次输入不正确时，SIM 卡会被永久阻塞，即此卡作废。

3.3.4　呼叫接续

移动用户作主叫和作被叫的接续过程是不同的，下面分别讨论移动用户向固定用户发起呼叫（即移动用户作主叫）和固定用户呼叫移动用户（即移动用户作被叫）的接续过程，而移动用户呼叫移动用户的接续过程可从这两个过程进行类推。

1. 移动用户呼叫固定用户

移动用户 MS 呼叫固定用户 FS 的过程如图 3-26 所示。

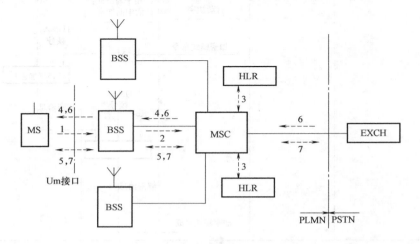

图 3-26　移动用户呼叫固定用户的过程

1）过程 1 表示 MS 用户拨号、发送，MS 通过公共控制信道 RACH 向 BSS 提出接入申请，请求分配 SDCCH。

2）过程 2 表示 BSS 将 MS 的接入申请向 MSC 汇报。

3）过程 3 表示 MSC 对 MS 进行鉴权与加密模式设置。

4）过程 4 表示鉴权通过后，MSC 指示 BSS 通过 AGCH 为 MS 分配 SDCCH。

5）过程 5 表示 MS 通过 SDCCH 请求呼叫建立（即传送申请、分配业务信道（TCH）的有关信令）。

6）过程 6 表示 MSC 通过 PSTN 的交换机向被叫振铃，同时通过 TCH 向主叫送回铃音。

7）过程 7 表示被叫摘机，MSC 即停送振铃与回铃音，双方开始通话。

2. 固定用户呼叫移动用户

固定用户 FS 呼叫移动用户 MS 的过程如图 3-27 所示。

1）过程 1 表示由 FS 来的呼叫被接至 GMSC。它是 PLMN 与 PSTN 接口的 MSC。设置 GMSC 的目的是防止当移动用户处于漫游状态时，出现长途兜圈子的情况。假如不设 GMSC，则呼叫接续会出现下列长途兜圈子的情况。例如，呼叫（发自太原）→归属局（西安）→访问局（太原）→MS（通话）。设置 GMSC 后，GMSC 可将呼叫直接接到访问局，从而防止了上述长途兜圈子的情况，即呼叫（发自太原）→访问局（太原）→MS（通话）。

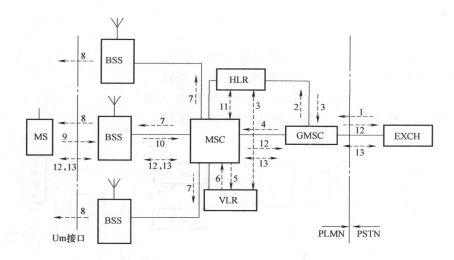

图 3-27　固定用户呼叫移动用户的过程

2）过程 2 表示 GMSC 用 MSISDN 通过 HLR 查询 MS 的位置，获得 MSRN。

3）过程 3 表示 HLR 向 GMSC 报告 MS 的 MSRN。

4）过程 4 表示 GMSC 将呼叫路由转至 MS 所在的 MSC。

5）过程 5 表示 MSC 由 VLR 取得 MS 的相关数据。

6）过程 6 表示 VLR 确定用户的位置区，同时为用户分配 TMSI。

7）过程 7 表示 MSC 通过 MS 所在位置区内的所有 BSS 对其进行寻呼。

8）过程 8 表示 BSS 通过寻呼信道（PCH）送出寻呼用户的指令。

9）过程 9 表示 MS 响应寻呼，向所在小区 BSS 作出应答。

10）过程 10 表示 BSS 将寻呼应答报告 MSC。

11）过程 11 表示 MSC 对 MS 进行鉴权和加密设置。

12）过程 12 表示鉴权通过后，MSC 一方面指示 BSS 通过 AGCH 给 MS 分配 TCH，BSS 与 MS 的联系随即切换到分配的 TCH 上，MSC 通过 TCH 向 MS 振铃；另一方面向主叫送回铃音。

13）过程 13 表示 MS 用户摘机，MSC 即撤消振铃与回铃音，双方开始通话。

3.3.5　切换管理

切换的目的是使正在进行的通信不中断，将通信连接从一个无线信道切换到另一个无线信道。切换分为内部切换与外部切换两类。

1. 内部切换

内部切换包括：

1）同一小区内的不同物理信道之间的切换。这种切换发生在下列情况下：正在通信的物理信道受到干扰；为了进行维护，正在通信的物理信道或载频单元必须退出服务；为了平衡系统负荷。

2）同一 BSC 控制的不同小区之间的切换。

2. 外部切换

外部切换包括：

1）不同 BSC 之间的切换，由 MSC 和相关 BSC 处理。

2）不同 MSC 之间的切换，由 HLR 和相关 MSC 处理。

3）不同 PLMN 之间的切换，由相关 PLMN 的 HLR 处理。

图 3-28 所示为不同 MSC 之间的越局切换过程示意图。

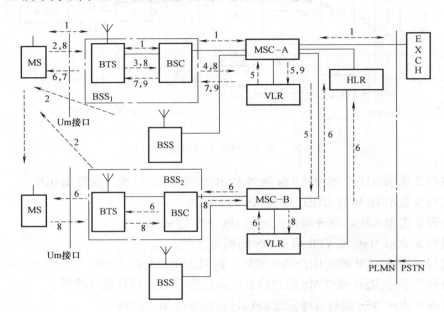

图 3-28　不同 MSC 之间的越局切换过程示意图

1）过程 1 表示稳定的呼叫连接。

2）过程 2 表示 MS 对邻近 BSS 发出的无线信号(其中包括功率、距离和信号质量,这三项指标决定切换门限)进行监测，并将监测结果向 BSS₁ 中的 BTS 汇报。

3）过程 3 表示 BTS 对收到的汇报信号进行预处理，然后向 BSC 汇报。

4）过程 4 表示 BSC 将汇报信号与切换门限进行比较，作出切换决定。若需切换，则向 MSC-A 发出切换请求。

5）过程 5 表示 MSC-A 根据收到的切换请求，向 MSC-B 申请无线信道，并将其 VLR 存储的相关用户数据告诉 MSC-B。

6）过程 6 表示 MSC-B 向 MSC-A 应答，如有空闲信道，就告诉 MSC-A 允许切换，同时，命令新的 BSS₂ 为该 MS 准备无线和陆上有线信道(包括其所属 VLR 为 MS 分配新的 MSRN 和 TMSI,并向 HLR 汇报等)。

7）过程 7 表示 MSC-A 根据 MSC-B 的应答决定是否发出切换命令。若 MSC-B 报告有空闲信道，则向所属 BSC 发出切换命令，并将 MSC-B 报告的空闲信道号通过所属 BSC 告诉 MS。

8）过程 8 表示 MS 切换到 MSC-B 指定的无线信道上，并将切换成功的消息告诉 MSC-A。

9）过程 9 表示 MSC-A 指示 VLR 删除此 MS 的用户数据，并通知 BSS_1 释放原信道资源。

越局切换中有以下几点需要引起注意：

1）切换申请既可由 MS 提出，也可由 BTS 提出（这一点与模拟蜂窝电话不同,模拟蜂窝电话中,切换申请总是由 BTS 提出的）。

2）为了维护或平衡负荷，切换申请还可由 BSC 或 MSC 提出。

3）切换的决定权总是由 BSC 或 MSC 决定的。

3.4 GPRS 系统

GSM 系统中，每个 TDMA 时隙只能提供 9.6kbit/s 的传输速率。随着对高速无线数据业务，如 Internet 业务需求的高速增长，GSM 系统推出了两种高速移动数据业务：HSCSD（高速电路交换数据业务）和 GPRS（通用分组无线业务）。

HSCSD 是采用无线链路的多时隙技术。常规 GSM 系统语音及数据通信中，每个信道占带宽为 200kHz 的 8 个时隙中的一个，而 HSCSD 则同时利用多个时隙建立链路，每个时隙的数据传输速率可由 9.6kbit/s 提高到 14.4kbit/s。若使用 4 个 TDMA 时隙，则 HSCSD 的传输速率可达 57.6kbit/s。HSCSD 业务的实现比较简单，只需对无线链路协议作一些修改，而不需要对核心网络进行改造，因此其系统改造费用比较低。

GPRS 是 GSM Phase 2.1 标准实现的内容之一，它的目标是提供速率高达 115.2kbit/s 的分组数据业务。GPRS 与 LAN 原理相同，仅在实际传送和接收时才使用无线资源。使用 GPRS，在一个小区内，上百个用户可以分享同一带宽，多个用户共享一条无线信道，多个用户将数据分组打包在信道中传送，这样既可以同时通信，又可以大大提高信道利用率。GPRS 的另外一个优点是资费的合理性，用户只需按数据通信量付费即可，而不是像电路交换方式那样需对整个链路占用时间付费。

3.4.1 GPRS 的网络结构

将现有 GSM 网络改造为能提供 GPRS 业务的网络需要增加两个主要单元：SGSN（GPRS 服务支持节点）和 GGSN（GPRS 网关支持节点）。SGSN 的工作是对移动终端进行定位和跟踪，并发送和接收移动终端的分组。GGSN 将 SGSN 发送和接收的 GSM 分组按照其他分组协议（如 IP 协议）发送到其他网络。GPRS 的网络结构如图 3-29 所示。

SGSN 是 GPRS 网络的主要组成部分，它负责分组的路由选择和传输，在其服务区内负责将分组传送给移动台，它是为 GPRS 移动台构建的 GPRS 网络的服务访问点。当高层的协议数据单元（PDU）要在不同的 GPRS 网络间传递时，源 SGSN 负责将 PDU 进行封装，目的 SGSN 负责解封装和还原 PDU。SGSN 之间采用 IP 协议作为骨干传输协议，整个分组的传输过程在 GPRS 中称为 Tunneling Protocol（隧道协议）。GGSN 也维护相关的路由信息，以便将 PDU 通过隧道传送到正在为移动台服务的 SGSN。SGSN 完成路由和数据传输所需的与 GPRS 用户相关的信息均存储在 HLR 中。

SGSN 还有很多功能，例如处理移动性管理和进行鉴权操作，并且具有注册功能。SGSN 连接到 BSC，处理从主网使用的 IP 协议到 SGSN 和 MS 之间使用的 SNDCP 和 LLC 的协议转

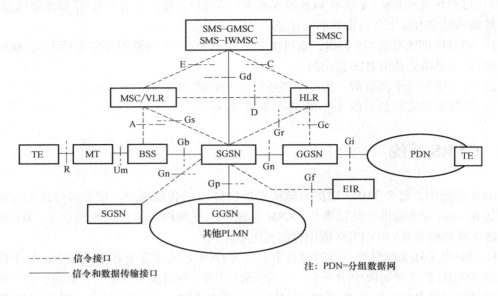

图 3-29　GPRS 的网络结构

换，包括处理压缩和编码的功能。SGSN 也处理 GPRS 移动用户的认证，且当认证成功时，SGSN 处理 MS 到 GPRS 网的注册并处理该 MS 的移动性管理。若 MS 想发送(或接收)数据到(从)外部网络，SGSN 在它和相关的 GGSN 之间转发数据。

GGSN 像互联网和 X.25 一样，用于和外部网络的连接。从外部网络的角度看，GGSN 是到子网的路由器，因为 GGSN 对外部网络"隐藏"了 GPRS 的结构。当 GGSN 接收到寻址特定移动用户的数据时，GGSN 检查这个地址是否处于激活状态。如果处于激活状态，GGSN 就转发数据到相应的 SGSN；但如果不是激活的，则数据将被丢弃。由移动台发起的分组被 GGSN 发送到目标网络。

GPRS 网络中，对 HLR 进行了升级，使其包含了 GPRS 用户数据信息。SGSN 通过 Gr 接口可以访问 HLR，GGSN 通过 Gc 接口可以访问 HLR。MSC/VLR 功能也得到了强化，GGSN 通过 Gs 接口可以访问 VLR，从而能更好地协调非 GPRS 之间的服务和功能。为了能在 GPRS 网中提供 SMS，SMS-GMSC 和 SMS-IWMSC 的功能也得到了加强，GGSN 通过 Gs 接口可以访问 SMS-GMSC 和 SMS-IWMSC。

为了与 SGSN 进行互联，基站子系统(BSS)为无线接口升级了增强版的链路层协议(RLC/MAC)，使得用户能复用相同的物理资源。BSS 在数据发送或接收时分配资源给用户，随后还会重新分配。BSS GPRS 协议(BSSGP)提供了在一个 BSS 和一个 SGSN 之间传输用户数据所必需的 QoS 和路由信息。BSS 与 SGSN 之间的接口为 Gb 接口。

一个简单的 GPRS 网络之间的路由过程如图 3-30 所示。源移动台的 SGSN 封装移动台(MS)的分组，并分组路由到合适的 GGSN-S。基于分组中的目的地址，分组通过分组数据网被传送到目的 GGSN-D。GGSN-D 检查与目的地址相关的路由信息，确定服务目的移动用户的 SGSN-D 并确定相关的隧道协议，将分组封装后传送给 SGSN-D。SGSN-D 最后将分组传送给目的移动用户。

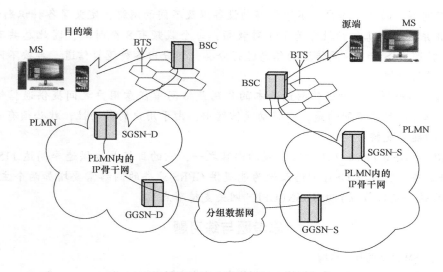

图 3-30　一个简单的 GPRS 网络之间的路由过程

3.4.2　增强型 GPRS

增强型 GPRS 中采用了增强数据速率的 GSM 演进(EDGE)技术。EDGE 技术采用与 GSM 相同的突发结构,通过采用 8-PSK 调制技术来代替原来的 GMSK 调制,从而将 GPRS 的传输速率提高到原来的 3 倍,将 GSM 中每个时隙的总速率从 22.8kbit/s 提高到 69.2kbit/s。

相对于 GPRS 来讲,增强型 GPRS 中还引入了"链路质量控制(Link Quality Control, LQC)"的概念。链路质量控制包括:①通过估计信道的质量,选择最合适的调制和编码方式。②通过逐步增加冗余度的方法来兼顾传输效率和可靠性。传输开始时,使用高码率的信道编码(仅有很少的冗余度)来传输信息。如果传输成功,则会产生高的比特率;如果传输失败,则增加发送附加编码的比特(冗余比特),直至接收端成功译码。当然,编码的比特发送得越多,最终传输的比特率越低,传输时延越大。因此,增强型 GPRS 中,除了支持 GPRS 的链路自适应模式(混合 ARQ 类型Ⅰ),还支持增量冗余的链路控制模式(混合 ARQ 类型Ⅱ)。

增强型 GPRS 支持上述两种链路质量控制方法的组合。在逐步增加冗余度的方法中,初始调制和编码根据信道质量估计结果选择最合适的调制和编码方式,然后采用冗余度递增的方法。

小　　结

1. GSM 是应用最普及的第二代数字移动通信技术,已经被全球大多数国家所接受。

2. GSM 的主要组成部分为移动台、基站子系统和网络子系统。基站子系统由基站收发台和基站控制器组成;网络子系统由移动业务交换中心、操作维护中心、归属位置寄存器、访问位置寄存器、鉴权中心和设备标志寄存器等组成。

3. GSM 的区域定义包括:GSM 服务区、PLMN 区、MSC 区、位置区、基站区和扇区。

4. 为识别不同的移动用户、不同的移动设备以及不同的网络，定义了各种识别号码。

5. GSM 系统整个工作频段分为 124 对载频，每个载频有 8 个时隙，因此总共有 992 个物理信道。按照 BTS 和 MS 间传送的信息进行分类，划分出各种逻辑信道，再按不同方法对应至物理信道的传播。

6. 与固定网一样，移动通信网最基本的作用是给网中任意用户之间提供通信链路，即呼叫接续。但与固定网不同的是，在移动通信网中，由于用户的移动性，就必须有一些另外的操作处理功能来支持。

7. GPRS 是 GSM Phase 2.1 标准实现的内容之一，它的目标是提供速率高达 115.2kbit/s 的分组数据业务。将现有 GSM 网络改造为能提供 GPRS 业务的网络需要增加两个主要单元：SGSN(GPRS 服务支持节点)和 GGSN(GPRS 网关支持节点)。

思考题与练习题

3-1 简述 GSM 网络的基本结构。

3-2 IMSI、MSISDN 和 TMSI 都可以用来标识用户，它们之间有什么不同？

3-3 结合 VLR 和 HLR 的不同作用，完成表 3-3(有该用户的信息打√，无该用户的信息打×)。

表 3-3 VLR 和 HLR 的不同作用示例

	武汉 HLR	武汉 VLR	贵阳 HLR	贵阳 VLR
武汉用户在武汉				
武汉用户在贵阳				
贵阳用户在武汉				
贵阳用户在贵阳				

3-4 VLR 和 HLR 都存有用户的位置信息，它们之间有什么不同？又有什么样的关系？

3-5 试说明 GSM 系统中各个逻辑信道的作用和特点。

3-6 简要说明移动用户呼叫固定用户的流程，并列出该流程中用到的逻辑信道。

3-7 试画出一个移动用户呼叫另一个移动用户的接续流程图。

3-8 GSM 系统在通信安全性方面采取了哪些措施？

3-9 简要说明同一 BSC 内，不同基站小区间的切换步骤。

3-10 GPRS 系统增加了哪些节点？实现了哪些功能？

第4章　CDMA 移动通信系统

内容提要：本章首先介绍 CDMA 的发展历史、概念，其中包括 CDMA 起源，然后介绍 CDMA 移动通信系统的网络结构、移动性管理、呼叫处理等相关技术。通过本章的学习，读者应当对 CDMA 移动通信系统的相关技术有个大概的了解。

4.1　CDMA 的发展介绍

CDMA 是码分多址的英文缩写（Code Division Multiple Access），它是在扩频技术上发展起来的一种无线通信技术。扩频技术起源于军用和航空系统（如我国原中国联通的 CDMA 网，就是在原军队 133 长城网的基础上建成的）。

第二次世界大战期间因战争需要而研究开发出 CDMA 技术，初衷是防止敌方对己方通信的干扰。由于窄带通信采用的带宽只有几十千赫兹，只需要使用一个具有相同发射频率及足够大功率的发射机就可以非常容易地干扰对方的通信。无论是调幅还是调频技术都很难从恶劣的信噪比环境中恢复原始信息。由香农公式可知，信号的带宽越宽，抗干扰能力就越强，在接收端恢复原来的信号所需的信噪比就越低。CDMA 技术就是根据这个原理，在发射端通过特殊的码型处理，把信号能量扩展到一个很宽的频带上发射出去，在接收端又通过相同的码型把信号恢复出来。由于信号能量扩展到了很宽的频带上面，因此信号的能量密度很低，有时甚至湮没在噪声里，故敌方很难侦测到。因此，这种技术在军事领域中有着广泛的应用。

CDMA 移动通信网是由扩频、多址接入、蜂窝组网和频率复用等几种技术结合而成，含有频域、时域和码域三维信号处理的协作过程。

1949 年，克拉德·香农和罗伯特·皮尔斯等人首次描述了 CDMA 的基本思想及框架，1950 年德·茹瑟—如高夫提出了一种直接序列扩频系统，并引入了处理增益方程式和随机多址技术的概念。1956 年，格林等人提出抗多径"Rake"接收机的概念，1978 年库珀等人提出在蜂窝移动通信系统中采用 CDMA 的建议。

可见 CDMA 技术由来已久，但由于其技术的特点是要求要有较高的数字信号处理能力，因此其大规模商用晚于 TDMA 制式。1987 年，欧洲确立下一代移动通信体制时以 TDMA 技术为主，谈到 CDMA 时则认为是几乎无法实现的，当时国内的技术评论和分析也大致给出了相似的结论。但是美国的高通公司则坚定地研究 CDMA 技术。1989 年 11 月，高通公司进行了首次 CDMA 试验，在美国的现场试验证明 CDMA 用于蜂窝移动通信时容量大，并经理论推导其为 AMPS 容量的 20 倍。这一振奋人心的结果很快使 CDMA 成为全球的热门研究课题，并在以后的几年验证了两项 CDMA 关键技术——功率控制和软切换，随后通过网络运营证明了 CDMA 的可行性。1993 年最终形成了窄带 IS-95 CDMA 标准。1995 年，第一个 CDMA 商用系统运行之后，CDMA 技术理论上的诸多优势在实践中得到了检验，从而在北美、南美和亚洲等地得到了迅速推广和应用。CDMA 的研究和商用进入高潮，全球许多国家和地区，包括中国香港、韩国、日本、美国都建有 CDMA 商用网络。

我国 CDMA 的发展并不迟，也有长期军用研究的技术积累。1993 年国家 863 计划已开展 CDMA 蜂窝技术研究。1994 年高通公司首先在天津建成技术试验网。1997 年年底北京、上海、西安、广州四个 CDMA 商用试验网先后建成开通，并实现了网间漫游，开始小部分商用。

1999 年 6 月中国联通在香港举行的全球 CDMA 大会上宣布其 CDMA 发展计划，但因知识产权谈判等因素，该计划没有实施。

2000 年 2 月 16 日中国联通以运营商的身份与美国高通公司签署了 CDMA 知识产权框架协议，为中国联通 CDMA 的建设扫清了道路。2001 年 1 月原国内军队所有 133 CDMA 网正式移交中国联通。

2001 年 12 月 22 日，联通新时空 CDMA 网络建成。2002 年 1 月 8 日，联通新时空 CDMA 开通放号。至此 CDMA 技术开始在我国实现大规模商用。

4.2　CDMA 移动通信系统的特点与网络结构

4.2.1　CDMA 移动通信系统的特点

CDMA 系统是在 FDMA 和 TDMA 技术基础上发展起来的，与 FDMA 和 TDMA 相比有着许多独特的优点。其中一部分是扩频通信系统所固有的，另一部分则是由软切换和功率控制等技术所带来的。CDMA 系统与其他系统相比，有以下重要的优势：

1）系统容量大。理论上 CDMA 移动网容量比模拟网大 20 倍，实际要比模拟网大 10 倍，比 GSM 大 4~5 倍。

2）抗干扰性好，抗多径衰落，隐蔽，保密安全性高，同频率可在多个小区内重复使用，所要求的载干比小于 1，容量和质量之间可进行权衡取舍等，这是扩频技术所固有的特点。

3）软切换。CDMA 系统内由于相邻的小区（或扇区）使用相同的频率，小区（或扇区）之间是以码型的不同来区分的，当移动用户从一个小区移动到另个小区时，不需要让手机的收发频率切换，只需在码序列上进行相应的调整，故 CDMA 系统可以实现软切换。所谓软切换，是指先与新基站建立好无线链路后才断开与原基站的无线链路。这种"先连接再断开"的技术，不会产生"乒乓效应"，而且切换时间短，可以克服硬切换容易掉话的缺点，因此软切换中基本没有通信中断的现象，从而提高了通话质量。

4）软容量特性。CDMA 系统的容量与系统的载干比有关，CDMA 系统中，所有用户都可以占用相同带宽和频率，当用户数增加时，仅仅会使通话质量下降，而不会出现信道阻塞现象。因此，系统容量不是定值，而是可以变动的。可以在话务量高峰期通过提高误帧率来增加可以使用的信道数。当相邻小区的负荷一轻一重时，负荷重的小区可以通过减少导频的发射功率，使本小区的边缘用户由于导频强度的不足而切换到相邻小区，实现负担分担。

5）频率规划灵活，扩展简单，频率利用率高。用户按不同的序列码区分，所以相同 CDMA 载波可在相邻的小区内使用，网络规划灵活，扩展方便。

6）采用功率控制和可变速率声码器技术，可以减少用户间的干扰，提高系统容量，降低手机发射功率，延长手机电池寿命。

7）语音音质好。CDMA 系统的语音质量明显高于 GSM 系统，更为接近固定网的语音质量，特别是在强背景噪声环境下（如娱乐场所、商场、餐馆等），由于采用了伪随机序列进行扩频/解频，用户通话中噪声抑制的效果明显。

4.2.2　CDMA 移动通信系统的网络结构

CDMA 移动通信系统的网络结构如图 4-1 所示，其网络结构与 GSM 相似，因此，各部分功能实体在此不再赘述。

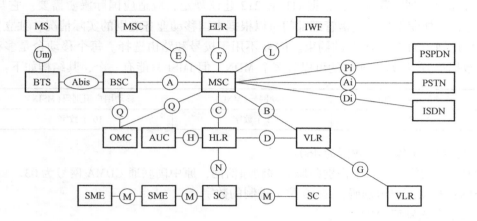

图 4-1　CDMA 移动通信系统的网络结构

4.3　CDMA 系统的移动性管理

4.3.1　CDMA 网络使用的主要识别号码

CDMA 网络使用的识别号码与移动性管理息息相关，主要有以下几类。

1. 移动用户号码簿号码（MDN）

国内有效移动用户号码簿号码由三部分组成：国内移动网络接入号码（N1N2N3）+ HLR识别号（H1H2H3）+ 移动用户号（××××）。

此号码为主叫用户呼叫一个数字移动用户时所拨的号码。号码结构如下：

国家码（CC）	国内移动网络接入号码（NDC）	用户号码（SN）
3 个数字	3 个数字	8/9 个数字

CC：国家码，即移动台登记注册地国家码，中国为 86。

NDC：国内移动网络接入号码（N1N2N3），为 13×。

SN：用户号码。前四位（H0H1H2H3）为用户归属位置寄存器（HLR）识别号，由运营商分配。后四位（××××）为移动用户号，由各 HLR 自行分配。

H0 一般为 0，H3 由各省自行分配，H1H2H3 的分配应首先与 PSTN 本地网的一致，一个 HLR 可包含一个或若干个 H2H3 数值。H1H2（H1 不等于 0）为备用。备用部分根据发展另行分配。

2. 国际移动用户识别码（IMSI）

数字公用陆地蜂窝移动通信网中，该号码是唯一一个识别移动用户的国际通用号码，长度为 15 位。移动用户以此号码发起入网请求和位置登记，网络据此查询用户数据。此号码也是 VLR、HLR 的主要检索参数。

IMSI 编号计划国际统一，根据 ITU E. 212 建议规定，应适应国际漫游需要。它与 MDN 相互独立，这样使得各国电信管理部门可以根据本国移动业务类别的实际情况，独立发展自己的编号计划，而不受 IMSI 的约束。IMSI 不用于拨号和路由选择。每个移动台是多种业务（语音、数据等）的终端，相应的可以有多个 MDN，但 IMSI 只能有一个，其结构如下：

移动国家码（MCC）	移动网号（MNC）	移动用户识别码（MSIN）
3 个数字	2 个数字	10 个数字

MCC：移动国家码，我国为 460。

MNC：移动网号，用于识别归属的移动通信网，原中国联通 CDMA 网号为 03。

MSIN：移动用户识别码，是 10 位十进制的数字。

3. 移动台识别码（MIN）

MIN 为保证 CDMA/AMPS 双模工作而沿用 AMPS 标准定义的，规定 MIN 是 IMSI 的后 10 位，即 MSIN。MIN 的格式为

$$\times \times + H0H1H2H3 + ABCD$$

××：为分配给我国的 MIN 号码段，暂定为 09。

H0H1H2H3：同 MDN 中的 H0H1H2H3。

ABCD：用户号码

4. 临时本地号码（TLDN）

移动用户临时本地号码（TLDN）的构成与移动用户号码薄号码（MDN）相同，用于移动用户漫游到其他服务区时使用。

该号码是当移动用户漫游到其他服务区时，由移动用户目前所在的移动业务交换中心（MSC）和访问位置寄存器（VLR）为寻址该用户临时分配给移动用户的号码，用于路由选择。当移动用户离开该区域后，访问位置寄存器（VLR）和归属位置寄存器（HLR）都要删除该漫游号码，以便再分配给其他移动用户使用。

5. MSC/VLR 号码

MSC/VLR 号码代表 MSC/VLR 的地址编号，在 No. 7 信令消息中使用。信令根据此号码进行路由选择，找到相应的 MSC/VLR。MSC/VLR 号码的格式为

$$460\ 03\ 09\ M0M1M2M3\ 1000$$

M0M1M2M3 的分配和 H0H1H2H3 的分配一样。

6. HLR 号码

HLR 号码代表 HLR 的地址编号，在 No. 7 信令消息中使用。信令根据此号码进行路由

选择，找到相应的 HLR。HLR 号码的格式为

460 03 09 H0H1H2H3 0000

7. 系统识别码（SID）

系统识别码（SID）是 CDMA 系统中唯一一个识别 CDMA 系统（即一个移动业务本地网）的号码。移动台中必须存储该号码，用于识别移动台归属的 CDMA 移动业务本地网。系统识别码总长为 15bit，由三部分组成，即 SID = 国家识别码 + 国内业务区组识别码 + 组内业务区识别码。具体格式如下：

国家识别码	国内业务区组识别码	组内业务区识别码
6/7bit	5/4bit	4bit

中国的国家识别码为 011011 和 0110101。

8. 网络识别码（NID）

网络识别码（NID）是 CDMA 数字蜂窝移动通信系统中，唯一一个识别网络的号码。网络识别码总长为 16bit，其中 0 与 65535（即全 0 和全 1）保留。在中国，网络识别码由各省通信运营部门自行分配，例如 NID 可用于识别一个移动业务本地网内不同的移动业务交换中心区。

9. 登记区域识别码（REG_ZONE）

在一个网络范围内，登记区域识别码（REG_ZONE）是唯一一个识别登记区域的号码。登记区域识别码总长为 12bit。在中国，该号码由各省通信运营部门自行分配。

10. 电子序号（ESN）

电子序号（ESN）是唯一一个识别移动设备的号码，每个移动台分配一个唯一的电子序号。电子序号总长为 32bit，由四部分组成，即 ESN = 设备序号 + 保留比特 + 设备编号 + 厂商编号。具体格式如下：

设 备 序 号	保 留 比 特	设 备 编 号	厂 商 编 号
16bit	4bit	6bit	6bit

其中设备序号、设备编号由各厂商自行分配。

11. 基站识别码（BSID）

在一个 CDMA 网络范围内，基站识别码（ID）是唯一一个识别基站的号码。该号码总长为 16bit，在中国，由各省通信运营商自行分配。

4.3.2　位置更新

移动系统中位置更新的目的是使移动台总能与网络保持联系，以便移动台在网络覆盖范围内的任何一个地方都能接入到网络中，或者说网络能随时知道移动台所在的位置，以便能随时寻呼到移动台。由于 MS 是移动的，为了使网络能够对 MS 的当前位置进行跟踪和定位，MS 必须在其改变位置区时通知系统。MS 通过比较手机卡存储器中的 LAI（位置区标识）与无线消息中接收到的 LAI 来判断是否要进行位置更新。位置更新分正常的位置更新、周期性位置更新和 IMSI 附着。

1. 正常的位置更新

MS 从一个小区进入到另外一个小区进行正常的位置更新，包括 VLR 内的位置更新和跨 VLR（漫游）的位置更新。

当 MS 发现接收到的 LAI 与手机卡中存储的 LAI 不一致时，便向系统发出位置更新请求，过程如图 4-2 所示。

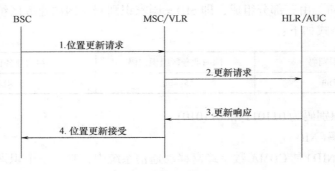

a)VLR内的位置更新

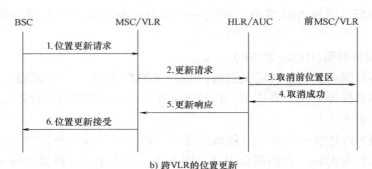

b) 跨VLR的位置更新

图 4-2　正常的位置更新流程图

2. 周期性位置更新

当网络在特定的时间内没有收到来自移动台的任何信息时将启动周期性位置更新。比如在某些特定条件下由于无线链路质量很差，网络无法接收移动台的正确消息，而此时移动台还处于开机状态并能接收网络发来的消息，在这种情况下网络无法知道移动台所处的状态。为了解决这一问题，系统采取了强制登记措施。如系统要求移动台在一特定时间内，例如 1h，登记一次。这种位置登记过程称为周期性位置更新。周期性位置更新是由一个在移动台内的定时器控制的，定时器的定时值由网络在 BCCH 上通知移动台。当定时值到时，移动台便向网络发送位置更新请求消息，启动周期性位置更新过程。如果在这个特定时间内网络还接收不到某移动台的周期性位置更新消息，则认为移动台已不在服务区内或移动台电池耗尽，这时网络对该用户进行去"附着"处理。周期性位置更新过程需要有证实消息，移动台只有接收到证实消息才会停止向网络发送周期性位置更新请求消息。

3. IMSI 附着

手机开机后，网络对它做"附着标记"。若 MS 是第一次开机，则向 MSC 发送"位置更新请求"消息，MSC 根据该用户发送的 IMSI 中的 H0H1H2H3 消息，向该用户的归属位置寄存器(HLR)发送"位置更新请求"，HLR 记录发请求的 MSC 号码，并向 MSC 回送"位置更新接受"消息，至此 MSC 认为此 MS 已被激活，在访问位置寄存器(VLR)中对该用户对应的 IMSI 做"附着标记"，再向 MS 发送"位置更新证实"消息，MS 的手机卡记录此位置区标识。

若 MS 不是第一次开机，而是关机后又开机的，MS 接收到的 LAI 与它卡中原来存储的 LAI 不一致，那么它也是立即向 MSC 发送"位置更新请求"，MSC 要判断原有的 LAI 是否是自己服务区的位置。如果是原来的服务区位置，MSC 只需将该用户原来的 LAI 更新为新的 LAI，并在该用户对应的 IMSI 做"附着标记"即可。如果判断出不是自己服务区的位置，MSC 需根据用户 IMSI 中的 H0H1H2H3 信息，向该用户的 HLR 发送"位置更新请求"，HLR 在该用户数据库内记录发请求的 MSC 号码，再回送"位置更新接受"，MSC 再对该用户的 IMSI 做"附着标记"，并向 MS 回送"位置更新证实"信息，MS 将手机卡原来的 LAI 改写成新的 LAI。当 MS 关机再开机时，若所接收到的 LAI 与卡中存储的 LAI 一致，则 MSC 只对用户做"附着标记"。

4.3.3　越区切换

蜂窝网采用小区制方式，小区常常又分为若干个扇区。当移动台从一个小区(扇区)到另一个小区(扇区)，或从一个业务区到另一个业务区时，都需要进行越区切换。

1. 越区切换的分类

CDMA 系统的越区切换和 TDMA 系统不同，有硬切换和软切换之分。

硬切换：移动台穿越工作于不同载频的小区时发生的过境切换，移动台须先中断与原基站的联系，再与新基站取得联系。

更软切换：移动台由同一基站的一个扇区进入另一个具有同一载频的扇区时发生的过境切换。

软切换：移动台从一个小区进入另一个具有相同载频的小区时采用的过境切换。此时移动台与不同小区或扇区保持通信。

软/更软切换：移动台从一个小区的两个扇区进入相同载频的另外一个小区的扇区时采用的过境切换。这类切换的网络资源包括小区 A 和 B 双方之间的软切换资源加上小区 B 内的更软切换资源。

2. 软切换的特点

硬切换中，移动台须先中断与原基站的联系，再与新基站取得联系，如找不到空闲信道或切换指令的传输出现错误，则切换失败导致通信中断。

所谓软切换是指移动台需要切换时，先与新的基站连通再与原基站切断联系，而不是先切断与原基站的联系再与新的基站连通。这就大大减少了由于切换造成的掉话，可以带来更好的语音质量并从某种程度上增加容量。同时，软切换还提供分集，软切换中，由于各个小区采用同一频带，因而移动台可同时与小区 A 和邻近小区 B 进行通信。在反向信道，两基站分别接收来自移动台的有用信号，以帧为单位译码并分别传给移动业务交换中心，移动业务交换中心内的声码器/选择器也以帧为单位，通过对每一帧数据后面的 CRC 来分别校验这两帧的好坏。如果只有一帧为好帧，则声码器就选择这一好帧进行声码变换；如果两帧都为好帧，则声码器就任选一帧进行声码变换；如果两帧都为坏帧，则声码器放弃当前帧，取出前面的一个好帧进行声码变换。这样就保证了基站最佳的接收结果。在前向信道，两个小区的基站同时向移动台发射有用信号，移动台把其中一个基站来的有用信号作为实际多径信号进行分集接收。这样在软切换中，由于采用了空间分集技术，大大提高了移动台在小区边缘的通信质量，增加了系统的容量。从反向链路来说，移动台根据传播状况好的基站情况来调整发射功率，减少了反向链路的干扰，从而增加了反向链路的容量。

3. 软切换的实现过程

CDMA 系统对软切换作了以下规定：软切换的过程从移动台开始，它必须不断测量系统内导频(Pilot)信道的信号强度。为了有效地对导频信道进行搜索，系统中的导频信道被分为活动集(Active Set)、候选集(Candidate Set)、相邻集(Neighbor Set)和剩余集(Remaining Set)四个集合。

活动集：由具有足够信号强度，正在支持移动台呼叫的导频信道组成。

候选集：由导频强度能够支持移动台呼叫的导频信道组成。

相邻集：由不属于活动集或候选集，但是有可能参与软切换的导频信道组成(例如这些小区可能在已知的邻近区域内)。

剩余集：由属于 CDMA 系统但未包含在其他三组中的小区导频信道组成。

进行软切换时，移动台首先搜索所有导频信道并测量它们的强度。当某导频信道的强度大于一个特定值 T-ADD，移动台认为此导频信道的强度已经足够大，能够对其进行正确解调，但尚未与该导频信道对应的基站相联系时，就向原基站发送一条导频强度测量消息，以报告原基站这种情况。原基站再将移动台的报告送往移动业务交换中心，移动业务交换中心则让新的基站安排一个前向业务信道给移动台，并且向原基站发送一条消息指示移动台开始切换。可见 CDMA 软切换是移动台辅助的切换。

当收到来自原基站的切换指示消息后，移动台将新基站的导频信道纳入有效导频集，开始对新基站和原基站的前向业务信道同时进行解调。之后，移动台会向原基站发送一条切换完成消息，通知基站自己已经根据命令开始对两个基站同时解调了。

接下来，随着移动台的移动，可能两个基站中某一方的导频强度已经低于某一特定值 T-DROP，这时移动台启动切换去掉计时器(移动台给在有效导频集和候选导频集里的每一个导频信道配一个切换去掉计时器,当与之相对应的导频强度比特定值 D 小时,计时器启动)。当该切换去掉计时器 T-Tdrop 到期时(在此期间,该导频强度应始终低于 D,否则将复位并关掉计时器)，移动台发送导频强度测量消息。两个基站接收到导频强度测量消息后，将此信息送至 MSC(移动业务交换中心)，MSC 再返回相应切换指示消息，然后基站发切换指示消息给移动台，移动台将切换去掉计时器到期的导频信道从有效导频集中去掉，此时移动台只与目前有效导频集内的导频信道所代表的基站保持通信，同时会发一条切换完成消息告诉基站，表示切换已经完成。

整个软切换过程包括以下几步(每个步骤与图 4-3 所示的时间点一一对应)：

1) 当导频强度达到 T-ADD 时，移动台发送一个导频强度测量消息，并将该导频信道转到候选集。

2) 当候选集中某导频信道的强度超过活动集中某导频信道的强度至少 0.5T-Comp 时，移动台则将此导频信道移入活动集中，并可能替换原来的导频信道。移动台发送一个导频强度测量消息。

3）基站发送一个切换指示消息，切换完成后，移动台发送一个切换完成消息。

4）导频强度掉到 T-DROP 以下，移动台启动切换去掉计时器。

5）切换去掉计时器到期，移动台发送一个导频强度测量消息。

6）基站发送一个切换指示消息。

7）移动台把导频信道从有效导频集移到相邻集并发送切换完成消息。

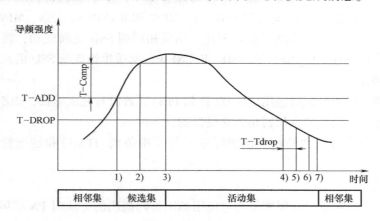

图 4-3　软切换过程中导频集变换示意图

4.3.4　鉴权与加密

1. 移动用户鉴权

鉴权的目的是确认用户的合法身份，防止非法用户接入到网络中。鉴权过程需要移动台和系统协同处理一组相同的共享加密数据（SSD）。SSD 由 128bit 组成，分成两个各含 64bit 的子集：SSD_A 和 SSD_B。SSD_A 用来支持鉴权过程，SSD_B 则用来支持语音保密和信令消息加密。SSD 在移动台入网时产生，并存储于移动台的 UIM 卡和系统的 AUC 或 VLR 中。

鉴权过程如下：

由 VLR 或 AUC 生成一个随机数（RAND）并发送给 MS，MS 将此 RAND 和其内部存储的 SSD_A、ESN（电子序号）、MIN（移动台识别码）作为输入参数进行鉴权算法（CAVE 算法）的运算，计算得到一个结果 AUTHR_MS（鉴权数据），并回送到 VLR 或 AUC。与此同时，VLR 或 AUC 利用同样的参数和同样的鉴权算法进行运算，计算出一个结果 AUTHR_NET，两者进行比对，相同则为合法 MS，否则为非法。

CDMA 移动通信系统中，每次鉴权时，临时计算出鉴权数据，进行比对。MS 和 AUC 中均存有一个密钥，称之为 A_KEY。该密钥仅在 MS 和 HLR/AUC 处保存，在网络中不进行传输。该密钥不直接用于鉴权，而是利用一定的算法生成 SSD，MS 和 AUC（或 VLR）利用 SSD_A 作为鉴权算法的输入参数，进行鉴权，这种机制被称为两级保密机制。此外，每一次移动台发起和接受呼叫的时候，系统中存有的呼叫历史记录数就会增加。因为复制的移动台不会具有与合法移动台相同的呼叫历史记录，所以呼叫历史记录可用于复制检测。

SSD 的更新过程如下：

手机终端在接入网络时会更新 SSD（国内基站默认都是只更新一次，之后就存入 UIM 卡，以后接入就不会再有这个 SSD 更新过程了)，由网络鉴权中心向手机终端发出 SSD 更新消息，随着此消息同时发出的还有一个随机数(RANDSSD)。然后移动台使用这个随机数和存在本机的 ESN、A_Key(由运营商决定,存入 UIM 卡)作为输入参数，通过 CAVE 算法计算出新的 SSD(包括 SSD_A_NEW 和 SSD_B_NEW)。同时 AUC 中进行相同的计算产生相同的 SSD_A_NEW 和 SSD_B_NEW。接着由移动台生成一个随机查询数据 RANDBS，并回送给 AUC。然后在移动台和 AUC 中同时将 SSD_A_NEW 和 RANDBS、ESN、MIN 作为输入参数进行鉴权算法，将计算得到的结果进行对比。结果相同则 SSD 更新成功，将 SSD 设置为新的 SSD。否则丢弃 SSD_A_NEW 和 SSD_B_NEW，发送拒绝更新 SSD 消息。

2. 信令消息加密

加密的目的是尽力保护敏感用户信息(比如 PIN)。若没有完成鉴权，则不会调用消息加密。对于每次呼叫，信令消息加密是独立受控的。

加密算法信息的可用性处在美国国际事务与军用条例(ITAR)和输出管理条例的管制之下。

3. 语音保密

CDMA 系统中，提供语音保密是通过使用私用长码掩码的方法对 PN 扩展来实现的，且仅仅只在业务信道中提供语音保密控制。在所有呼叫的初始阶段，对 PN 扩展使用公用长码掩码。为了开始向私用或公用长码掩码的转换，不论是 BS 还是 MS 都要在业务信道上发送一个长码转换请求指令。私用长码掩码的生成和应用在 IS-95 中没有特别规定。

4.4　CDMA 系统的呼叫处理

4.4.1　移动台的呼叫处理

移动台呼叫处理包含以下四个状态，如图 4-4 所示。

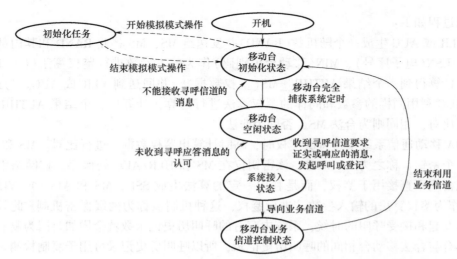

图 4-4　移动台呼叫处理状态

1）移动台初始化状态：MS 选择和捕获系统。

2）移动台空闲状态：MS 检测寻呼信道的消息。

3）系统接入状态：MS 在接入信道上向基站发送消息。

4）移动台业务信道控制状态：MS 利用前向和反向信道与基站通信。

1. 移动台初始化状态

移动台接通电源就进入了初始化状态。移动台初始化状态由以下几个子状态组成，如图 4-5 所示。

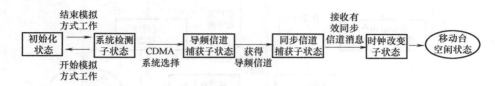

图 4-5　移动台初始化状态图

（1）系统检测子状态　移动台选择要用的系统，如选择了 CDMA 系统，首先扫描基本信道，如不成功，则再捕获辅助信道。

（2）导频信道捕获子状态　移动台进入 CDMA 系统后，就不断地检测周围各基站发来的导频信号和同步信号。比较这些信号的强度，即可判断出自己处于哪个小区。导频信道捕获子状态存在的最长时间为 15s。

如果移动台在 15s 内捕获到导频信道，则进入同步信道捕获子状态；如果在这个时间内没有捕获到导频信道，则进入系统检测子状态。

（3）同步信道捕获子状态　MS 获得系统认证和 CDMA 时钟信息。移动台选择了基站后，在同步信道检测出并记录下 CDMA 系统的相应参数和时间信息，如系统识别码（SID）、网络识别码（NID）、引导 PN 码的相位偏移值、长 PN 码的状态、系统时间、寻呼信道速率等。接收有效同步信道消息的最长时间为 1s，若在此时间内没捕获到有效同步信道，则进入到系统检测子状态。

（4）时钟改变子状态　移动台获得有效同步信道消息后，进入时钟改变子状态。在此状态中，移动台将长码时钟同步于从有效同步信道消息获得的 CDMA 系统长码时钟，即把自己相应的时间参数进行调整，与基站同步。

2. 移动台空闲状态

移动台在完成同步和定时后，即由初始化状态进入空闲状态。这样移动台可以设置编码信道和寻呼信道数据速率并实施寻呼信道监控。此时，移动台可以接收消息、呼入（终端呼叫）、呼出（本机呼叫）、初始化登记注册或发送消息。

移动台的工作模式有两种：时隙工作模式，移动台只需在其指配的时隙中监听寻呼信道，其他时间可关掉接收机；非时隙工作模式，移动台要一直监听寻呼信道。

处于空闲状态，移动台要完成下列操作：寻呼信道检测→消息确认→注册→空闲切换→开销消信→寻呼匹配→指令和消息处理→启动→消息发送→关机。

3. 系统接入状态

当移动台要发起呼叫，或要进行注册登记，或收到一种需认可或应答的寻呼信息时，移动台即进入系统接入状态，并在接入信道上向基站发送有关的信息。系统接入状态由图4-6所示的几个子状态组成。

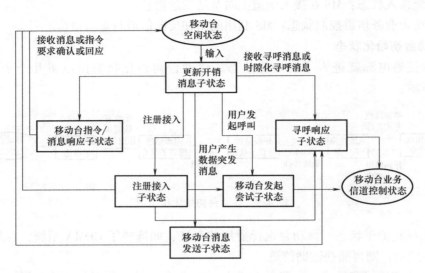

图4-6　系统接入状态图

从移动台发送消息到接收到消息确认这一整个过程称为接入尝试。为防止移动台一开始就使用过大的功率，增加不必要的干扰，又要保证通信可靠，移动台在接入状态开始向基站发送消息时，先使用接入尝试过程，这是一个功率逐步增大的过程。一次接入尝试包括多个接入探测，构成一个或多个接入探测序列在同一接入信道中传送。各接入探测序列的第一个接入探测是根据开环功率控制电路所估算的电平值进行发送的，其后每个接入探测所用的功率均比前一个接入探测提高一个规定量，接入探测示意图如图4-7所示。

4. 移动台业务信道控制状态

此状态中，移动台和基站利用反向业务信道和前向业务信道进行信息交换。移动台业务信道控制状态包含以下几个状态，如图4-8所示。

（1）业务信道初始化子状态　移动台证实它已接收前向业务信道的信号，并开始在反向业务信道上传输消息。

（2）等待指令子状态　移动台等待基站示警等命令，收到命令后，移动台发出示警音（如振铃音等）。

（3）等待移动台应答子状态　移动台等待用户的摘机应答。

（4）对话子状态　移动台进行通话控制，如功率控制、检测用户键盘等。

（5）释放子状态　移动台执行切断通话链路、释放信道、复位各种参数等操作，然后转入移动台初始化子状态的系统检测子状态。

为了对前向业务信道进行功率控制，MS要向基站报告帧错误率的统计数字。如基站授权它作周期性报告，则MS在规定的时间间隔定期向基站报告统计数字；如基站授权它作门限报告，则MS只在帧错误率达到了规定的门限时，才向基站报告其统计数字。周期性报告和门限报告也可同时授权或同时废权。为此，MS要连续地对它收到的帧总数和错误帧数进行统计。

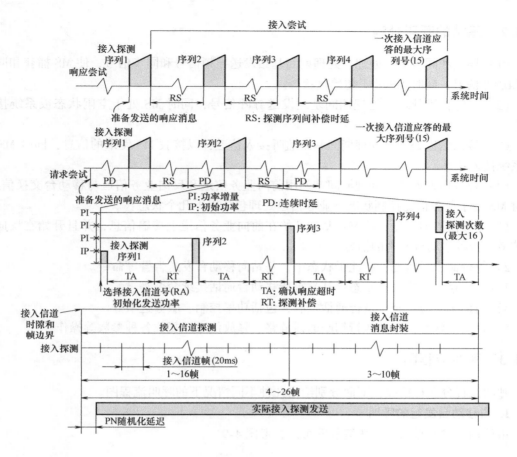

图 4-7　接入探测示意图

无论是 MS 还是基站都可申请服务选择。基站在发送寻呼信息或在业务信道上工作时，能申请服务选择。MS 在发起呼叫、向寻呼信息应答或在业务信道工作时，都能申请服务选择。如果 MS（基站）的服务选择申请是基站（MS）可以接受的，则它们开始使用新的服务选择。如果 MS（基站）的服务选择申请是基站（MS）不能接受的，则拒绝这次服务选择申请，或提出另外的服务选择申请。MS（基站）对基站（MS）所提出的另外的服务选择申请也可接受、拒绝或再提出另外的服务选择申请。这种反复的过程称为服务选择协商。直到双方达成一致时，此过程就结束了。

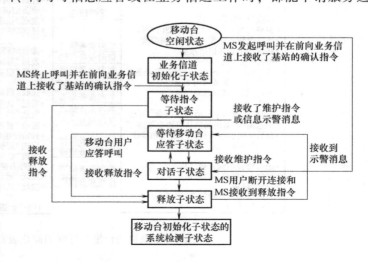

图 4-8　移动台业务信道控制状态

4.4.2 基站的呼叫处理

（1）导频和同步信道处理 处理期间基站发送导频信号和同步信号，使 MS 捕获和同步到 CDMA 信道，同时 MS 处于初始化状态。

（2）寻呼信道处理 处理期间基站发送寻呼信号，同时 MS 处于空闲状态或系统接入状态。

（3）接入信道处理 处理期间基站监听接入信道，以接收 MS 发来的信息，同时 MS 处于系统接入状态。

（4）业务信道处理 处理期间基站用前向业务信道和反向业务信道与移动台交换信息，同时 MS 处于业务信道控制状态。业务信道处理包括以下几个状态：

1）业务信道初始化子状态：基站开始在前向业务信道上传输信息，并且开始在反向业务信道上接收移动台发来的消息。

2）等待命令子状态：在此子状态中，基站向移动台发送告警等命令。

3）等待移动台应答子状态：基站等待移动台通话接续命令等。

4）通话子状态：基站进行通话控制，包括功率控制、服务选项等。

5）释放子状态：基站执行切断通话链路、释放信道、复位各种参数等操作。

4.4.3 呼叫流程图

呼叫流程分多种情况，下面分别给出几种不同情况下的呼叫流程图。

1. 由移动台发起的呼叫

由移动台发起呼叫的简化流程图可以参考图 4-9。

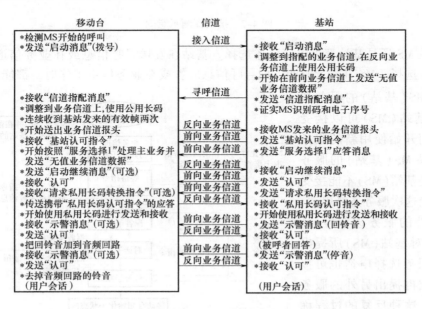

图 4-9 由移动台发起呼叫的简化流程图

2. 以移动台为终点的呼叫

以移动台为呼叫终点的简化流程图(使用服务选择 1)可以参考图 4-10。

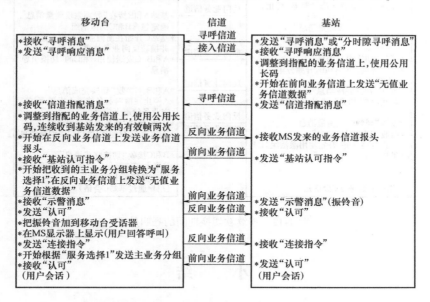

图 4-10　以移动台为呼叫终点的简化流程图(使用服务选择 1)

3. 软切换期间的呼叫处理

在软切换期间由基站 A 向基站 B 进行的软切换呼叫处理可以参考图 4-11。

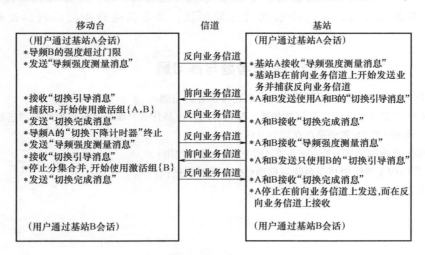

图 4-11　软切换期间的呼叫处理

4. 连续软切换期间的呼叫处理

移动台由一对基站 A 和 B 移动到另一对基站 B 和 C，并向基站 C 进行软切换，则此时的呼叫处理如图 4-12 所示。

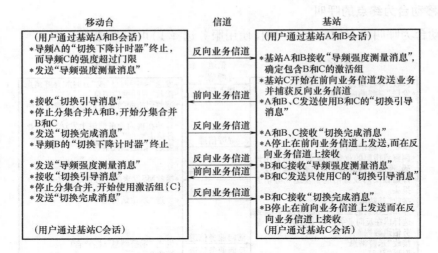

图 4-12 连续软切换期间的呼叫处理

小　结

1. CDMA 系统的网络结构与 GSM 系统的基本一样，网络的各个实体功能也基本一样。移动性管理是移动通信网络必不可少的部分，系统通过位置区寻呼用户，系统必须知道用户当前所在位置区，当用户所在的位置区发生变化时，它必须及时地报告给系统。

2. 软切换是 CDMA 系统特有的，是 GSM 系统所没有的。CDMA 系统能够使移动台同时与两个或多个基站通信以实现小区间的无缝切换，语音信道为先接后断，大大减少了掉话率。

思考题与练习题

4-1　画出 CDMA 系统的网络结构图，并简述各部分的功能。

4-2　CDMA 系统为什么可以采用软切换？软切换的优点是什么？试简述软切换的控制过程。

4-3　为什么说 CDMA 系统是存在软容量的？

4-4　CDMA 系统的信道有哪些？它们分别在什么场合使用？

4-5　说明 CDMA 系统中移动台呼叫移动台的一般呼叫过程。

4-6　扩频技术有哪些优点？

第5章　第三代移动通信系统

内容提要： 本章讲述了第三代移动通信系统的特点和结构，介绍了 3G 网络的演进策略和关键技术；介绍了 WCDMA 相关技术和规划优化等；介绍了 CDMA2000 的关键技术和资源管理等；介绍了 TD-SCDMA 的发展和特点以及系统实现的关键技术，干扰的分析和消除，网络规划和优化等。

5.1　第三代移动通信系统概述

一般而言，第三代移动通信(3G)系统是指将无线通信与因特网等多媒体通信结合的新一代移动通信系统。3G 系统能够提供更大的通信容量和覆盖范围，具有可变的高速数据率，同时能提供高速电路交换和分组交换业务，具有更高的频谱利用率等特点。另外，3G 系统还能提供更为可靠的信道编码、灵活配置的传输信道和逻辑信道，支持多种语言编码方案，为用户提供更为灵活的接入服务。与此同时，3G 系统还继承了窄带 CDMA 系统容易使用软件无线电实现、语音质量高、手机功耗小等优点。

国际电信联盟(ITU)在 2000 年 5 月确定了 WCDMA、CDMA2000、TD-SCDMA 以及 WiMAX 四大主流无线接口标准，并写入 3G 技术指导性文件《2000 年国际移动通信计划》（简称 IMT-2000）。但是现在很多国家和地区在 3G 系统的开发应用方面主要是在 WCDMA、CDMA2000、TD-SCDMA 这三大标准。我国 3G 系统也是基于 WCDMA、CDMA2000 和 TD-SCDMA 三种标准进行开发和应用的。

实际应用中，3G 系统目前存在三大主流标准：①WCDMA 标准，也称为"宽带码分多址接入"，支持者主要是以 GSM 系统为主的欧洲厂商。②CDMA2000 标准，也称为"多载波码分多址接入"，由美国高通北美公司为主导提出，韩国现在成为该标准的主导者。③TD-SCDMA 标准，中文含义为"时分同步码分多址接入"，是我国独自制定的 3G 系统标准，它在频谱利用率、对业务的支持、频率灵活性及成本等方面都具有独特的优势，全球一半以上的设备厂商都宣布可以支持 TD-SCDMA 标准。

5.1.1　第三代移动通信系统的特点

与前两代移动通信系统相比，3G 系统的特点可以概括为以下几点：

1) 是全球普及和全球无缝漫游的通信系统。2G 系统一般为区域或国家标准，而 3G 是一个可以实现全球范围内覆盖和使用的通信系统，它可以实现使用统一的标准，以便支持同一个移动终端在世界范围内的无缝通信。

2) 具有支持多媒体业务的能力，特别是支持因特网业务。2G 系统主要以提供语音业务为主，即使 2G 系统的增强技术一般也仅能提供 $100 \sim 200 \mathrm{kbit/s}$ 的传输速率，GSM 系统演进到最高阶段的速率为 $384 \mathrm{kbit/s}$。但是 3G 系统的业务能力将有明显的改进，它能支持从语音到分组数据再到多媒体业务，并能支持固定和可变速率的传输以及按需分配带宽等功能。国际电信联盟(ITU)规定的3G系统无线传输技术的最低要求中，必须满足四个速率要求：卫星移动环境中至少可提供9.6kbit/s速率的多媒体业务，高速运动的汽车上可提供144kbit/s速率的多媒体业务，低速运动的情况下(如步行时)可提供384kbit/s速率的多媒体业务，室内固定情况下可提供2Mbit/s速率的多媒体业务。

3）便于过渡和演进。由于3G系统引入时，2G系统已具有相当的规模，所以3G网络一定能在原来2G网络的基础上灵活地演进而成，并应与现有固定网络兼容。

4）高频谱效率。3G系统具有高于现在2G系统两倍的频谱效率。

5）高服务质量。3G系统的通信质量与现有固定网络的通信质量相当，有很多发展空间。

6）高保密性。尽管2G系统的CDMA也有相当高的保密性，但是还是不及3G系统的保密性高。

5.1.2　第三代移动通信系统的结构

1. IMT-2000系统的组成

IMT-2000(国际移动通信-2000)系统的构成如图5-1所示，它主要由四个功能子系统构成，即核心网(CN)、无线接入网(RAN)、移动终端(MT)和用户识别模块(UIM)组成。分别对应于GSM系统的网络子系统(NSS)、基站子系统(BSS)、移动台(MS)和SIM卡。

2. 系统标准接口

ITU定义了以下四个标准接口：

1）网络与网络接口(NNI)。由于ITU在网络部分采用了"家族概念"，因而此接口是指不同家族成员之间的标准接口，是保证互通和漫游的关键接口。

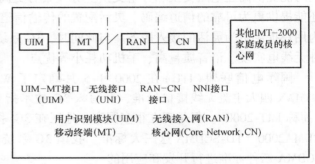

图5-1　IMT-2000系统的构成

2）无线接入网与核心网之间的接口(RAN-CN)，对应于GSM系统的A接口。

3）无线接口(UNI)。

4）用户识别模块和移动台之间的接口(UIM-MT)。

3. 第三代移动通信系统的分层结构

第三代移动通信系统的结构分为三层：物理层、链路层和高层。各层的主要功能描述如下：

物理层：它由一系列下行物理信道和上行物理信道组成。

链路层：它由媒体接入控制(MAC)子层和链路接入控制(LAC)子层组成。MAC子层根据LAC子层不同业务实体的要求对物理层资源进行管理与控制，并负责提供LAC子层业务实体所需的QoS(服务质量)级别。LAC子层与物理层具有相对独立的链路管理与控制，由LAC子层负责提供MAC子层所不能提供的更高级别的QoS控制，这种控制可以通过ARQ等方式来实现，以满足来自更高层业务实体的传输可靠性。

高层：它集OSI模型中的网络层、传输层、会话层、表达层和应用层为一体。高层实体主要负责各种业务的呼叫信令处理、语音业务(包括电路类型和分组类型)和数据业务(包括IP业务、电路和分组数据、短消息等)的控制与处理等。

5.1.3　3G 网络的演进策略

3G 网络在发达国家相对比较成熟，而对于中国来说是还处于起步阶段，要想很好地进行 3G 网络的开发和利用，必须在现有网络基础上进行合理的演进，保持现有网络不受到大的影响，并能很好开发利用新的 3G 网络。

1. GSM 向 WCDMA 的网络演进策略

对于无线侧网络的演进，目前普遍认同的方案是在原 GSM 设备的基础上进行 3G 网络的叠加。

对于核心网侧的演进，根据核心网侧电路域和分组域的演进方式不同，主要有以下三种解决方案。

（1）核心网全升级过渡　在原有 GSM/GPRS 核心网的基础上，通过硬件更新和软件升级来实现向 WCDMA 系统的演进。

（2）叠加、升级组合建网　这是一种将原有 GSM/GPRS 核心网的电路域进行叠加、分组域进行升级的组网方式。

（3）完全叠加建网　对于电路域，本地网采用完全叠加的方案。因为长途网一般仅起话务转接的作用，与 GSM 作用相同，所以 WCDMA 和 GSM 可以共享长途网资源。

对于分组域，WCDMA 网络分组交换（Packet Switched, PS）域骨干网可以与现有的 GPRS 骨干网共享，WCDMA 网络 PS 域在省网基础上新建 SGSN 和 GGSN，并且由于 WCDMA 的 PS 域与 GPRS 在流程及核心网的协议方面都非常相似，所以省网的 CG、DNS 和路由器等设备可以与 GPRS 现网共用。

而对于大多数现网，由于 GPRS 网络无法只是通过软件升级过渡到 3G 的 PS 域，因此建议采用完全叠加建网的方案。该方案避免了对现有 2G 业务的影响，易于网络规划和实施，充分保障了现有网络的稳定性，容量不受原有网络的限制；且通过核心网的叠加来引入宽带接入、补充新的频谱和核心网资源，可以分流语音和数据业务，从而刺激业务增长，促进 3G 系统的发展。采用叠加方式建设 WCDMA 网络，不仅有利于 3G 网络建设的逐步推进，而且为网络向全 IP 方向演进扫除了障碍。

2. IS-95 向 CDMA2000 的网络演进策略

与 GSM 系统相比，窄带 CDMA 系统无线部分和网络部分向第三代移动通信系统过渡都采用 IS-95 向 CDMA2000 演进的方式。

对于无线部分，尽量与原有无线部分兼容，可以通过 IS-95A（速率为 9.6kbit/s/14.4kbit/s）向 IS-95B（速率为 115.2kbit/s）演进，再向 CDMA2000 1x（速率为 144kbit/s）演进的方式演进。

CDMA2000 1x（CDMA2000 的单载波方式）是 CDMA2000 的第一阶段，通过不同的无线配置（RC）来区分，它可以和 IS-95A 与 IS-95B 共存于同一载波中。

CDMA2000 1x 的增强型 CDMA2000 1x EV 可以提供更高的性能，目前 CDMA2000 1x EV 的演进方向包括两个方面：仅支持数据业务的 CDMA2000 1x EV-DO（Data Only）和同时支持数据、语音业务的分支 CDMA2000 1x EV-DV（Data & Voice）。CDMA2000 1x EV-DO 方面目前已经确定采用 Qualcomm 公司提出的高速数据速率（HDR）概念，我国各地已经有多个实验局，而 CDMA2000 1x EV-DV 方面目前已有多家方案。

网络部分则将引入分组交换方式，以支持移动 IP 业务。CDMA2000 1x 商用初期，网络部分在窄带 CDMA 网络基础上，保持电路交换(支持语音)，引入分组交换(支持数据业务)方式。CDMA2000 网络也将向全 IP 方向发展。CDMA2000 1x 再往后发展，沿着 CDMA2000 3x(CDMA2000 的三载波方式)及更多载波方式发展。

3. GSM 向 TD-SCDMA 的网络演进策略

TD-SCDMA 标准是由第三代合作项目(3GPP)组织制订的，目前采用的是中国无线通信标准组织(CWTS)制订的 TSM(TD-SCDMA over GSM)标准，基本思想就是在 GSM 的核心网上使用 TD-SCDMA 的基站设备，只需对 GSM 的基站控制器进行升级，以后 TD-SCDMA 将融入 3GPP 的 R4 及以后的规范中。

4. 中国 3G 演进之路

对于中国 3G 网络的建设，首先，应该从长期、全局的角度进行规划，进一步融合移动固定业务能力，便于向 NGN(Next Generation Network)演进。其次，第三代网络建设是逐步进行的，第二代网络还将在一定时期内扮演一定的角色，所以建设第三代网络要充分考虑到对现网设备资源的充分整合和有效利用，3G 核心网建设应该对现有网络的影响最小。

总体来说，现在拥有 3G 牌照的运营商(中国移动、中国联通和中国电信)，一般会面临三种建网选择：新建、升级、叠加，当然实际情况往往会采用其中两种或三种组合策略。

2009 年 1 月中国将国内 3G 牌照发放给三家运营商，分别是中国移动，中国联通和中国电信。下面简单介绍它们的演进方案。

(1) 中国移动　中国移动获得 TD-SCDMA 牌照后，也在大力开展 3G 的演进讨论和技术开发，TD-SCDMA 核心网是基于 GSM/GPRS 网络的演进，保持了与 GSM/GPRS 网络的兼容性，核心网也可以基于 TDM、ATM 和 IP 技术，并向全 IP 网络演进。

(2) 中国联通　电信重组后，CDMA 由电信公司运营，中国联通获得 WCDMA 牌照。由于没有 CDMA，中国联通的当前移动系统就只有 GSM，故在 3G 的演进过程中需要对 GSM 网络加以考虑。

WCDMA 是通用移动通信系统(UMTS)的空中接口技术。UMTS 的核心网基于 GSM-MAP，保持了与 GSM/GPRS 网络的兼容性，同时通过网络扩展方式提供基于 ANSI-41 的核心网上运行的能力，并可以基于 TDM、ATM 和 IP 技术，并向全 IP 网络演进。MAP 技术和 GPRS 隧道技术是 WCDMA 移动性管理机制的核心。

(3) 中国电信　中国电信获得 CDMA2000 牌照，对 2G 向 3G 演进也做了较大的努力，公司由 C 网演进到 3G 的策略是 IS-95 CDMA(2G)→CDMA2000 1x→CDMA2000 3x(3G)。第一阶段建设一个完善的 IS-95A + 网络，以支持漫游、机卡分离及向 CDMA2000 1x 平滑过渡；第二阶段向 CDMA2000 1x 过渡，尽快将单一的语音业务和补充业务模式过渡为业务多元化模式；第三阶段向 1x EV-DO 或 1x EV-DV 方向演进，其中 1x 代表 CDMA2000 1x 载波带宽 1 倍于 IS-95 载波带宽，1x EV-DO 和 1x EV-DV 技术在性能上已超过了 3x 系统，1x EV 将是 CDMA2000 的演进方向。

5.1.4　实现 3G 系统的关键技术

第三代移动通信系统的关键技术包括以下几个方面，下面进行简单介绍。

1. 初始同步与 Rake 多径分集接收技术

CDMA 系统接收机的初始同步包括 PN 码同步、符号同步、帧同步和扰码同步等。CDMA2000 系统采用与 IS-95 系统相类似的初始同步技术，即通过对导频信道的捕获建立 PN 码同步和符号同步，通过对同步信道的接收建立帧同步和扰码同步。WCDMA 系统的初始同步则需要通过"三步捕获法"进行，即通过对基本同步信道的捕获建立 PN 码同步和符号同步，通过对辅助同步信道的不同扩频码的非相干接收，确定扰码组号等，最后通过对可能的扰码进行穷举搜索，建立扰码同步。

由于移动通信是在复杂的电波环境下进行的，如何克服电波传播所造成的多径衰落现象是移动通信的另一基本问题。CDMA 系统中，由于信号带宽较宽，因而在时间上可以分辨出比较细微的多径信号。对分辨出的多径信号分别进行加权调整，使合成之后的信号得以增强，从而可在较大程度上降低多径衰落信道所造成的负面影响，这种技术称为 Rake 多径分集接收技术。

为实现相干方式的 Rake 接收，需发送未经调制的导频（Pilot）信号，以使接收端能在确知已发数据的条件下估计出多径信号的相位，并在此基础上实现相干方式的最大信噪比合并。WCDMA 系统采用用户专用的导频信号，而 CDMA2000 下行链路则采用公用导频信号，用户专用的导频信号仅作为备选方案用于使用智能天线的系统，上行链路则采用用户专用的导频信道。

Rake 多径分集接收技术的另外一种极为重要的体现形式是宏分集及越区软切换技术。当移动台处于越区切换状态时，参与越区切换的基站向该移动台发送相同的信息，移动台把来自不同基站的多径信号进行分集合并，从而改善移动台处于越区切换时的接收信号质量，并保持越区切换时的数据不丢失，这种技术称为宏分集及越区软切换技术。WCDMA 系统和 CDMA2000 系统均支持宏分集及越区软切换功能。

2. 高效信道编译码技术

第三代移动通信的另外一项核心技术是信道编译码技术。第三代移动通信系统主要提案中（包括 WCDMA 和 CDMA2000 等），除采用与 IS-95 CDMA 系统相类似的卷积编码技术和交织技术之外，还建议采用 Turbo 编码技术及 RS + 卷积级联码技术。

Turbo 编码器采用两个并行相连的系统递归卷积编码器，并辅之以一个交织器。两个卷积编码器的输出经并串转换以及凿孔（Puncture）操作后输出。相应地，Turbo 译码器由首尾相接、中间由交织器和解交织器隔离的两个以迭代方式工作的软判输出卷积译码器构成。虽然目前尚未得到严格的 Turbo 编码理论性能分析结果，但从计算机仿真结果看，在交织器长度大于 1000、软判输出卷积译码器采用标准的最大后验概率（MAP）算法的条件下，其性能比约束长度为 9 的卷积码提高 1 ~ 2.5dB。

目前 Turbo 码用于第三代移动通信系统的主要困难体现在以下几个方面：①由于交织长度的限制，无法用于速率较低、时延要求较高（时延要相当短）的数据（包括语音）传输。②基于 MAP 的软输出译码算法所需计算量和存储量较大，而基于软输出 Viterbi 的算法所需迭代次数往往难以保证。③Turbo 码在衰落信道下的性能还有待于进一步研究，目前还不够成熟。

3. 智能天线技术

从本质上来说，智能天线技术是雷达系统自适应天线阵在通信系统中的新应用。由于智能天线体积及计算复杂性的限制，目前该技术仅适用于基站系统。

　　智能天线包括两个重要作用：①对来自移动台发射的多径电波方向进行到达角（DOA）估计，并进行空间滤波，抑制其他移动台的干扰。②对基站发送的信号进行波束形成，使基站发送信号能够沿着移动台电波的到达方向发送回移动台，从而降低发射功率，减少对其他移动台的干扰。

　　智能天线技术用于采用 TDD 模式的 CDMA 系统是比较合适的，能够在较大程度上抑制多用户干扰，从而提高系统容量。其缺点在于：由于存在多径效应，每个天线均需一个 Rake 接收机，从而使基带处理单元复杂度明显提高。

4. 多用户检测技术

　　在传统的 CDMA 接收机中，各个用户的接收是相互独立进行的。在多径衰落环境下，由于各个用户之间所用的扩频码通常难以保持正交，因而造成多个用户之间的相互干扰，并限制了系统容量的提高。解决此问题的一个有效方法是使用多用户检测技术，通过测量各个用户扩频码之间的非正交性，用矩阵求逆方法或迭代方法消除多用户之间的相互干扰。

　　从理论上讲，使用多用户检测技术能够在极大程度上改善系统容量。但一个较为困难的问题是基站接收端的等效干扰用户数等于正在通话的移动用户数乘以基站接收端可观测到的多径数。这意味着在实际系统中等效干扰用户数将多达数百个，这样即使采用与干扰用户数成线性关系的多用户抵消算法仍使得基站接收端的硬件实现显得过于复杂。如何把多用户抵消算法的复杂度降低到可接受的程度是多用户检测技术能否实用的关键。

5. 功率控制技术

　　在 CDMA 系统中，由于用户共用相同的频带，且各用户的扩频码之间存在着非理想的相关特性，用户发射功率的大小将直接影响系统的总容量，从而使得功率控制技术成为 CD-MA 系统中最为重要的核心技术之一。

　　常见的 CDMA 功率控制技术可分为开环功率控制、闭环功率控制和外环功率控制三种类型。

　　开环功率控制、闭环功率控制在其他章节中有陈述，这里仅介绍外环功率控制。

　　外环功率控制通过对接收误帧率的计算，调整闭环功率控制所需的信干比门限，通常需要采用变步长方法，以加快上述信干比门限的调节速度。在 WCDMA 和 CDMA2000 系统中，上行信道采用了开环、闭环和外环功率控制技术，下行信道则采用了闭环和外环功率控制技术。但两者的闭环功率控制速度有所不同，WCDMA 系统为每秒 1600 次，CDMA2000 系统为每秒 800 次。

6. 软件无线电技术

　　软件无线电是近几年发展起来的技术，它基于现代信号处理理论，尽可能在靠近天线的部位（中频，甚至射频），进行宽带 A－D 和 D－A 转换。无线通信部分把硬件作为基本平台，把尽可能多的无线通信功能用软件来实现。软件无线电为 3G 手机与基站的无线通信系统提供了一个开放的、模块化的系统结构，具有很好的通用性、灵活性，使系统互联和升级变得非常方便。软件无线电的硬件主要包括天线、射频部分、基带的 A－D 和 D－A 转换设备以及数字信号处理单元。在软件无线电设备中，所有的信号处理（包括放大、变频、滤波、调制解调、信道编译码、信源编译码、信号流变换、信道及接口的协议/信令处理、加/解密、抗干扰处理、网络监控管理等）都以数字信号的形式进行。由于软件处理的灵活性，在设计、测试和修改方面非常方便，而且也容易实现不同系统之间的兼容。

3G 系统所要实现的主要目标是提供不同环境下的多媒体业务，实现全球无缝覆盖；适应多种业务环境；与第二代移动通信系统兼容，并可从第二代平滑升级。因而 3G 系统要求实现无线网与无线网的综合、移动网与固定网的综合、陆地网与卫星网的综合。

由于 3G 标准的统一是非常困难的，IMT-2000 放弃了在空中接口、网络技术方面等一致性的努力，而致力于制定网络接口的标准和互通方案。

对于移动基站和终端而言，它们面对的是多种网络的综合系统，因而需要实现多频、多模式、多业务的基站和终端。软件无线电基于统一的硬件平台，利用不同的软件来实现不同的功能，因而是解决基站和终端问题的利器。具体而言，软件无线电解决了以下问题：

1）为 3G 基站与终端提供了一个开放的、模块化的系统结构。开放的、模块化的系统结构为 3G 系统提供了通用的系统结构，功能实现灵活，系统改进与升级方便。模块具有通用性，在不同的系统及升级时容易复用。

2）智能天线结构的实现、用户信号到来方向的检测、射频通道加权参数的计算、天线方向图的成形。

3）各种信号处理软件的实现，包括各类无线信令处理软件，信号流变换软件，同步检测、建立和保持软件，调制解调算法软件，载波恢复、频率校准和跟踪软件，功率控制软件，信源编码算法软件以及信道纠错算法编码软件等。

7. 快速无线 IP 技术

快速无线 IP 技术将是未来移动通信发展的重点，宽频带多媒体业务是用户的基本要求。根据 ITM-2000 的基本要求，第三代移动通信系统可以提供较高的传输速度（本地区为 2Mbit/s，移动为 144kbit/s）。现代的移动设备越来越多了（如手机、笔记本电脑、PDA 等），剩下的就是网络是否可以移动，快速无线 IP 技术与第三代移动通信技术结合将会实现这个愿望。由于快速无线 IP 主机在通信期间需要在网络上移动，其 IP 地址就有可能经常变化，传统的有线 IP 技术将导致通信中断，但第三代移动通信技术因为利用了蜂窝移动电话呼叫原理，完全可以使移动节点采用并保持固定不变的 IP 地址，一次登录即可实现在任意位置上或在移动中保持与 IP 主机的单一链路层连接，完成移动中的数据通信。

8. 多载波技术

MC-CDMA（多载波 CDMA）技术是第三代移动通信系统中使用的一种新技术。多载波 CDMA 技术早在 1993 年的 PIMRC 会议上就被提出来了。目前，多载波 CDMA 技术作为一种有着良好应用前景的技术，已吸引了许多公司对其进行深入研究。多载波 CDMA 技术的研究内容大致有两类：①用给定扩频码来扩展原始数据，再用每个码片来调制不同的载波。②用给定扩频码来扩展已经进行了串并变换后的数据流，再用每个数据流来调制不同的载波。

5.2　WCDMA 技术

5.2.1　WCDMA 概述

WCDMA 是通用移动通信系统（UMTS）的空中接口技术。全称为 Wideband CDMA，也称为 CDMA Direct Spread。这是基于 GSM 网发展出来的 3G 技术标准，是欧洲提出的宽带 CD-

MA技术，它与日本提出的宽带CDMA技术基本相同，目前二者正在进一步融合。其支持者主要是以GSM系统为主的欧洲厂商，日本公司也或多或少参与其中，包括欧美的爱立信、阿尔卡特、诺基亚、朗讯、北电，以及日本的NTT、富士通、夏普等厂商。这套系统能够架设在现有的GSM网络上，对于系统供应商而言可以较容易地过渡，而GSM系统相当普及的亚洲对这套新技术的接受度相当高，因此WCDMA具有先天的市场优势。该标准提出了GSM(2G)→GPRS→EDGE→WCDMA(3G)的演进策略。GPRS是通用分组无线业务(General Packet Radio Service)的简称，EDGE是增强数据速率的GSM演进(Enhanced Data Rate for GSM Evolution)的简称，这两种技术被称为2.5代移动通信技术。

WCDMA具有以下特点：

1）调制方式：上行为HPSK，下行为QPSK。

2）解调方式：导频辅助的相干解调。

3）接入方式：DS-CDMA方式。

4）三种编码方式：语音信道上采用卷积码($R=1/3$，$K=9$)进行内部编码和Viterbi译码，数据信道上采用ReedSolomon编码，控制信道采用卷积码($R=1/2$，$K=9$)进行内部编码和Viterbi译码。

5）适应多种速率的传输，可灵活地提供多种业务，并根据不同的业务质量和业务速率分配不同的资源。对多速率、多媒体业务，可通过改变扩频比(对于低速率的32kbit/s、64kbit/s、128kbit/s业务)和多码并行传送(对于高于128kbit/s的业务)的方式来实现。

6）上下行快速、高效的功率控制大大减少了系统的多址干扰，提高了系统的容量，同时也降低了传输的功率。

7）核心网基于GSM/GPRS网络的演进，并保持与GSM/GPRS网络的兼容性。

8）基站之间无需同步。因为基站可以收发异步的PN码，即基站可跟踪对方发出的PN码，同时移动终端也可对额外的PN码进行捕获与跟踪，因此可获得同步，支持越区切换及宏分集，而在基站之间不必进行同步。

9）支持软切换和更软切换。切换方式包括三种，即扇区间的更软切换、小区间的软切换和载频间的切换。

5.2.2　WCDMA关键技术

1. 多径无线信道和Rake接收

Rake接收不同于传统的空间、频率与时间分集技术，它是一种典型的利用信号统计与信号处理技术将分集的作用隐含在被传输信号之中的技术，因此又称为隐分集或带内分集。

移动通信传播中的多径无线信道会引起信号时延功率谱的扩散，导致信号能量的扩散，而Rake接收就是设法将上述被扩散的信号能量充分利用起来，其主要手段就是扩频信号设计与Rake接收的信号处理。由于多径无线信道的信号中含有可以利用的信息，所以接收机可以通过合并多径信号来改善接收信号的信噪比。其实Rake接收机所做的就是通过多个相关检测器接收多径信号中的各路信号并把它们合并在一起。Rake接收机既可以接收来自同一天线的多径信号，也可以接收来自不同天线的多径信号，但是多天线会增加信号处理的复杂度。

2. 功率控制

快速、准确的功率控制是保证 WCDMA 系统性能的基本要求，尤其是在上行链路中，如果没有功率控制，超功率发射的移动台就会堵塞整个小区，WCDMA 中的快速闭环功率控制如图 5-2 所示。移动台 1 和移动台 2 工作于同一个频率，若基站只依靠两者各自的扩频码来区分它们，就可能会出现这样的情况：移动台 1 处于靠近基站位置，移动台 2 远离基站，移动台 2 的路径损耗要比移动台 1 高得多。如果没有采取某种功率控制机制来使两个移动台到达基站的功率电平相等，移动台 1 的功率就很容易超过移动台 2 的功率，给移动台 2 造成很大的干扰，进而阻塞小区大部分区域的正常通信，这就是 CDMA 中的远近效应问题。

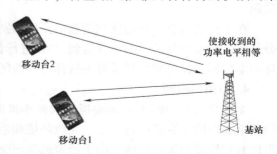

图 5-2　WCDMA 中的快速闭环功率控制

在 WCDMA 中采用的功率控制方案是快速闭环功率控制，如图 5-2 所示。在上行链路的功率控制中，基站要频繁地估计接收到的信干比（SIR）值，并把它同目标 SIR 值相比较。如果测得的 SIR 高于目标 SIR，基站就命令移动台降低功率；如果测得的 SIR 比目标值低得多，基站就命令移动台提高功率。快速功率控制的频率为 1.5kHz，比任何较明显的路径损耗变化都快，这样的闭环功率控制能防止在基站接收的所有上行链路信号中出现功率不平衡的现象。

下行链路采用同样的闭环功率控制技术，但是目的不一样。下行链路中基站对多个移动台发送信号，但是处于小区边缘的用户受到其他小区的干扰增加，需要提高功率来克服干扰，这就是下行的闭环功率控制。

为了配合移动台不同的移动速度和传播环境，WCDMA 中还采用了外环功率控制，根据各个单独的无线链路的需要来调整目标 SIR 的设定值，其目的是取得恒定的链路质量。

3. 软切换和更软切换

WCDMA 系统中使用了软切换和更软切换，其中软切换指切换过程中移动台和两个或多个基站同时通过不同的空中接口信道进行通信的切换方式。更软切换是指在切换过程中，移动台和基站同时通过两条空中接口信道进行通信。

图 5-3 所示为软切换过程，在切换期间，移动台处于属于不同基站的两个扇区覆盖的重叠部分，和两个基站同时通过不同的空中接口进行通信。在下行链路方向，移动台采用 Rake 接收机通过最大比例合并接收两个信道（信号）。在切换期间，每次接续的两个功率控制环路都是激活的，每个基站各用一个。

更软切换时，移动台

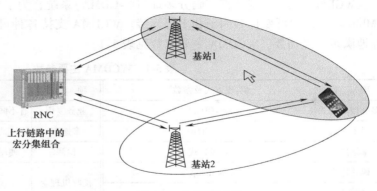

图 5-3　软切换过程

位于一个基站的两个相邻扇区的小区覆盖重叠区域，移动台和基站通过两条空中接口信道通信，每个扇区各有一条。更软切换在下行链路方向与软切换类似，这样下行链路方向需要使用两个不同的扩频码，移动台才可以区分这些信号。移动台通过 Rake 处理接收这两个信号，这个过程类似于多径接收，差别在于指峰为了能正确解扩操作需要为每个扇区产生各自的解扩码。

在上行链路上，软切换和更软切换的差别很大：更软切换时，两个基站接收移动台的码分信道，但接收到的数据被发送到 RNC 进行合并。这样做是因为在 RNC 中要使用提供给外环功率控制的帧可靠性指示符去选择两个扇区不同的候选帧中更好的帧。

4. 多用户检测

多用户检测(MUD)技术是通过取消小区间的干扰来改进性能，增加系统容量。实际容量的增加取决于算法的有效性、无线环境和系统负载。除了系统的改进，多用户检测技术还可以有效地缓解远近效应。由于信道的非正交性和不同用户扩频码的非正交性，导致用户间存在相互干扰，多用户检测的作用就是去除多用户之间的相互干扰。也就是根据多用户检测算法，通过非正交信道与非正交扩频码，重新定义用户判决的分界线，在这种新的分界线上，可以达到更好的判决效果，去除用户之间的相互干扰。

通过在 WCDMA 上行链路中使用短扰码，可以使用自适应接收机，但在 WCDMA 下行链路中，扩频码在一个 10ns 的持续时间上，无线帧是周期的，但这个周期过长，以至于无法应用常规的自适应接收机。通过引入码片均衡器可以克服这个问题，码片均衡是指在码片持续时间内对频率选择性多径信道的影响进行均衡。它抑制了信号路径间的干扰，并且保持一个小区内用户扩频码的正交性。也就是说，通过码片均衡器可以补偿下行链路中由于多径传播导致的多址干扰。

高级的接收机算法可以在 WCDMA 终端中应用，以提高终端用户的数据速率和系统容量。要实现干扰删除，可以采用干扰抵消技术(SQ-PIC)来达到干扰消除的目的。SQ-PIC 是一个具有发展前景的技术，它能改善基站接收机性能，提高系统容量和覆盖。在上行链路中，当数据速率峰值高于 1Mbit/s 时，可采用高速上行链路分组接入技术(HSUPA)，利用上行链路干扰抵消技术可以给终端用户的吞吐量带来进一步的提高。

5.2.3　WCDMA 空中接口

1. WCDMA 的主要参数

WCDMA 是一个宽带直扩码分多址(DS-CDMA)系统，为了支持很高的比特率(最高可达 2Mbit/s)，采用可变扩频因子和多码连接。WCDMA 支持各种可变的用户数据速率，可以很好地满足带宽需要，WCDMA 主要参数见表 5-1。

表 5-1　WCDMA 主要参数

项　　目	实现方式及参数	项　　目	实现方式及参数
多址接入方式	DS-CDMA	业务复用	有不同服务质量要求的业务复用在一个链接
双工方式	FDD/TDD	多速率	可变的扩频因子和多码
基站同步	异步方式	检测	使用导频符号或公共导频进行相关检测
码片速率	3.84Mchip/s	接收机理念	支持多用户检测和智能天线，应用时可选
帧长	10ns		

2. WCDMA 的信道

MAC 层通过逻辑信道给 RLC 层提供服务，逻辑信道用来描述传输的类型是什么。物理层通过传输信道向 MAC 层提供服务，传输信道用来描述传输数据以及数据的特征是什么，物理层之间通过物理信道进行对等实体之间的通信。

下面介绍逻辑信道、传输信道和物理信道的分类和功能。

（1）逻辑信道　MAC 层在逻辑信道上提供业务数据，针对 MAC 层提供的不同类型的数据传输业务，专门定义了一组逻辑信道。逻辑信道通常可以分为两大类：控制信道和业务信道。

1）控制信道通常用来传输控制平面信息，包括广播控制信道（BCCH）、寻呼控制信道（PCCH）、专用控制信道（DCCH）和公共控制信道（CCCH）。

① 广播控制信道：传输广播系统控制信息的下行链路信道。

② 寻呼控制信道：传输寻呼信息的下行链路信道。

③ 专用控制信道：在 UE 和 RNC 之间传送专用控制信息的点到点双向信道，在 RPC 连接建立过程中建立此信道。

④ 公共控制信道：在网络和 UE 之间发送控制信息的双向信道，这个逻辑信道总是映射到传输信道 RACH/FACH。

2）业务信道用来传输用户平面信息，包括专用业务信道（DTCH）和公共业务信道（CTCH）。

① 专用业务信道：专为一个 UE 传输用户信息的点到点信道，该信道在上行链路和下行链路都存在。

② 公共业务信道：向全部或者一组特定 UE 传输专用用户信息的点到多点下行链路信道。

（2）传输信道　传输信道有两种类型：专用传输信道和公用传输信道。公用传输信道资源可由小区内的所有用户或一组用户共同分配使用，而专用传输信道仅仅是为单个用户预留的，并在某个特定的速率采用特定编码加以识别。以下分别介绍这两种传输信道。

1）专用传输信道。专用传输信道只存在一种类型，即专用信道，在 UTRA 标准的 25 系列中用 DCH 表示。专用传输信道用于发送既定用户物理层以上的所有信息，其中包括实际业务的数据以及高层控制信息。由于 DCH 上发送的信息内容对物理层是不可见的，因此，高层控制信息和用户数据采用相同的处理方式。当然，UTRAN 对控制信息和数据设置的物理层参数不同。

专用传输信道的主要特征包括：快速功率控制，逐帧快速数据速率变化，以及通过改变自适应天线系统的天线权值来实现对某小区或某扇区的特定部分区域的发射等。专用信道支持软切换。

2）公用传输信道。UTRA Release 99 中定义的公用传输信道有六种，介绍如下：

① 广播信道（BCH）：用来发送 UTRA 网络特定的信息或某一给定的特定信息。每个网络最典型的数据是小区内的可用随机接入码和接入时隙，或该小区中与其他信道一起使用的发射分集方式的数据。如果对广播信道的译码不正确，将导致终端不能进行小区注册，因此，广播信道需要用相对较高的功率进行发送，从而使覆盖范围内的所有用户能接收到该信息。

② 寻呼信道（PCH）：是下行链路传输信道，用于发送与寻呼过程相关的数据，也就是用于网络与终端开始通信时的初始化工作。比如，网络向终端发起语音呼叫的过程就是使用终端所在区域内各小区的寻呼信道向终端发送寻呼信息的过程。终端必须在整个小区范围内

都能收到寻呼信息，因此，寻呼信道的设计影响到终端在待机模式下的功耗，终端调整接收机监听的寻呼次数越少，在待机模式下终端电池的持续时间就越长。

③　前向接入信道（FACH）：是下行链路传输信道，用于向处于给定小区的终端发送控制信息，即该信道用于基站接收到随机接入消息之后。FACH 不使用快速功率控制，且发送的消息中必须包括带内标识信息来确保正确接收。

④　随机接入信道（RACH）：是上行链路传输信道，用来发送来自终端的控制信息（如请求建立连接）。随机接入信道也可以用来发送终端到网络的少量分组数据。系统正常工作时，在整个小区覆盖范围内都期望能接收到随机接入信道的信号，因此，实际速率必须足够低，至少对于系统初始化接入和其他控制过程应该如此。

⑤　上行链路公共分组信道（CPCH）：是 RACH 的扩展，用来在上行链路方向发送基于分组方式的用户数据。在上行链路方向上与之成对出现的信道是 RACH。CPCH 和 RACH 在物理层上的主要区别在于：前者使用快速功率控制，采用基于物理层的碰撞检测机制和 CPCH 状态检测过程，且上行链路 CPCH 的传输可能会持续几个帧，而 RACH 可能只占用一个或者两个帧。

⑥　下行链路共享信道（DSCH）：是用来发送专用用户数据和/或控制信息的传输信道，它可以由几个用户共享。DSCH 在很多方面与前向接入信道相似，不过共享信道支持使用快速功率控制和逐帧可变比特速度。DSCH 不要求能在整个小区范围内接收到，可以采用与之相关的下行链路 DCH 的发送天线分集技术。DSCH 总是与一个下行链路 DCH 相关联。

（3）物理信道　物理信道是物理层的承载信道，物理层主要完成的功能包括：传输层前向纠错编码（FEC）、对高层进行测量和指示、宏分集的分解与合并、软切换、传输链路的纠错（CRC）、传输链路的复用和 CCTrCH 分离、速率匹配、闭环功率控制和射频处理等。物理信道包含下列信道：

1）物理专用信道：上下行通用，上行控制信息和数据信息通过正交调制复用，下行以时分方式复用。对于下行提供可变速率业务承载信道。

（下面为下行信道）

2）公用导频信道：用于区分扇区。

3）公共控制信道：有主控制信道和辅控制信道两种。主控制信道用于传送广播信息，辅控制信道完成信道接入控制和寻呼。

4）下行物理共享信道：主要传送非实时的突发业务，可以通过正交码由多用户共享。

5）寻呼指示信道：用于寻呼控制。

6）分配指示信道：与上行物理随机接入信道一起完成终端接入过程。

7）同步信道：用于小区搜索过程的同步。

（下面为上行信道）

8）物理随机接入信道：用于终端的接入。

9）物理公共分组信道：作为数据传送的补充，主要用于突发的数据。

3. 扩频编码与调制

（1）扩频编码　WCDMA 的扩频编码分为信道化编码和扰码两个过程，如图 5-4 所示。

1）信道化编码。信道化编码用于区分来自同一信源的传输，即区分一个扇区内的下行链路连接，以及来自某一终端的所有上行链路专用物理信道。WCDMA 在信道化编码过程中

采用可变码速的正交扩频序列（OVSF）码
进行序列扩频，OVSF 码的长度决定了信
息的扩频增益，在传递码片的速率固定
（WCDMA 为 3.84Mchip/s）的情况下，
OVSF 码越短，传递信息的速率就越高。

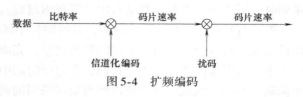

图 5-4　扩频编码

信道化编码过程与 CDMA2000 系统的扩频编码过程相同。

　　2）扰码。加扰的目的是将不同的终端或基站区分开来。加扰在扩频之后，它不会改变
信号的带宽，而只是用来区分来自不同信源的信号，即使多个发射机使用相同码字扩频也不
会出现问题。如图 5-5 所示，在扰码过程之前，经过信道化编码，需要传送的信息已经被扩
频，以需要的码片速率进行传送，所以在扰码过程中不再改变信号的带宽和扩频增益。

　　WCDMA 有个非常重要的特征就
是无需 GPS，其原因就是 WCDMA 是
通过正交的扰码来区分扇区和用户，
不同于 CDMA2000 系统采用 PN 码的
不同偏置相位区分扇区和用户，所
以不需要基站之间的严格同步。WC-
DMA 基站也不需要 GPS，这使得基
站的选址和安装更加方便，可以实
现分层组网等更加灵活的组网方式，
而且 WCDMA 不需要进行 PN 偏置规

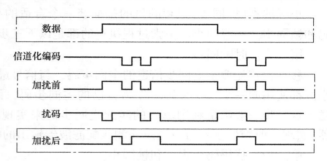

图 5-5　信道化编码和加扰过程

划，取而代之的是扰码规划。由表 5-2 可以了解到信道化编码和扰码的功能与特征。

表 5-2　信道化编码和扰码的功能与特征

	信道化编码	扰　　码
功能	上行链路：区分同一终端的物理数据信道和控制信道 下行链路：区分同一小区中不同用户的下行链路连接	上行链路：区分终端 下行链路：区分扇区（小区）
长度	4～256chip（1.0～66.7μs） 下行链路还包括 512chip	上行链路： 1. 10ms 传输 38400chip 2. 66.7μs 传输 256chip 下行链路：10ms 传输 38400chip
码字数目	一个扰码下的码字数 = 扩频因子	上行链路码字数目：几百万 下行链路码字数目：512
码族	正交可变扩频因子	长码（10ms）：Gold 码 短码：扩展的 S（2）码族

　　（2）调制　WCDMA 上下行链路的信道调制过程是不同的。在 WCDMA 下行链路中，经
过时分复用后的控制流和数据流采用标准的 QPSK 调制（除 SCH 外）。在 WCDMA 上行链路
中，两种专用物理信道不是时分复用模式，而是采用 I-Q 支路/码复用模式。

　　4. 小区搜索（同步）过程

　　移动台开机，需要与系统联系，首先要与某一个小区的信号取得时序同步。这种从无联

系到时序同步的过程就是移动台的小区搜索过程。

WCDMA 不需要基站间的同步，其终端与小区的同步主要是借助下行链路的主、从同步信道完成，同时会获取目标小区的扰码信息，完成小区搜索。

主、从同步信道都不进行扰码，在每个时隙中，两道信息并行发送。主同步信道由 256 个调制后的码片组成，在系统内所有扇区采用的码片都是同一个，该信道包含了小区的时隙边界信息。从同步信道也是由 256 个调制后的码片组成的，在一个小区内，不同的帧重复相同的码片组，而在一帧内的 15 个不同的时隙中，则分别安排不同的码片组。这 15 个不同的码片组组成 64 种不同的码型，表示该扇区属于 64 个扰码组中的哪一个，同时提供帧的定位信息。同步信道采用时分复用的方式，与主公共控制信道合成在一起，占用每个时隙 2560 个码片中的 256 个。

小区搜索（即同步）过程的目的是捕获一个合适的小区，并据此确定这个小区的下行扰码和帧同步。一般的小区搜索过程执行的都是以下三步。

第一步：时隙同步。

移动台首先搜索主同步信道的主同步码，与信号最强的基站取得时隙同步。因为所有的小区都使用同一个 256 个码字作为自己的主同步码，而且在各时隙中的同一个位置重复发送。这一步一般都是利用单一的匹配主同步码来实现，也可用其他类似的设备（比如相关器）实现。时隙同步不可以通过检测匹配滤波器输出的峰值信号获得。

第二步：扰码码组识别和帧同步。

由于使用不同扰码组的小区，其从同步码也不同，而且这些从同步码是以帧为周期，所以在时隙已经同步后，可以进行第二步，利用从同步信道 S-SCH 来识别扰码码组和实现帧同步。通过计算接收信号和所有可能的从同步码序列的相关性，获得最大的相关值，识别出该小区的帧头以及主扰码所属的码组。

第三步：扰码识别。

当基站所属的扰码码组已确定后，需进一步确定基站的身份码——下行扰码。移动台使用第二步识别到的扰码码组中的 8 个主扰码分别与捕获的 PCCPCH 进行相关计算，得到该小区使用的下行扰码。根据识别到的下行扰码，PCCPCH 就可以被检测出，从而获得超帧同步，系统及小区的特定广播信息就可被读出。

经过以上三个步骤，一方面可实现扇区与终端的同步，另一方面也可识别小区使用的主扰码。在进行小区扰码规划时，可以通过给相邻的小区选择不同扰码组的主扰码来简化上面三个步骤。这样，除了开机搜索，一般情况下的终端可以借助于系统广播的相邻小区扰码信息，根据第二步了解到的码组，直接搜索到目标小区，只需确认检测的结果而无需比较不同的主扰码，跳过第三步复杂的查找过程，加快了搜索的速度。

进一步提高小区搜索性能的方法还包括提供小区之间相对定时的消息，任何情况下，只要终端将要进行软切换，都会对此进行测量，它可以用于改善第二步的性能。相关的定时信息越准确，搜索从 SCH 码需要进行检测的时隙位置就越小，正确检测的概率就越高。

5.2.4 无线接入网体系结构

1. 系统结构概述

UMTS 由三个部分构成，即核心网（CN）、无线接入网（UTRAN）和用户设备（UE），此外核心网还可以与外部通信，以提供更丰富的业务，如许多基于 Internet 的业务。CN 与 UT-RAN 的接口定义为 Iu 接口，UTRAN 与 UE 的接口定义为 Uu 接口，如图 5-6 所示。

无线接入网和核心网的发展不同，核心网受有线网络技术发展的影响很大，从现有的 GSM/GPRS 核心网平台开始，以平滑演进的方式逐步过渡到全 IP 通信网络。而无线接入网的演进是革命性的，目标是提高无线资源利用率（频率效率）和灵活地提供多种业务，这也是第三代移动通信系统与第二代移动通信系统的主要区别。

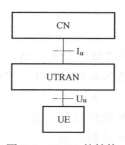

图 5-6　UMTS 的结构

（1）核心网（CN）　核心网（Core Network，CN）负责处理 WCDMA 系统内的语音呼叫（Call）、数据会话（Session）以及与外部网络的交换和路由。WCDMA 几个版本的核心网部分的分组域设备主体没有变化，只进行了协议的升级和优化，电路域设备的变化也不是非常大。

R99 核心网基于 GSM/GPRS 的电路交换和分组交换网络平台，以实现第二代网络向第三代网络的平滑演进。

R4 核心网在分组域没有变化，而在电路域引入了控制和承载分离的结构。

R5 核心网在分组域引入了 IP 多媒体域，即 IP 多媒体服务（IMS）域，以实现全 IP 多业务移动网络的最终发展目标。

R6 版本阶段在网络构架方面已没有太大的变化，主要是增加了一些新的功能特性以及对已有的功能特性的加强。

（2）无线接入网（UTRAN）　无线接入网连接到移动用户设备和核心网，实现无线接入和无线资源管理。由于采用了 UMTS 的陆地无线接入网络技术，所以又称为 UMTS 陆地无线接入网（UMTS Terrestrial Radio Access Network，UTRAN）。

UTRAN 包括许多通过 Iu 接口连接到 CN 的 RNS。一个 RNS 包括一个 RNC 和一个或多个 Node B。Node B 通过 Iub 接口连接到 RNC 上，它支持 FDD 模式与 TDD 模式或者双模式。Node B 包括一个或多个小区。

在 UTRAN 结构中，Iu、Iur、Iub 接口分别为 CN 与 RNC、RNC 与 RNC、RNC 与 Node B 之间的接口。UTRAN 的结构如图 5-7 所示。

（3）用户设备（UE）　用户设备（User Equipment，UE）主要包括基带处理单元、射频单元、协议栈模块以及应用层软件模块，其物理实体包括移动设备（Mobile Equipment，

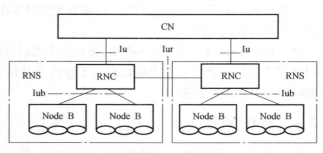

图 5-7　UTRAN 的结构

ME）和 UMTS 用户识别模块（UMTS Subscriber Identity Module，USIM）两部分。

移动设备（ME）是进行无线通信的无线终端，用户识别模块是一张智能卡，记载用户标识，执行鉴权算法，存储鉴权、密钥及终端所需的一些预约信息。

用户设备（UE）为用户提供电路域和分组域的各种业务功能，包括语音、短信、移动数据业务。WCDMA 终端和双模终端还可以提供宽带语音和高速的数据通信。

2. WCDMA 的开放接口

WCDMA 主要的开放接口包括：Cu 接口、Uu 接口、Iu 接口、Iur 接口和 Iub 接口。

（1）Cu 接口　Cu 接口是 USIM 智能卡和 ME 之间的电气接口，它遵循智能卡的标准格式。

（2）Uu 接口　Uu(UE-UTRAN)接口被称为 WCDMA 的空中接口，是指用户设备(UE)和 UMTS 陆地无线接入网(UTRAN)之间的接口，通常也被称为无线接口。无线接口使用无线传输技术(RTT)将用户设备接入到系统固定网络部分。

WCDMA 的无线接口是 UMTS 最重要的开放接口，也是 WCDMA 技术的关键所在，其中涉及到很多关键技术。所谓接口是开放的，意思是接口的定义允许接口的终端设备可以由不同的制造商生产，即只要遵从接口的标准，不同的制造商生产的终端设备就能够相互通信。制定一个开放的无线接口有利于不同制造商产品之间的兼容，当然对于采用不同无线传输技术的产品来说是无法做到相互兼容的。

（3）Iu 接口　Iu(UTRAN-CN)接口连接 UTRAN 和 CN，它是一个开放接口，将系统分成专用于无线通信的 UTRAN 和负责处理交换、寻找路由和业务控制的 CN 两部分。Iu 可以有两种主要的不同实体，它们分别是用于将 UTRAN 连接至电路交换(CS)CN 的 Iu CS(Iu Circuit Switched)和连接至分组交换(PS)CN 的 Iu PS(Iu Packet Switched)。还有一种 Iu 实体称为 Iu BC，连接 UTRAN 和核心网的广播域，用于支持小区广播业务。这样相应的传输网络控制平台也就不同。但设计指导的一个主要原则仍然是：用于 Iu CS 和 Iu PS 的控制平面应尽量相同，它们之间的差别应该很小。

（4）Iur 接口　尽管 Iur(RNC-RNC)接口最初设计是为了支持 RNC 之间的软切换，但随着标准的发展，更多的特性被加了进来，目前 Iur 接口可以提供如下四种功能：

1）支持基本的 RNC 之间的移动性。

2）支持专用信道业务。

3）支持公共信道业务。

4）支持全局资源管理。

一般来说，根据运营商的需要，在两个无线网络控制器之间可以只实现四个 Iur 功能模块中的某些部分就可以了。

（5）Iub 接口　Iub(RNC-Node B)接口信令可以分成两个基本部分：公共 B 接点协议和专用 B 接点协议。公共 B 接点协议定义了经由公共信令链路的信令过程，而专用 B 接点协议则应用于专用信令链路中。

5.2.5　全 IP 网络

所谓全 IP 是指从结构(含网络和终端)IP 化、协议 IP 化到业务 IP 化的全过程。全 IP 化首先从核心网 IP 化开始，即一个 IP 核心网应能提供基于 IP 的各种媒体业务；多种媒体(含语音、数据、图像等)流和多媒体流均应在统一的 IP 核心网上传送和交换；IP 作为承载和传输技术，应从核心网开始逐步延伸至无线接入网、无线接口直至移动终端；全 IP 核心网结构基于分层结构，而且控制域和传输域相互独立。

基本的全 IP 网络模型分为四层：应用和服务层，包含的应用如电子信件、日历和浏览；服务控制层，维持用户的资料、位置信息、帐单和个人设置；安全和移动性管理层，在网络控制层中实现；连接层，主要处理信令和业务的传输。

　　强调全 IP 核心网络的概念，是因为从技术发展趋势来看，核心网趋于一致，各式各样的服务器接入统一的核心网来为用户提供越来越完善的服务是大势所趋。未来的发展方向是全面改造传统网络的各层次，从而形成真正的全 IP 网络概念。运营商也将顺应这种变化趋势，从现在大而全的方式逐步向专业化发展。

　　3GPP 标准化组织已提出了一系列对全 IP 网络的目标要求，主要包含：建立一个能够快速增强服务的灵活环境，能够承载实时业务，包含多媒体业务，具有规范化、可裁减性以及接入方式独立性的特点。无缝连接服务、公共服务扩展、专用网和公共网共用、固定和移动汇集的能力，将服务、控制和传输分开，将操作和维护集成，在不降低质量的前提下，减少 IP 技术成本，具有开放的接口，能够支持多厂家产品，至少能达到目前的安全水平和服务质量水平。

　　在面向全 IP 的下一代无线通信系统中，采用移动 IP 来处理接入网间的切换，采用蜂窝 IP 来处理接入网内的切换。这种分层式的移动性管理策略很有研究价值，随着未来数据和多媒体等业务主导地位的确立，宽带和分组交换模式的 IP 骨干网也将成为主流，语音、数据和图像等各种多媒体业务将根据市场的需要在整个网络中综合传递。

　　全 IP 网络可以节约成本，提高可扩展性、灵活性，并使网络运作效率高。它支持 IPv6，可解决 IPv4 地址不足的问题，并支持移动 IP 技术。全 IP 网络技术现在还处于发展之中，相信在不久的将来会得到很好的应用。

5.2.6　HSDPA 技术

　　为了在 WCDMA 系统中实现更高的数据速率，在 WCDMA R5 规范中提出了高速下行分组接入(HSDPA)技术。HSDPA 是 WCDMA R5 引入的增强型技术，同样使用 5MHz 的带宽，最高可以提供 14.4Mbit/s 的流量，减少了往返数据的延迟，提高了系统的吞吐量，优化了频谱技术。

　　HSDPA 技术的核心是通过使用在 GSM/EDGE 标准中已有的方法来提高分组数据的吞吐量，这些方法包括合并使用链路自适应和快速物理层(L1)重传技术。基于现有 RNC 侧的 ARQ 机制内在的大处理延迟会要求终端侧有不现实的存储器容量，这样，为了使存储器的要求可行，并使链路的自适应控制更接近空间接口的实际变化，需要对 ARQ 机制的结构进行调整。

　　图 5-8 给出了 HSDPA 的基本工作原理及相关信道的介绍。Node B 根据每个 HSDPA 激活用户的功率控制、ACK/NACK 比率、服务质量(QoS)和 HSDPA 特定的用户反馈等消息来进行信道质量估计，并根据当前采用的调度算法和用户优先级算法，快速进行调度和链路自适应。

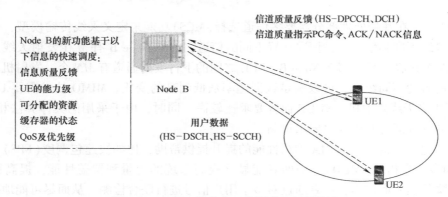

图 5-8　HSDPA 的基本工作原理及相关信道

1. HSDPA 的关键技术

在 HSDPA 技术方案中，涉及到的关键技术主要包括：自适应调制和编码（AMC）、混合自动重传请求（HARQ）、快速蜂窝选择（FCS）、快速包调度（FPS）、多入多出天线处理（MIMO）。

（1）自适应调制和编码（AMC）　AMC 根据无线信道变化选择合适的调制和编码方式，网络侧根据用户瞬时信道质量状况和目前资源选择最合适的下行链路调制和编码方式，使用户达到尽量高的数据吞吐率。当用户处于有利的通信地点（如靠近 Node B 或存在视距链路）时，用户数据发送可以采用高阶调制和高速率的信道编码方式，例如 16QAM 和 3/4 编码速率，从而得到高的峰值速率；而当用户处于不利的通信地点（如位于小区边缘或者信道深衰落）时，网络侧则选取低阶调制和低速率的信道编码方式，例如 QPSK 和 1/4 编码速率，来保证通信质量。另外，与 HSDPA 相关的 HS-PDSCH 信道取消了快速功率控制。缩短的子帧长度（2ms）可以有效地提高 AMC 的调度速率，从而能够适应无线信道的快速变化。

（2）混合自动重传请求（HARQ）　HARQ 可以提高系统性能，并可灵活地调整有效编码速率，还可以补偿由于采用链路适配所带来的误码。HSDPA 将 AMC 和 HARQ 结合起来可以达到更好的链路自适应效果。HSDPA 先通过 AMC 提供粗略的数据速率选择方案，然后再使用 HARQ 来提供精确的速率调解，从而提高自适应调节的精度和提高资源利用率。HARQ 机制本身的定义是将前向纠错编码（FEC）和自动重传请求（ARQ）结合起来的一种差错控制方案，在发送的每个数据包中含有纠错和检错的校验比特。如果接收包中的出错比特数目在纠错能力之内，则错误被自行纠正，当差错已经超出 FEC 的纠错能力时，则请求发送端重发。

（3）快速蜂窝选择（FCS）　有了快速蜂窝选择，UE 就不必同时从许多蜂窝中进行数据传输，也不必联合承载分组数据的业务信道了。UE 在每帧选择最好的蜂窝来传输数据，这不仅要有基于无线信号传播的条件，还要考虑在激活集中小区的功率和码字空间的资源。一般来说，同时有很多小区处于激活集，但只有最适合的小区基站允许发送，这样可以降低干扰，提高系统容量。

在离小区中心较远的边缘，每个信道质量都比较低，使用 FCS 策略可以选择一个服务小区使得链路的质量相对稳定。它是通过 C/I 和上行 DCCH 的小区指示信息来对各个小区进行比较。FCS 对物理层方面的要求和 R99 中的选择性分集发射（SSDT）相似。

（4）多入多出天线处理（MIMO）　MIMO 是指在发送和接收端同时使用多天线，这样相对于只在发送端使用多天线有更多的好处。在 MIMO 中，通过码复用技术可以使峰值吞吐量得到提高。

MIMO 技术在基带处理部分需要多信道选择（MCS）功能来定义天线传输模型，根据用户业务请求等级不同和信道质量情况配置不同的信道。如果 Node B 有 M 个发射天线，用户终端 UE 有 N 个接收天线，那么 Node B 与 UE 之间的下行发射通道有 MN 个。发射机和接收机之间天线配置的不同组合，可以满足数据速率从低到高的变化。MIMO 技术需要 UE 和 UTRAN 都采用多天线发射机，对 UE 而言要求比较高。同时，由于采用的具体算法相当复杂，对处理器的处理能力和内存也要求很高。

此外其他技术也对 WCDMA 网络性能的提升提供帮助，比如快速包调度（FPS）、智能天线（SA）和多用户检测（MUD）。前两者能显著提高系统的容量和覆盖性能，提高频谱利用率，从而降低运营商成本；后者通过对多个用户信号进行联合检测，从而尽可能地减少多址干扰，以达到提高容量和覆盖的目的。

2. HSDPA 物理层结构概述

为支持 HSDPA 的功能特点，HSDPA 引入了新的物理信道，包括：

1）高速下行共享信道。

2）高速共享控制信道。

3）高速专用物理控制信道。

为了提高速率，HS-DSCH 引入了 16QAM 调制。

HSDPA 借用了 GSM/EDGE 中一些方法，如链路自适应（自适应调制和编码）和快速层重传合并。为提升性能和降低延迟，HSDPA 的重传控制由 Node B 来实现。

HS-DSCH 的扩频因子固定为 16，数据调制方法为 QPSK 或 16QAM，信道编码为 Turbo 码，编码效益为 1/4 ~ 3/4。为了进一步提高速率，最大可以有 15 条码道捆绑使用。这样在 16QAM 调制、3/4 编码效益、15 条码道捆绑使用条件下，HSDPA 的理想下行峰值数据速率达到 10.8Mbit/s。

在 HSDPA 中取消了功率控制，采用了 AMC 方式，根据 SNR 调整编码调制方式，实现尽量大的数据速率，这样在基站附近，数据速率高，在远离基站的地方，速率将变低。

3. HSDPA 技术的演进

3GPP 中确定了 HSDPA 演进的三个阶段：

第一阶段：基本 HSDPA。

在 3GPP R5 中进行了说明，引进了一些新的基础特征以获得 10.8Mbit/s 峰值数据速率。这些特征包括由控制信道支持的高速下行共享信道、自适应调制、速率匹配以及 Node B 的共享媒体高速访问控制。

第二阶段：增强 HSDPA。

在 3GPP R6 中进行了说明，将引进天线阵列处理技术以提高峰值数据速率至 30Mbit/s。引入的新技术主要包括面向单天线移动通信可采用基于波束成形技术的智能天线，面向 2 ~ 4 天线移动通信可采用多输入多输出技术。

第三阶段：HSDPA 进一步演进。

将引进新型空中接口，增加平均比特率，OFDM 技术（每台用户设备选择子载波传输）和 64QAM 调制的引入将使峰值速率达到 50Mbit/s 以上，主要的新特征包括：结合更高调制方案和阵列处理的正交频分复用（OFDM）物理层；具有快速调度算法的 MAC-hs/OFDM，根据空中接口质量为每一用户设备选择专用子载波，从而优化传输性能；作为控制实体的多标准 MAC（Mx-MAC），以实现正交频分多址（OFDMA）和码分多址（CDMA）信道间的快速交换。

HSDPA 技术作为 WCDMA 的增强型无线技术是一种提升网络性能和容量的有效方式。它不仅能有效支持非实时业务，同样可以用于支持某些实时业务，支持高速不对称数据业务，大大增加了网络容量的同时还使运营商成本的投入减少。它为 UMTS 向更高数据传输速率和更高容量演进提供了一条平稳的途径。

5.2.7　WCDMA 无线资源管理

1. 无线资源管理的基本概念

移动通信系统的无线资源包括频谱、时间、功率、空间和特征码等要素。无论是从哪个角度来看，移动通信为代表的无线通信系统都受到资源的限制，但是移动通信的用户在数量上高速增长，故如何高效地利用现有的无线资源来满足日益增长的用户需求，提高无线资源利用率，一直是移动通信系统制造商和运营商追求的主要目标。

无线资源管理（RRM）是对移动通信系统空中接口资源的规划和调度，希望在保证一定的规划覆盖和服务质量的前提下，能接入更多的用户。WCDMA系统的无线资源要素包括以下几个方面：码字（包括信道化编码和扰码）、功率（包括用户设备和基站的发射功率与接收功率）、时隙（资源管理的最小时间单位）、频率（包括载频和频段）等。在WCDMA系统中，无线资源管理所具有的功能是以无线资源的分配和调整为基础来展开的。

WCDMA系统中无线资源管理的主要功能包括：功率控制、切换控制、接入控制、负载控制、分组调度、码资源分配。功率控制是根据信道状况和服务质量的需求来决定正确的功率水平；由于用户的移动性，造成用户在通话过程中从一个小区转移到另外一个小区，切换控制保证了用户通信的连续性；接入控制决定新呼叫或切换状态的呼叫是被接受或者被拒绝；分组调度建立在分组用户之间并共享可用的空中接口资源；负载控制确保系统不要过载，保持稳定。下面简单介绍几种功能。

（1）功率控制　CDMA自从被提出来以后，存在的主要问题是无法克服远近效应，由于远近效应和功率有很大关系，为了克服远近效应，WCDMA系统必须引入功率控制。同时，功率控制还能够调整发射功率，保持上下行链路的通信质量；克服阴影衰落和快衰落；降低网络干扰，提高系统质量和容量。

功率是最终的无线资源，最有效地使用无线资源的唯一手段就是严格控制功率的使用。

（2）切换控制　处于不同移动状态的UE需要越区，就要使用不同的方法处理其移动性管理问题。比如在Idle模式下，UTRAN（UMTS陆地无线接入网）根本不知道UE的存在，UE越区时利用Cell Reselection算法选择新的小区，如果LA发生变化，则到CN进行登记处理。Cell-DCH状态下的UE越区时，切换时机、切换的目标小区、切换的类型等都由位于RNC中的切换算法进行判决和控制。还有，Cell-PCH和Cell-FACH状态下的UE越区以及URA-PCH状态下的UE越区，都有各自不同的处理措施。

软切换是CDMA系统所特有的特点，只能发生在同频小区间。软切换时先建立目标小区的链路，后中断源小区的链路，这样可以避免通话的"缝隙"。其增益可以有效增加系统的容量，但是要比硬切换占用更多的系统资源。当进行软切换的两个小区属于同一个Node B时，上行的合并可以进行最大比合并（Rake合并），此时就成了更软切换。由于最大比合并可以比选择合并获得更大的增益，所以在切换的方案中更软切换优先。

切换类型的选择要遵循两个原则：①需要根据不同业务的QoS和上述介绍的两种切换的优缺点来选择切换的类型。②需要综合考虑业务的QoS要求和切换对于系统资源的占用，在系统资源占用和QoS保证上实现折衷。

还有更先进的技术如压缩模式、SRNS（服务无线网络子系统）迁移等，都可以更好地在越区切换时对目标小区进行测量，增强系统的适应能力，减少切换时的延迟。

（3）接入控制　接入控制主要应用在新的呼叫发起时，呼叫（新接入呼叫和切换呼叫）时要测量系统小区当前的负荷情况，并对呼叫进行预测和估计，判断是否能接入呼叫。对呼叫进行预测时，必须考虑呼叫业务的QoS要求，即通信速率、通信质量（信噪比或误码率）和时延要求，接近某个门限的时候就要拒绝。接入控制的关键是在混合业务环境中精确预测呼叫业务对资源的要求，需要分别进行上行和下行的预测和判断。一项好的接入控制策略，不仅可以同时保证新用户和已有用户的业务质量，还能最大限度地为系统提供高容量，使系统的业务分布更趋于合理化，资源分配更加科学化。

WCDMA 系统是一个自干扰系统，它的系统容量不是一个相对固定的值，而是具有较大的弹性。服务质量与同时接入的用户量之间存在着平衡与折衷的关系。若允许空中接口负荷过度增长，则小区的覆盖面积将会减少到规划的数值以下，而且已有连接的服务质量也无法得到保证。因此，必须采取有效的接入算法，让小区容量处于饱和状态时，不再接受新的连接请求，以保证现有用户的服务质量要求；小区容量未达到饱和状态时，在保护已有用户服务质量要求的同时，尽可能多地接入新连接请求，以便充分利用无线资源。合理有效地接入控制，对 WCDMA 系统的稳定运行具有相当重要的意义。

（4）负载控制　简单来说，网络负载一般指对网络数据流的限制，使发送端不会因为发送的数据流过大或过小而影响数据传输的效率。在小区管理的移动系统中也会存在要求负载平衡的问题，希望将某些"热点小区"的负载分担到周围负载较低的小区中，以提高系统容量的利用率，此时就用到了负载控制技术。

负载控制技术分为准入控制、小区间负载的平衡、数据调度和拥塞控制。

准入控制涉及负载监测和衡量、负载预测、不同业务的准入策略、不同呼叫类型的准入策略。而且，上下行链路要分别进行准入控制。

小区间负载的平衡主要包括：同频小区间负载的平衡、异频小区间负载的平衡、潜在用户控制。

数据调度是为了提高小区资源的利用率，引入 Packet Scheduling 技术，当小区内的速率不可控业务负载过大或过小时，降低或增加 BE 业务的吞吐率，以控制小区的整体负载在一个稳定的水平。

拥塞控制是在前面三种技术的基础上，为了保证系统的绝对稳定而引入的技术，其目的是保证系统的负载处于绝对稳定的门限以下。具体的方法有暂时降低某些低优先级业务的QoS，还有一些比较极端的手段，如暂时降低 CS 业务的 QoS 等。

（5）分组调度　未来网络发展中，基于分组的多媒体业务将得到更快的发展。为适应这种应用需求，保证通信实时的与非实时的、高速的与低速的不同业务的 QoS，同时对无线资源加以优化使用，需要采用流量控制技术结合无线链路的特征，对分组进行调度。

分组调度包括以下功能：

1）在分组用户之间共享可用的空中接口资源。确保用户申请业务的服务质量，如传输时延、时延抖动、分组丢失、系统吞吐量以及用户间公平性等。

2）确定用于每个用户的分组数据传输的传输信道。

3）监视分组分配和系统负载。分组调度器决定比特率和相应的数据长度，通过对数据速率的调解对网络负载进行匹配。

通常分组调度器位于 RNC，这样可以进行多个小区的有效调度，同时还可以考虑到小区切换的进行。移动台或基站给调度器提供了空中接口负载的测量值，若负载超过目标门限值，则调度器可通过减小分组用户的比特率来降低空中接口负载；若负载低于目标门限值，则可以增加比特率，以便更有效地利用无线资源。

（6）码资源分配　由于码资源管理的数学算法非常繁琐，在此不作赘述，只给大家介绍有关码资源管理的一些策略性能指标和分配原则。

码资源分配策略性能指标包括利用率和复杂度两个方面。利用率是指分配的带宽和总带宽的比值，这个值当然越高越好，同时尽量保留扩频因子小的码字，将提高利用率。复杂度与多码的数目成反比，复杂度越小越好，注意尽量使用单码传输。

码资源分配原则大致包括：提高码字利用率，降低码分配策略复杂度，确保尽量使用正交性好的码字，降低信道间干扰，提高系统容量等。

2. QoS 与无线资源管理

第三代移动通信系统的目的是支持多种业务。QoS 是业务性能的综合表现，它决定用户对业务的满意程度。它通过所有业务性能的综合因素来表示，如业务的实用性、可获得性、可保持性及其他因素。3G 系统能否保证它所提供业务的 QoS，是能否获得成功的关键。

在3G 系统中，将 QoS 分为四个不同级别，见表5-3。

表 5-3　业务的 QoS 级别

业 务 类 型	基 本 特 征	实　　例
会话级（实时）	严格的低延迟	语音
流级（实时）	在流的信息实体之间保护时间是相关的	流式视频
交互级（非实时）	请求-响应类	Web 浏览
背景级（非实时）	在某个时间段内目的地是非确知的	E-mail 的背景下载

这些 QoS 级别的主要区别因素是业务对时延的敏感程度，会话级的业务对时延最为敏感，而背景级的业务对时延最不敏感。

会话级和流级主要用于传输实时业务流，它们的主要区别也是对时延敏感的程度。实时会话业务，比如视频电话，是对时延最敏感的应用，这些数据流应通过会话级来传输。

交互级和背景级主要包括传统的 Internet 应用，如 WWW、E-mail、Telnet、FTP 和新闻。与会话级及流级相比，由于对时延要求不严格，交互级和背景级可以通过信道编码和重传，提供更低的差错率。交互级和背景级的主要区别是交互级主要用于交互式应用，如交互式 E-mail 或者交互式 Web 浏览，而背景级用于后台业务，如 E-mail 的后台下载或者后台文件的下载。交互式应用的响应是通过另外的交互式或者背景式应用来保证的。

QoS 管理必须保证可接受的端到端时延和最大时延抖动，即在终端接收到的数据的最大可接受偏差。在一般情况下，QoS 需要保证三方面的因素：带宽、时延和准确度。基于蜂窝概念的无线多媒体网络中，衡量业务等级和业务质量的主要参数包括：新呼叫的阻塞率和切换用户的掉话率（对语音业务）、平均时延和包丢失率（对数据业务）。

WCDMA 空中接口的 QoS 方案主要集中在满足特定应用的需求上。典型的应用是实时业务，如语音和视频，提供硬性的 QoS 保证，为非实时业务，例如分组数据提供尽力而为的服务。在 QoS 的其他方案中，QoS 方案为实时业务提供面向连接的传输，而对非实时业务提供一种传输速率可变的接入方案，它使用实时业务中未使用的带宽。

3. WCDMA 系统功率控制

功率控制技术是 WCDMA 系统中的关键技术之一，它可以抵抗和减少 WCDMA 中多种类型的干扰，提高系统容量，有效克服阴影效应、远近效应与多址干扰，提高小区用户容量。由于前面章节对 WCDMA 系统功率控制有介绍，在此不多讲述。

4. WCDMA 系统功率管理

在 WCDMA 系统中，除了功率控制外，还包括功率的分配，它们共同构成了功率管理。

（1）上行功率管理的例子　如果建立了一个变速率发送的用户速率（RB）连接，无线资源控制（RRC）为 UE 分配传输格式组合集（TFCS）和允许的发射功率。在通信期间物理层计算一帧或者几帧内的发射功率，当测得的 UE 输出功率大于最大规定值和小于最小规定值时，UE 就应该按照下一个较低的比特率调节传输格式复合。不能及时发出的传输时间间隔（TTI）中的 PDU 应按照 RRC 设定的丢弃函数放入缓冲寄存器。

当信道条件改善后，平均发射功率低于允许发射功率减去规定值，若有足够的数据要发送，则 UE 应当继续评估切换到对应下一个较高比特率的传输格式复合所需要的功率（最大值减去规定值）是否超过。若 UE 有足够的功率，则 UE 应该通过增加传递到 L1 层的传输信道数目而增加数据速率，物理层将总的发射功率增加一个规定的数值，这样先前信道状况不好时缓冲存储器中的数据就可以发送给 Node B。

UE 传输格式的选择应该考虑逻辑信道的优先级。如果逻辑信道承载的数据是从一个可变速的源编码器来的，那么传输格式复合的选择就会影响逻辑信道比特率，因此，源编码器的速率也应进行相应的调整。

（2）站点选择性分集发射功率控制　站点选择性分集发射（SSDT）功率控制是下行链路功率控制的一种形式，可以应用于当 UE 处于软切换（SHO）时的下行功率控制，使用 SSDT 这种功率控制的方法减少了 UE 在软切换时产生的下行干扰。SSDT 的原则是动态选择激活集中的最好小区作为仅有的发射站点，激活集中的其他小区关闭它们的 DPDCH（s），DPCCH 不受到影响。

系统给每个小区分配一个临时身份证，UE 测量 PCCPCH（s）的导频功率，选择最好的小区作为主小区，主小区的临时 ID 通过上行 DPCCH 发向激活集中的所有小区，被选作主小区的小区以能够刚刚到达目标 SIR 的必要功率发送自己的专用信道信号，激活集中的其他小区关闭下行 DPDCH 的发射。UE 以 5ms、10ms 或 20ms 的频率更新临时 ID。更新频率由 UTRAN 设定的 SSDT 模式确定。

为使 UE 能够保持测量操作的连续性并保持同步，非主小区们继续在 DPCCH 信道上发送 Pilot 信息。在 RRC 连接期间或者 RRC 连接的部分时间内，使用 SSDT 的先决条件是所有的 Node B 都支持 SSDT。SSDT 由 L3 过程控制，控制包括指定临时身份证、设置 SSDT 模式和开关 SSDT。

（3）平衡下行功率的例子（调整环）　调整环是在软切换期间平衡激活集中小区间下行功率的一种方法。这种方法中，下行参数功率和小区功率收敛因子是软切换期间设定的针对激活集中的所有小区的参数，因此激活集中所有小区的这两个参数都相同。

（4）无线链路监测　发射分集模式可以分为开环模式与闭环模式。在开环模式中，信号从分集天线发送的控制不需要 UE 向 Node B 发送反馈信息。而在闭环模式中正好相反，UE 向 Node B 发送反馈信息以优化分集天线的发射。DPDCH 使用何种模式和 UTRAN 何时控制的问题是模式控制策略的一个方面。模式控制的重要标准是无线信道状况，其原因是不同的无线信道状况提供最佳性能的模式会有不同，考虑到下行链路的操作，模式控制应考虑的两个重要参数是最大多普勒频移和多径分量的数目。UE 应能测量这两个参数并向 UTRAN 上报。专用信道发射分集的使用在呼叫建立阶段就向 UE 作出指示。

对于公用信道，只有开环模式可以在 PCCPCH、SCCPCH 和 AICH 上使用。UE 通过 BCCH 的系统信息广播得到公用信道使用发射分集的信息。上述每个公用信道都可以使用发射分集，即使其他的公用信道也使用了该模式。

5. 切换

为了提高频率利用率，蜂窝移动通信系统的概念应运而生。当用户在蜂窝系统覆盖区之间移动时，为了保证正在进行的移动业务的连续性，就必须进行切换。切换是指当一个用户从一个小区移动到另外一个小区时，为了保证业务的连续性而进行的改变业务信道的无线资源管理操作。

切换发生的情况可以有下面几种：

1）移动台位于小区边界，信号恶化到一定程度。

2）移动台在小区中进入信号强度阴影区，造成信号恶化。

3）移动业务交换中心发现某些小区太拥挤，而另一些小区很闲时，可命令拥挤的小区提前切换，以调节各小区的负荷量。

4）业务类型的改变。如果用户要求的业务由语音业务转为非实时的数据业务，则可能发生资源的重分配，造成小区内切换。

（1）切换控制方式　切换保证了业务的连续性，提高了服务质量，也使得整个系统中的业务请求均匀化。但同时，切换也给系统带来更大的开销，如何减小这些开销以及如何保证切换后的服务质量，是切换必须要考虑的。无线蜂窝系统中，切换有三种控制方式。

1）网络控制切换。由 MSC 控制切换的时间和地点，移动台完全处于被动状态。BS 在已连接的信道测量接受信号的强度，在 MSC 的指示下，周围的 BS 对其他可能的连接进行测量。网络控制切换主要应用于 AMPS、NMT 和 TACS 等系统。

2）移动台辅助控制切换。切换的决定由 MSC/BS 作出，但移动台对切换决定提供输入信息。BS 和 MS 都对接收信号强度和信道质量进行测量。此外，MS 还对其他 BS 的信号进行测量，并把结果传给 BS。

3）移动台控制切换。由 MS 作出切换决定。MS 和 BS 都对接收信号强度和信道质量进行测量，BS 把测量结果传给 MS。移动台控制切换应用于 DECT 系统。

（2）WCDMA 系统中的切换　WCDMA 系统中的切换可分为以下几种：

1）在 FDD 同频情况下的软切换和更软切换。

2）在 FDD 异频情况下的硬切换。

3）FDD/TDD 之间的切换（硬切换）。

4）TDD/FDD 之间的切换（硬切换）。

5）TDD/TDD 之间的切换（硬切换）。

6）3G 到 2G 系统的切换（硬切换）。

7）2G 到 3G 系统的切换（硬切换）。

软切换是指在同一系统内、同一频点间的切换。在 WCDMA 系统中，由于相邻小区存在同频情况，UE 可通过多条无线链路与网络进行通信。在多条无线链路进行合并时，通过比较选取信号较好的一条以便达到优化通信质量的目的。只有 FDD 模式才能进行软切换，根据小区之间位置的不同，软切换可以分为下面三种情况：

1）同一 Node B 内不同小区之间的切换。如果在 Node B 内部就完成链路合并的功能，则称为更软切换。

2）同一 RNC 内不同 Node B 间的切换。

3）不同 RNC 之间的切换。

其他频率间切换、不同模式间切换以及系统间切换都是硬切换类型。

6. 负载测量

在 WCDMA 系统中将空中接口负载保持在预先的门限，这是因为过载将会使得网络不能保证正常工作，造成预先规定的覆盖区域不能实现，容量将小于所要求的以及服务质量下降。另外，空中接口过载还可能导致整个网络的不稳定。

WCDMA 采取三种机制来进行拥塞控制：接入控制、分组调度和负载控制。WCDMA 系统具有上下行链路负载不对称特性，拥塞控制就必须对上下行链路分别进行独立调度，可以通过接收和发送带宽功率进行定义，也可根据当前分配给激活载体的总比特率定义。

（1）在带宽功率基础上的上行链路负载　带宽接收功率电平可用来估计上行链路的负荷，接收功率电平可以在基站里测量。

（2）在吞吐量基础上的上行链路负载　上行链路的负载因子可以计算为连接到该基站的所有移动台的负载因子之和。

（3）在带宽功率基础上的下行链路负载　小区下行链路的负载由下行链路发射总功率决定，下行链路负载因子可以定义为当前发射总功率除以基站最大发射功率的商。

（4）在吞吐量基础上的下行链路负载　可以定义为在若干公用信道下链路的数量，即所有用户比特率之和与允许的最大小区吞吐量的商。

7. 接入控制

接入控制的目的当然是获得较高的信道利用率（较大系统容量）和让人满意的系统服务质量。在 WCDMA 系统中，接入控制功能体位于 RNC，可获得来自多个小区的负荷信息，只有上下行链路的接入控制均可以接入，WCDMA 系统才能接受建立无线承载的请求，否则拒绝。

5.2.8　WCDMA 无线网络规划

1. WCDMA 无线网络规划概述

中国的移动用户数量大，业务类型多，并且有相当多的运营商运营移动业务。在这种情况下，改善服务质量、增加服务种类、降低运营费用已经成为运营商关注的问题。各个运营商必然要采取措施优化网络，有效合理地利用资源，进行网络管理，及时排除故障，保证网络的正常运行和安全，可见网络的优化管理是非常有必要的。

在 WCDMA 系统中，发射机发射功率和小区容量之间的对应关系是渐进式的。网络规划必须减少网络的满载率，因为小区的负载很容易达到饱和。一般来说，设计网络时满载因子预设为 50%~60%。在此，"小区呼吸"效应得到了应用。相邻小区之间可以互相补偿负载容量（软负荷）。考虑到成本等原因，不能大规模增加网络容量。

另外，由于 WCDMA 系统的覆盖和容量之间存在动态平衡关系，因此在无线网络规划阶段，两者的规划方式有很大的不同。对于 WCDMA 系统，存在一个覆盖估算和容量估算之间的相互调节过程，由于系统的复杂性，其规划阶段还需要有一个仿真验证过程，同时对系统仿真的统计结果进行分析，并根据系统仿真的初步结果调整相关的参数，直到仿真结果符合设计及系统性能的要求为止。最终确定基站数量、配置、位置、天线的高度、天线倾角和系统容量，从而得到一个详细的无线网络预规划方案。同时还要考虑功率资源的合理利用和导频污染问题。

在进行规划时，首先要确定以下几类信息：一类是描述区域无线传播环境的一些信息，包括区域类型信息、传播条件、覆盖区域等；另一类是与目标设计容量相关的一些信息，包括业务密度信息、用户增长预测、可用频段等。同时由于系统的多业务性，还需要有与服务质量相关的一些信息，如业务组合、基站类型、各种业务的覆盖概率、阻塞概率、各种业务可接受的时延等。尽可能让规划使网络达到最优化。

2. 业务预测

在无线通信网络的规划与设计中，业务的分析与预测是相当重要的一方面。业务预测是无线网络、核心网网络建设方案的前提和基础，是制定网络发展策略、网络规划以及网络基本建设规模的主要依据之一，同时也影响着业务引入、网络经济效应的分析，具有非常重要的意义。业务预测包括以下几个方面：

1) 用户数据预测用于指导网络容量规划，并作为经济收益预测的基础。

2) 业务的地理位置和时间上的分布预测可用于指导网络规划过程中具体的网元配置。

3) 业务类型及相应的比例预测可用于指导业务引入和业务发展策略。

业务预测需要综合考虑多个因素，这些因素包括网络所提供的业务种类、总用户数量、每个用户的语音业务使用率、每个用户的数据业务使用率以及信令要求等。科学地预测无线网络发展的趋势，获得网络在未来几年内所需要满足的业务规模。

另外，由于区域经济发展的不平衡、地理环境不同等因素，在无线网络规划范围内，业务的分布并不均匀，进行业务分布以及业务密度的预测是解决业务总量在规划区域内如何分布的问题，这些因素也会不断地进行更新。由于容量、覆盖和质量三者紧密联系，准确的业务预测可以提高网络性能，避免设备及资源的浪费。

业务预测需要考虑以下几个原则：

1) 明确预测对象，确定需要预测的业务类型以及区域范围。

2) 相关统计数据的收集及准备，特别是与用户发展情况相关的数据需要全面准确的收集和整理。

3) 用户发展情况分析，根据收集得到的数据分析现有用户的发展情况。

4) 运用科学的预测方法以及预测工具等，以便进行更准确的业务预测。

在预测中，还要关注国家的宏观发展策略，尤其是通信产业的发展政策，同时还要考虑到不同区域的经济发展情况，以便合理、准确地对所需的无线网络规划与设计过程作出合理的业务预测。

常用的业务预测方法包括：普及率法、趋势外推法、瑞利分布多因素法、回归预测法等。这些方法都有各自的特点，适用于不同的业务和范围，在此不多讲述。

3. 无线网络规划方案

无线网络规划主要从覆盖规划、容量规划和扰码规划三个方面进行分析，经过系统仿真，最终得到预规划的结果。

（1）覆盖规划　WCDMA 系统所有用户在空中接口上共享相同的干扰资源，同时每个用户又影响其他用户，并且引起其他用户的发射功率发生变化，而这些变化本身将再次引起变化，如此不断延续，所有对 WCDMA 系统无线覆盖的预测不能孤立地进行。对于不同业务和覆盖概率的需求，移动台的速度、多径信道的剖面、用户地理位置的分布、快速功率控制和下行信道的正交性都将影响小区的实际覆盖范围。

WCDMA 无线网络覆盖规划关键指标包括：阻塞概率与覆盖率、接收信号功率、导频信号质量等。对于上行无线链路，其覆盖范围主要受到链路预算中最大路径损耗的限制。对于下行链路，小区内所有用户共享同一基站的功率资源，基站动态地分配下行功率给每一个用户。因此，下行链路的覆盖范围不仅与小区的接入用户数量有关，还与用户所在的地理位置分布有关，同时，相邻基站的干扰同样会影响到下行链路的覆盖半径。小区覆盖半径可以由上行链路的覆盖半径决定，下行链路的覆盖效果可以通过无线规划软件的仿真来分析。

（2）容量规划　WCDMA 系统是一个典型的自干扰受限系统，它的容量与系统负荷、噪声、干扰水平密切相关。影响系统容量的主要因素包括基站端发射的功率、邻区的干扰水平、业务质量、终端性能、无线环境、用户类型、软切换比例、功率控制、公共信道与业务信道的功率配比等。无线容量规划将通过对系统安全负荷、噪声及干扰的分析，从业务承载角度来计算每个基站、每个载扇支持的业务量，并根据业务需求估算所需的站点数和载扇数。容量规划的结果很大程度受限于系统安全负荷和干扰水平，并与无线覆盖规划的结果相关。在容量规划中，需要在上行链路容量、下行链路容量和无线覆盖之间寻找一个合理的平衡点，最终输出站点数和载扇数。

WCDMA 容量规划的关键性能指标包括：并发用户数、数据吞吐量、系统负载因子、阻塞率与时延等。

（3）扰码规划　WCDMA 系统采用码分多址的无线接入方式，无需进行频率规划，但是由于 WCDMA 无线网络区分不同的用户和基站主要靠不同的扰码，所以需要进行扰码规划。通过 WCDMA 无线网络的扰码规划，可以确定两个使用相同扰码的小区的复用距离，以便区分各小区。

在 WCDMA 系统中，上行链路扰码用于区分不同的移动用户，所采用的扰码序列可分为短扰码和长扰码。由 25 阶生成的多项式产生的长扰码截短为 10ms 长度的帧，包含 38400 个码片，速率为 3.84Mchip/s；短扰码的长度为 256 个码片。上行链路中的扰码个数有数百万个，故在上行链路上不必规划码资源。在下行链路，扰码的功能是用于区分不同的小区，每个主小区仅分配一个主扰码，通常所说的扰码规划就是指下行扰码的规划，通常是由网络规划软件来完成的。

5.2.9　WCDMA 系统与其他系统共存的干扰分析

1. WCDMA 系统中的干扰分类

在 WCDMA 系统中，干扰可以分为内部干扰和外部干扰。WCDMA 系统中多个用户的信号在时域和频域上是混叠的，接收时，通过各用户不同的多址码将各个用户的信号分离开，理想的情况下，利用扩频码的正交特性可以保证解调时准确地解调出用户数据。但在实际系统中，由于同步的不精确、信道的多径特性等的影响，导致各用户信号之间不能维持理想的正交性，这时对于某一特定用户而言，所有工作在同频段的其他用户的信号都是干扰信号，随着用户数的增加，干扰也会随着增大，当系统用户数增加到一定数量时，有用信号将无法被提取出来，故 WCDMA 系统是干扰受限系统，这种干扰为内部干扰。外部干扰主要指工作在其他频段的系统由于信号功率泄漏到其他工作频段并造成对当前系统的干扰。

2. WCDMA 系统与其他系统之间的干扰

（1）DCS 与 WCDMA 之间的干扰　WCDMA 与 DCS 之间的干扰主要考虑 DCS1800 基站发射信号对 WCDMA 基站接收信号的干扰，虽然 WCDMA 基站的发射信号对 DCS1800 基站的接收信号也会产生干扰，但由于频段间隔相对较大，正常工程的水平间隔就可以满足隔离要求。

WCDMA 上行链路的频率规划分为 1920 ~ 1980MHz 和 1755 ~ 1785MHz，DCS 下行链路的频率规划为 1805 ~ 1850MHz。DCS1800 下行链路的频段接近 WCDMA 的上行链路频段，会造成一定的干扰。

（2）WCDMA 与 TD-SCDMA 之间的干扰　由于分配给 TD-SCDMA 的核心工作频段分别是 1880 ~ 1920MHz、2010 ~ 2025MHz，其中两个频点与 WCDMA 的 1880MHz 和 1920MHz 频点相邻。TD-SCDMA 采用 TDD 模式，每个帧中包含 3 个特殊时隙和 7 个普通时隙，其中 3 个特殊时隙都是下行，7 个普通时隙中 TS_0 固定用于下行，TS_1 固定用于上行，其他时隙可灵活分配，这就是 TD-SCDMA 中的动态信道分配（DCA）。DCA 对 TD-SCDMA 本身和系统间的干扰都会产生较大的影响，同时 TD-SCDMA 采用智能天线，基站发射信号能量集中于用户方向的波瓣方向，对减小干扰起到了很好的效果。

TD-SCDMA 的频谱和 WCDMA 的上行频谱相邻，容易产生干扰。影响 TD-SCDMA 和 WCDMA 共存的最大因素为 TD-SCDMA 基站对 WCDMA 基站的干扰，这种干扰不能消除，只能尽量减小。为实现 WCDMA 与 TD-SCDMA 基站共存，必须考虑减小干扰的方法，下面建议几种解决方案：

1）增加天线间的耦合损失。增加天线间的耦合损失是最经济有效的办法，比如通过适当的布置，天线的最小耦合损失可以从 30dB 提高到 50 ~ 60dB，同时不牺牲基站位置布局的灵活性。

2）采用共存滤波器。采用共存滤波器同样也是一种有效的办法，采用适当价格的滤波器能够很好地抑制干扰。滤波器经过精心设计，既可以用于 TD-SCDMA 发射/接收天线端，也可以用于 WCDMA 系统中来提高 WCDMA 系统的邻道选择灵敏度。

3）频率保护带。使用频率保护带是另外一种降低干扰的方法，不过由于 TD-SCDMA 和 WCDMA 具有不同的信号带宽，频率保护带对于降低 WCDMA 的带外干扰（由于邻频道选择灵敏度有限）不是很有效。

4）采用功放的线性化技术。线性化技术已经广泛应用于 IS-95 之类的系统，它能提高 TD-SCDMA 的邻道泄露功率比值，从而降低对 WCDMA 系统的干扰。

（3）WCDMA 与 CDMA2000 之间的干扰　在 CDMA2000 的设备标准中已经考虑 WCDMA 和 CDMA2000 的共存及共站问题，所有 WCDMA 和 CDMA2000 基站能够共存。WCDMA 和 CDMA2000 共存时，如果 WCDMA 和 CDMA2000 的最小载波间隔保持在 3.84MHz，在地理位置偏移因子为 1 的最坏情况下，系统容量损失小于规定的容量损失门限 5%，两系统基站间距离越小，相应的系统容量损失越小。当 WCDMA 系统与 CDMA2000 系统工作在相邻频段时，WCDMA 基站对 CDMA2000 移动台的干扰略大于 WCDMA 基站对 WCDMA 移动台的干扰，CDMA2000 基站对 WCDMA 移动台的干扰和 WCDMA 基站对 WCDMA 移动台的干扰相同。

当以 5MHz 为单位进行频谱分配时，WCDMA 和 CDMA2000 在相邻频段是可以共存的。

（4）WCDMA 与 PAS 之间的干扰　当 WCDMA 与 PAS 共存或共站时，WCDMA 对 PAS 的干扰不会很大，而 PAS 有可能对 WCDMA 产生一些不可避免的干扰。WCDMA 的基站与 PAS 的基站之间的共存干扰较小，系统容量损失均小于 5%，共存时不影响系统工作。然而，PAS 的基站对 WCDMA 的移动台将会产生很大的干扰，不可忽略，不过可以通过增加信道干扰功率比、保护带宽，同时在工程实施中调整天线水平和垂直距离、倾角和方位角，增加附加滤波器，或者合理调整两个系统基站之间的距离来减小这种干扰。

3. 克服干扰的主要手段

根据前面讲述，要实现良好的通信，必须考虑如何克服干扰，下面简单介绍几种措施。

（1）增加隔离度　工程上应该采取相应的措施来满足不同系统间的隔离度，可能用到的措施包括：

1）WCDMA 天线与 PAS 天线保持空间隔离（水平、垂直或 T 形隔离）。

2）合理利用地形地物阻挡或使用隔离板。

3）调制发射天线的倾角或水平方位角。

4）在基站发射端或接收端安装带通滤波器。

5）降低基站发射功率。

6）在 WCDMA 与 PAS 间保留适当的保护频带。

7）修改 WCDMA 或 PAS 基站的频率规划。

（2）天线隔离　接收天线和发射天线间的天线隔离度，可以理解成发射机天线到接收机天线端口间的信号衰减程度。天线隔离方法可以分为水平、垂直或 T 形隔离三种。水平隔离就是使天线处于同一水平面位置，但是隔开一定水平距离。垂直隔离就是使天线处于同一垂直距离，但是要隔开一定垂直距离。T 形隔离是水平隔离和垂直隔离的组合，使天线间同时具备水平距离和垂直距离。

实际工程中，在可能的情况下，应尽量实施垂直隔离，垂直隔离 1m 距离实现的隔离度需要水平隔离约 100m 才能实现。T 形隔离情况下，当水平隔离较小时，效果不如垂直隔离，但优于水平隔离；当水平隔离较大时，效果近似于水平距离。

（3）加装滤波器　为基站加装滤波器也是进行系统隔离的重要手段，有加装发射滤波器和接收滤波器两种方法，在实际应用中，应该将加装滤波器和天线隔离两种方法综合考虑，灵活运用。

1）加装发射滤波器。加装发射滤波器的常用方法是为基站发射端安装合适的带通滤波器，该方法要求带通滤波器在干扰频带与被干扰频带上对信号的增益之比大于或等于隔离度。

2）加装接收滤波器。加装接收滤波器的主要目的是降低被干扰频带的带外噪声，并且防止阻塞干扰。

5.2.10　WCDMA 无线网络优化

1. 优化概述

对于 WCDMA 运营商来说，建设一个有效的网络，保证网络建设的高性价比是非常重要的，也就是说，网络要能支持多种业务，满足一定的服务质量要求，获得良好的网络容量，满足一定的无线覆盖要求，同时通过调整容量、覆盖、质量之间的均衡关系能提供最好的服务。对于 WCDMA 系统的无线网络优化主要包括以下几个方面：

1）小区布局优化：包括站点位置、拓扑结构、是否使用多层/多频网络、天线方位角、下倾角、高度等工程参数的优化。

2）覆盖优化：优化容量与覆盖之间的关系，根据业务特点优化覆盖指标。

3）容量优化：合理控制负载，结合阻塞率、掉话率等指标调整资源配置。

4）无线资源管理优化：包括小区参数、切换参数、接入参数、功率控制参数和各类定时器参数等的优化。

5）导频污染问题：导频污染问题分析及解决方案。

6）邻区优化：包括邻集列表优化、控制合理邻区数量以及结合实际情况调整邻区参数等。

7）切换算法优化：通过优化将系统中的切换区域限定在一个合理范围内，可以减少掉话，且不会浪费容量。

WCDMA 网络优化过程一般分为以下几步：

首先，设定质量指标，定义端到端的质量目标和不同业务类型的性能指标，具体说就是要求最佳的系统覆盖、最小的掉话与接入失败、合理的切换（硬切换、软切换、更软切换、接力切换）、均匀合理的基站负荷、最佳的导频分布、尽可能小的移动台和基站发射功率、良好的资源利用率。

其次，通过网管系统、路测设备、协议分析仪甚至用户申告来收集网络性能数据，由网络报告工具提供质量统计和预分析数据，基于网络配置，就可以进一步详细分析提高质量的方法。其中用户申告是通过来自业务部门、其他方面的用户投诉或者向用户调查，及时了解网络中有关服务质量方面的问题，如呼叫不通、掉话、串话、单通、回声、信号时有时无、通话时有语音断断续续等现象，是反映网络问题最直接的手段。

再次，对搜索到的网络运行数据进行综合分析，就可以得出目前网络运行中存在的问题及可能的原因。数据分析与处理是对系统收集的信息进行全面的分析与处理，主要是针对路测结果并结合小区设计数据库资料，包括基站设计资料、天线资料、频率规划表等。通过对数据分析，可发现网络中存在的影响运行质量的问题，包括频率干扰、软硬件故障、天线方向角和俯仰角存在的问题、参数设置不合理、无线覆盖不好、环境干扰等。

网络规划就是去发现问题，定位故障，解决问题的过程，它也是一个动态循环的过程，伴随网络运行，并进行不断调整，以达到提高质量的目的，使网络投资利用率达到最大化。

优化是网络规划工作的自然延续，是不断提高网络整体质量的过程，可以使移动终端用户感受到网络质量的不断提高，从而提高用户满意度。网络优化将在充分利用现有网络资源的基础上使系统容量和覆盖最大化。网络优化是网络性能的再规划，规划工作则要兼顾优化。当网络已被设计和建好时就需要进行相应的网络优化工作，使网络达到最佳工作状态。但伴随着网络中业务量的增长，通常又需要进行网络扩容工作，因此又需新的规划和优化，并且不断循环进行着。

2. 覆盖优化

蜂窝小区的覆盖率是衡量蜂窝移动通信网通信质量的重要标准之一，在运营中应尽量避免出现盲区。影响蜂窝小区覆盖的因素很多，如接收机的灵敏度、基站周围的环境、天线系统的方向性和增益、当前的系统负荷等。一方面，需从具体的话务分布、设备的合理配置出发，优化整个小区负载和小区覆盖范围，以及切换带。提高覆盖的主要方法有：有源天线、接收分集、扇区化、直放站等。另一方面，对一些特殊的场景，如覆盖盲区、高速公路、高层建筑等，通过采用直放站、微蜂窝、室内分布系统等技术来解决覆盖问题。这些方法有的以牺牲容量为代价，另外一些则可以同时提高覆盖与容量，这主要取决于链路预算参数。

（1）发射分集　发射分集的主要目的是提高网络性能和下行容量。目前 WCDMA 支持的发射分集方式包括空时发射分集（STTD）、时间切换发射分集（TSTD）和发送自适应阵列（TxAA）三种方式，其中 STTD、TSTD 为开环发射分集，TxAA 为闭环发射分集。在闭环发射分集模式下，移动终端需向基站的每个发射天线反馈无线信道的状况；在开环发射分集模式下，可以应用简单的空时码来进行发射分集。开环发射分集操作简单，易实现。

（2）接收分集　接收分集就是采用两种或两种以上不同的方法接收同一信号，以减少衰减带来的影响，是一种有效的抗衰落和增强信干比（SIR）的措施。其基本思想是将接收到的信号分成多路独立不相关信号，然后将这些不同能量的信号按不同的规则合并起来。通常基站配置两根天线，高阶分集配置两根以上的天线分支，天线数目取决于无线传输环境，多天线可以给多径分集带来更大的增益。

（3）直放站　直放站又叫中继站，属于同频放大设备，是在无线通信传输过程中增强信号的一种无线电发射中转设备。直放站主要由接收机、发射机、天馈线系统和电源等构成，可以分为射频、光纤直放站以及宽带、窄带、频移直放站等几类。直放站可以增强或扩展宏蜂窝的覆盖范围，应用范围有下面几种：

1）扩大服务范围，消除覆盖盲区。

2）在郊区增强场强，扩大郊区站的覆盖。

3）沿高速公路、铁路架设，增强覆盖效率。

4）解决室内覆盖。

5）将空闲基站的信号引到繁忙基站的覆盖区内，以便疏通繁忙。

与基站不同的是，直放站没有基带处理电路，不解调无线信号，仅仅是双向中继和放大无线/有线信号。因此直放站虽然能扩大覆盖，并能提高覆盖质量，但它不能增加系统的容量，其性能好坏也直接影响到移动通信网络的质量。直放站最大的好处是低成本和易安装。

（4）塔顶放大器　塔顶放大器（TMA）是一种低噪声放大器，通常放置在基站接收系统的前端，在接收信号未经过馈线衰减时就放大了接收信号，从而改善基站接收系统的性能。使用塔顶放大器可以提高上行的覆盖范围，具体提高的倍数由馈线长度决定。同时，使用塔顶放大器，降低了选址的难度，可让机柜和天线的距离适当增加。不过使用该设备提高了成本，降低了下行容量以及系统的可靠性。

（5）室内覆盖问题　由于城市的规模化发展，建筑物对信号有一定的屏蔽作用，尤其是地下商场、停车场等场合，移动通信的信号很弱，很难正常进行通信。在一些高楼内，由于天线高度限制而无法覆盖，导致盲区。在建筑物内，用户密度可能很大也会导致信道拥挤，手机上线较难。

室内覆盖是针对室内用户群体，用于改善建筑物内移动环境的一种方案，其原理是利用室内天线分布系统将移动基站信号均匀分布到室内的每个角落，从而保证室内信号的覆盖。

3. 容量优化

提高系统容量最简单、最有效的方法是增加一个或多个载波，不过还有其他方法，如

HSDPA、发射分集、波束成形、增加扰码、扇区化和微小区。考虑提高系统容量，进行扩容优化时，还必须考虑下面因素：

1）扩容时覆盖不能受到影响，容量的增加不能减少覆盖范围。

2）尽量减少对网络的改动，避免对网络运营产生负面影响，保证网络质量不受到影响。

3）充分考虑可操作性，不建议采用小区分裂方式扩容。

4）考虑区域特点，如密集城区、普通城区、市郊和乡镇、农村、特定地区。

4. 切换算法优化

软切换是 WCDMA 网络的一个关键特征，为了实现软切换的正常进行，小区之间必须有一定的覆盖叠加。若重叠区域太小，则连接可能会中断；若重叠过多，则会出现导频污染。软切换区域优化的目的是将系统中的软切换区域限定在一个合理范围，这样可以减少掉话，还不会浪费容量，故软切换区域一般控制在 30% 左右。

不论是什么切换，都应该将信号最强的邻区放在邻区列表的最前面，以避免真正有效的邻区不至于被系统剪裁掉。进行邻区优化主要包括两个方面的内容：合理的邻区、合理的优先级。

5.3 CDMA2000 技术

5.3.1 CDMA2000 移动通信系统的关键技术

1. 初始同步与 Rake 多径分集接收技术

CDMA2000 系统采用与 IS-95 系统类似的初始同步技术，即通过对导频信道的捕获建立 PN 码同步和符号同步，通过对同步信道的接收建立帧同步和扰码同步。

Rake 多径分集接收技术的重要体现形式是宏分集和越区切换技术，CDMA2000 下行链路采用公用导频信号，用户专用的导频信号仅作为备选方案用于智能天线系统，上行链路则采用用户专用的导频信道，达到改善信号质量并保证数据不丢失的目的。

2. 高效的信道编译码技术

（1）卷积和交织技术 CDMA2000 上行链路和下行链路中均采用了比 IS-95 系统中码率更低的卷积编码，同时采用交织技术将突发错误分散成随机错误，两者配合使用，从而更加有效地对抗移动信道中的多径衰落。

（2）Turbo 编译码技术 为了满足高速数据业务的需求，在第三代移动通信系统中还采用了 Turbo 编译码技术。

3. 功率控制技术

CDMA2000 通信系统中采用的功率控制技术可以分为三种类型：开环功率控制、闭环功率控制和外环功率控制。上行链路采用开环、闭环和外环功率控制相结合的技术，主要解决远近效应问题，保证所有的信号到达基站时都具有相同的功率；下行链路则采用闭环和外环功率控制相结合的技术，主要解决同频干扰的问题，可以使处于严重干扰区域的移动台保持较好的通信质量，减少对其他移动台的干扰。

4. 智能天线技术

智能天线技术在其他 3G 系统中有较详细的介绍，读者可以参考其他章节，在此不多讲述。

5. 多用户检测技术

由于前面章节中作了详细的介绍，在此不再讲述。

6. CDMA2000 软切换

软切换过程中，移动台不断地搜索激活类、候选类、邻近类和剩余类各个导频的强度，并且根据强度维护各个类，当移动台靠近切换区时，移动台开始进行相关的操作。

由于前面已经讲到 CDMA 系统的软切换，在此将 IS-95 和 CDMA2000 中的软切换进行比较。众所周知，CDMA 系统中的软切换技术具有切换中断率低，可靠性高等优点，但是由于移动台在软切换过程中支持宏分集，所以移动台在切换区同时和两个 BTS 保持通信，这在一定程度上影响了基站的无线信道利用率。尤其是在基站较忙时，这种切换方式反而会影响系统的切换成功率。由于移动台在切换区中逗留的时间与移动台的速度大小、方向和切换区的大小等因素有密切关系，所以这个问题的处理比较复杂。IS-95 和 CDMA2000 对这个问题处理有些区别。

首先，移动台在靠近切换区时，在 IS-95 中，当移动台搜索到邻区导频强度大于 T-ADD-s 时，立即把这个导频加入到候选类，同时向基站报告导频强度，准备接受基站的切换指示消息，之后开始宏分集。但是在 CDMA2000 中，当移动台搜索到邻区导频强度大于 T-ADD-s 时，移动台只是把这个导频加入到候选类，直到移动台认为其搜索到的强度足够大时，才开始向基站发导频报告，准备宏分集。

其次，移动台准备离开切换区时，判断的门限也有很大的不同。在 IS-95 中，直到原 BTS 导频的强度低于 T-DROP-s 时，移动台才开始启动下降定时器，所以其判断的尺度比较单一。但是在 CDMA2000 中，移动台对参与宏分集的基站的导频不断地按照大小排队，然后判断最小的几个有没有达到下降门限。

由此可以看出，CDMA2000 在保持与 IS-95 兼容的同时，大大增加了灵活性，针对 IS-95 软切换造成信道利用率低不足的问题，CDMA2000 采用了更为有效的相对门限判断方法。

5.3.2　CDMA2000 无线网络结构及模块

1. 移动台

移动台是为用户提供服务的设备，它与网络之间的通信链路为无线链路，通过空中无线接口为用户提供移动网络接入，实现用户需求的具体业务。

移动台由移动设备(ME)和用户识别模块(UIM)两部分组成。其中移动设备用于完成语音或数据的发送和接收，是在移动网络中用户能够看到的部分，移动设备按照射频能力、功率等级、载波频带和功能等，可以分为很多类型。按照不同的射频能力，移动设备可以分为下面三种类型：

1 ）车载台：通常安装在交通工具里，天线安装在交通工具外。

2 ）手提式：这种设备在操作时可以手持，但天线与移动台并不安装在一起。

3 ）手机：这种小型手提式移动电话中，天线和移动台为一体。

用户识别模块用于识别唯一的移动台使用者，存储用户信息。目前采用的是可分离的用户识别模块(R-UIM),也就是平时说的 UIM 卡,机卡分离的移动台有利于数据的安全性,也有利于用户移动设备的更换。用户识别模块由 CPU、RAM、ROM、数据存储器(EPROM 或者 EEPROM)及串行通信单元五个部分组成,是一种智能卡。

2. 无线网络

无线网络用于完成从无线信息传输到有线信息传输的形式转换,完成空中无线资源管理和控制,把信息交换到网络子系统。CDMA2000 系统是由 IS-95CDMA 系统发展起来的,所有无线网络结构与 2G 网络类似。

(1) 基站收发台(BTS) BTS 包括基带单元、射频单元和控制单元三部分,属于基站系统的无线部分,被基站控制器(BSC)控制,服务于某个小区的无线收发设备,主要完成基站控制器与无线信道之间的转换,进行无线和有线的转换,实现 BTS 与 MS 之间通过空中接口的无线传输及相关的控制功能,主要包括以下功能:

1) 无线信道的编码与译码。

2) 射频信号的调制与解调。

3) 空中无线资源的管理与控制。

4) 地面传输电路的管理与控制。

5) 执行必要的测量、操作、维护和控制功能等。

BTS 需要通过采用标准的空中接口与 MS 进行通信,还与 MSC 进行通信并被 BSC 控制,完成无线数据的传输。其中 BSC 与 BTS 之间采用 Abis 接口,这时 BTS 与 BSC 两侧都需配置基站接口设备(BIE),当它们之间间隔不大于 10m 时,可将它们直接相连,采用内部基站接口,不再需要外部接口设备。

(2) 基站控制器(BSC) BSC 是无线网络中的控制部分,在其中起交换作用。一个 BSC 的一端可与多个 BTS 相连,BSC 面向无线网络,主要负责完成如下功能:

1) 无线网络管理、无线资源管理及无线基站的监视管理,这是整个无线网络的控制核心。

2) 控制 MS 和 BTS 之间的无线连接建立、接续和拆除等。

3) 控制完成 MS 的定位、切换和寻呼。

4) 提供语音编码、码型变换和速率适配等功能。

5) 完成对基站子系统的操作维护。

基站控制器和移动交换机之间需要信令信息和用户业务数据的传输,故采用 3GPP2 定义的接口标准——A 接口。这些 A 接口根据传输数据类型的不同分为 A1、A2、A3、A5 和 A7 接口。

(3) 分组控制功能(PCF) PCF 是 CDMA2000 系统中新增加的功能实体,支持分组数据,用于转发无线系统和分组数据服务节点之间的消息。PCF 主要完成与分组数据业务有关的控制。主要功能包括:

1) 对移动用户所进行的分组数据业务进行格式转换。

2) 将分组数据用户接入到分组交换核心网的 PDSN 上。

3) 为分组数据业务建立无线资源的管理与无线信道的控制。

4) 当移动台不能获得无线资源时,能够缓存分组数据。

5) 获得无线链路的相关计费信息并通知 PDSN。

　　PCF 完成上述功能时，要与基站控制器和分组数据服务节点通信，它们之间的接口也是标准 A 接口。PCF 与 BSC 之间的接口定义为 A8 接口和 A9 接口，与分组数据服务节点之间的接口定义为 A10 接口和 A11 接口。

3. 网络子系统

　　CDMA2000 的网络子系统（NSS）又称为核心网，主要包括两部分：电路域网络子系统（C-NSS）和分组域网络子系统（P-NSS）。CDMA2000 系统中所有的业务都将无线网络分成两部分，其中 C-NSS 负责语音业务，P-NSS 负责数据业务。由于 CDMA2000 系统中引入了分组数据业务，所以核心网的主要进步就是增加了分组域网络子系统。下面分别简单介绍电路域网络子系统和分组域网络子系统。

　　（1）电路域网络子系统　在 CDMA2000 系统中，C-NSS 为用户提供传统的业务，如语音业务、电路数据业务等。这些业务都是传统的基于电路交换技术的服务，C-NSS 完成这些业务所需的移动台管理、用户业务的管理控制等功能，C-NSS 主要包括以下 6 部分。

　　1）移动业务交换中心（MSC）。MSC 对位于它所覆盖区域中的移动台进行控制和完成通话接续的功能，主要完成通话接续、计费、BSS 和 MSC 之间的切换以及辅助性的无线资源管理、用户移动性管理等功能。另外，为了建立用户至移动台的呼叫，每个 MSC 还完成查询移动台位置信息的功能，MSC 连接到一个基站系统。同时，MSC 也是其他网络的接口，可以连接到其他外部公共网络，还能够连接到同一个网络的其他 MSC 或者其他网络的 MSC。

　　MSC 从访问位置寄存器（VLR）、归属位置寄存器（HLR）和鉴权中心（AUC）三种数据库中得到处理用户呼叫请求所需的全部数据，MSC 再根据其最新数据更新数据库。

　　2）访问位置寄存器（VLR）。VLR 存储 MSC 所管辖区域中的移动台（拜访用户）的相关用户数据，包括用户号码、移动台位置区信息、用户状态和用户可获得的服务等参数，用来帮助 MSC 处理拜访用户的呼叫服务。VLR 可以和 MSC 集成，也可以同时为多个 MSC 服务。

　　VLR 是一个动态数据库，它从移动用户的归属位置寄存器处获得并存储必要的数据，一旦移动用户离开该 VLR 的控制区域，或重新在另外一个 VLR 登记，原 VLR 将取消该移动用户的数据记录。

　　3）归属位置寄存器（HLR）。HLR 是存储、管理数据库，用于存储、管理和控制移动用户的数据。每个移动用户都应在其归属位置寄存器注册登记，它主要存储两类信息：①有关移动用户的参数，包括移动用户识别码、访问能力、用户类别和补充业务等数据。②有关移动用户目前所处位置的信息，以便建立至移动台的呼叫路由，例如 MSC、VLR 地址等。

　　4）鉴权中心（AUC）。AUC 属于 HLR 的一个功能单元，专门用于系统安全性管理。鉴权中心产生鉴权参数，用来鉴定用户身份的合法性以及对无线接口的语音、数据和信令信号进行加密，防止无权用户接入和保证移动用户通信的安全。AUC 可以和 HLR 集成，也可以同时为多个 HLR 提供服务。

　　5）互连功能（IWF）。IWF 提供 CDMA2000 系统与当前可用的各种公用和专用数据网络之间的连接，负责电路域系统的数据服务，完成数据传输过程中的速率匹配和协议匹配。

　　6）设备标志寄存器（EIR）。EIR 存储有关移动台的设备参数，完成对移动设备的识别、监视和闭锁等功能，以防止非法移动台接入网络。EIR 中存有下面三个名单的设备识别标识表：

　　白名单——已分配给可参与运营的所有有效设备的识别标识；

　　黑名单——存储所有应被禁用的移动设备识别标识；

灰名单——存储有故障的以及未经型号认证的设备识别标识。

（2）分组域网络子系统 CDMA2000 的分组域网络子系统是建立在 IP 技术基础上的，为移动用户提供基于 IP 技术的分组数据服务。具体包括登录到企业内部网和外部互联网（Internet），获得互联网服务提供商的各种服务，并完成必要的路由选择、用户数据管理、用户移动性管理等功能。分组域主要包括以下各部分。

1）分组数据服务节点（PDSN）。PDSN 是将 CDMA2000 接入 Internet 的模块，负责为移动用户提供分组数据业务的管理和控制，包括负责建立、维持和释放链路，对用户进行身份认证，对分组数据的管理和转发等。

2）归属代理（HA）。HA 主要负责用户分组数据业务的移动性管理和注册认证，包括鉴别来自移动台的移动 IP 的注册信息，将来自外部网络的分组数据包发送到外地代理（FA），并通过加密服务建立、保持和终止 FA 与 PDSN 之间的通信，接收端通过认证、授权与计费（AAA）服务器获得用户的身份信息，动态地为移动用户分配归属 IP 地址等。

3）认证、授权与计费（AAA）服务器。AAA 服务器主要负责管理分组交换网的移动用户的权限，提供身份认证、授权以及计费服务。

4. 操作维护系统（OMS）

操作维护系统（OMS）对 CDMA2000 网络进行管理和监控，实现对网络内各种部件功能的监视、状态报告和故障诊断等，提供远程维护、管理系统的服务。操作维护系统分布在网络子系统和无线网络即基站子系统的实体中，在与操作维护相关的模块中完成维护功能。OMS 包括如下两部分。

（1）网络管理中心（NMC） NMC 负责整个网络的管理，提供对整个网络的全局管理，处于系统的最高层。

（2）操作维护中心（OMC） OMC 用于对系统的交换实体进行管理。它主要有以下功能：维护测试功能、障碍检测及处理功能、系统状态监视功能、系统实时控制功能、数据的修改、性能管理、用户跟踪、报警功能等。

5.3.3 CDMA2000 物理信道

本节主要介绍 CDMA2000 系统物理层中前向链路物理信道与反向链路物理信道的结构及功能。

1. 前向链路物理信道

CDMA2000 系统前向链路包括的物理信道如图 5-9 所示，这些信道由适当的 Walsh 函数或者准正交函数（QOF）进行扩频。前向链路共有 9 种 RC 配置，其中 Walsh 函数用于 RC1 或 RC2，Walsh 函数或 QOF 用于 RC3 ~ RC9。CDMA2000 系统采用了变长的 Walsh 码，对于 SR1，最长可为 128 个码片，对于 SR3，最长可为 256 个码片。对于 SR1，基站可以在前向链路信道上支持正交发射分集（OTD）模式或者空时扩展（STS）模式。而对于 SR3，基站可以通过在不同的天线上发送载波来实现前向链路信道的分集。

基站必须支持 RC1、RC3 或 RC7 中的其中之一，基站也可以支持在 RC2、RC4、RC5、RC6、RC8 或 RC9 中的操作。支持 RC2 的基站必须支持 RC1，支持 RC4 或 RC5 的基站必须支持 RC3，支持 RC6、RC8、RC9 的基站必须支持 RC7。基站不能在前向链路业务信道使用 RC1 或 RC2 的同时使用 RC3、RC4 或 RC5。

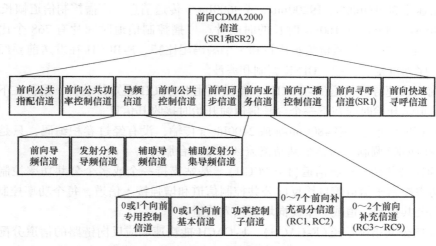

图5-9　CDMA2000系统前向链路物理信道

下面简单介绍各个前向链路物理信道的结构及相应的功能。

（1）导频信道　前向链路中的导频信道包括前向导频信道(F-PICH)、发射分集导频信道(F-TDPICH)、辅助导频信道(F-APICH)和辅助发射分集导频信道(F-ATDPICH)。它们都是未经调制的扩频信号的信道。基站发射上述导频信道信息的目的是使在其覆盖范围内的移动台能够获得基本的同步信息，即各基站 PN 短码相位的信息，移动台可据此进行信道估计和相干解调。

基站利用导频 PN 码的时间偏置来标识每个前向 CDMA2000 信道，在 CDMA2000 蜂窝系统中，时间偏置可以重复利用。不同的导频信道由偏置指数(0 ~ 511)来区别。其中偏置指数是指相对于零偏置导频 PN 码的偏置值，任何一个导频 PN 码的偏置指数乘上一个常数就是该序列相对于零偏置导频 PN 码的偏置时间。

（2）前向同步信道(F-SYNCH)　F-SYNCH 的功能是传递同步信息，各移动台在其被覆盖的范围内利用这些信息进行同步捕获，在基站的覆盖中处于开机状态的移动台利用它来获得初始的同步时间。当移动台通过捕获前向导频信道获得同步时，同步信道也相应同步。

同步信道的数据速率固定为 1200bit/s，一个同步信道帧长为 26.67ms，一个同步信道超帧由三个同步信道帧组成，帧长为 80 ms。前向同步信道在发送前要经过卷积编码、码符号重复、交织、扩频、QPSK 调制和滤波。

（3）前向寻呼信道(F-PCH)　F-PCH 为基站在呼叫建立阶段传送控制信息，通常移动台在建立同步后，就选择一个寻呼信道(或在基站指定的寻呼信道)监听由基站发来的指令，在收到基站分配业务信道的指令后，就转入分配的业务信道中进行信息传输。当需要通信的用户数增多，业务信道不够用时，寻呼信道可临时用作业务信道，直到被全部用完。

F-PCH 的数据速率为 9600bit/s 或 4800bit/s，但是在给定的系统中，所有的寻呼信道都有同样的速率。寻呼信道被分为时长为 80ms 的时间片，每个时间片含 4 个 F-PCH 导频，所以寻呼信道帧长为 20ms。F-PCH 在发送前要经过卷积编码、码符号重复、交织、数据扰码、正交扩频、QPSK 调制和滤波。

（4）前向广播控制信道(F-BCCH)　F-BCCH 的功能是承载开销消息和进行短消息广

播，以数据速率38400bit/s、19200bit/s或9600bit/s传送消息。广播控制信道帧长40ms，但一般分为40ms、80ms和160ms时长的时间片。广播控制信道时间片有768个比特，包括744个信息比特、16个帧质量指示比特和8个编码尾比特。F-BCCH在发送前要经过卷积编码、交织、序列重复、扩频、QPSK调制和滤波。

（5）前向快速寻呼信道（F-QPCH） 基站利用F-QPCH通知移动台，是否在下一个前向公共控制信道帧开始时或在下一个寻呼信道帧开始时接收其信息。

F-QPCH以固定的速率4800bit/s或2400bit/s传输，没有经过卷积编码，只是进行扩频和开关键控（OOK）调制，为整个基站覆盖区的移动台服务。

（6）前向公共功率控制信道（F-CPCCH） 基站支持一个或多个公共功率控制信道，通过它传输功率控制子信道信息给反向公共控制信道和增强接入信道，每个功率控制子信道控制一个反向公共控制信道或一个反向增强接入信道。

（7）前向公共指配信道（F-CACH） F-CACH能快速响应反向链路的信道分配，支持反向链路的随机接入。基站支持不连续传输的公共指配信道，每帧决定是否传输公共指配信道。基站以固定速率9600bit/s传输公共指配信道信息，帧长为5ms，每帧有8个帧质量指示比特和8个编码尾比特。

（8）前向公共控制信道（F-CCCH） F-CCCH经过卷积编码、交织、扩频、QPSK调制和滤波，被基站利用，给整个覆盖区的移动台传递空中信息以及移动台指定信息，其传输速率可变。

（9）前向专用控制信道（F-DCCH） F-DCCH用来给特定的移动台传递用户和信令信息。每个前向业务信道包括一个F-DCCH，基站在F-DCCH上以固定的速率9600bit/s或14400bit/s传送信息。

（10）前向基本信道（F-FCH） F-FCH属于前向业务信道，用于给一个特定的基站传输用户与信令信息。每一个前向业务信道占用一个前向基本信道。

（11）前向补充信道（F-SCH） F-SCH用于通话过程中向指定的移动台传递用户信息，每个前向业务信道最多可以包括2个前向补充信道。它支持多种速率，并且基站可支持前向补充信道帧的非连续发送。

（12）前向补充码分信道（F-SCCH） F-SCCH用于通话过程中向指定的移动台传递用户信息，每个前向业务信道包括7个前向补充码分信道。

2. 反向链路物理信道

CDMA2000系统反向链路包括的物理信道如图5-10所示。

基站必须支持RC1、RC3或RC5中的其中之一。基站还必须支持在RC2、RC4或RC6中的操作。支持RC2的基站必须支持RC1，支持RC4的基站必须支持RC3，支持RC6的基站必须支持RC5。基站不能在反向链路业务信道上使用RC1或RC2的同时使用RC3或RC4。

（1）反向导频信道（R-PICH） R-PICH和前向导频信道一样，都是未经调制的扩频信号的信道，基站可以利用它来帮助检测移动台的发射，进行反向相干解调，这是CDMA2000系统的特点之一。

R-PICH以1.25ms的功率控制组（PCG）进行划分，在一个PCG内所有的PN码片都以相同的功率发射，反向功率控制子信道又将划分后的20ms内的16个PCG组合成两个子信道，分别是主功控子信道和次功控子信道。

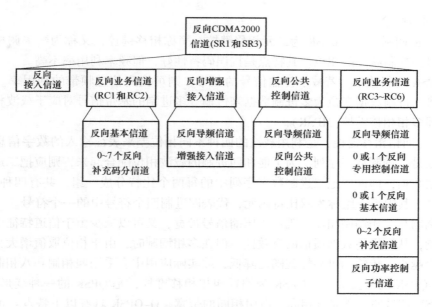

图 5-10　CDMA2000 系统反向链路物理信道

为了降低在反向链路上对其他用户的干扰，当反向信道上数据速率较低时，或者只需保持基本的控制联系而没有业务数据时，反向导频可以采取门控发送方式，也就是当特定的功率控制组停止发送时，相应的功率控制子信道比特也不发送，这样就可以大大降低移动台的功率消耗。

（2）反向接入信道（R-ACH）　R-ACH 用来发起同基站的通信或者相应寻呼信道信息，采用随机接入协议，用不同长 PN 码区分。R-ACH 需要经过卷积编码、交织、扩频和调制。移动台以 4800bit/s 的固定速率发射反向接入信道信号。每个反向接入信道帧含有 96 个比特，其中包括 88 个信息比特和 8 个编码尾比特。

（3）反向增强接入信道（R-EACH）　移动台利用 R-EACH 发起同基站的通信或响应专门发给它的消息。它也采用随机接入协议，用长码进行识别。

（4）反向公共控制信道（R-CCCH）　R-CCCH 用于在没有使用反向业务信道时向基站发送用户和信令信息。信号在发射前要经过卷积编码、交织、扩频和解调。

（5）反向业务信道　反向业务信道包括反向专用控制信道（R-DCCH）、反向基本信道（R-FCH）、反向补充信道（R-SCH）以及反向补充码分信道（R-SCCH）。其中 R-DCCH 与 R-FCH 用于通话过程中向基站发送用户和信令信息，R-SCH 与 R-SCCH 用于通话过程中向基站发送用户信息。

5.3.4　CDMA2000 系统物理层技术

1. 调制解调技术

调制，就是对信源的编码信息进行处理，使其变为适合信道传输形式的过程。而解调则是将基带信号从载波中提取出来，以便预定的信宿能处理和理解。在 CDMA2000 系统中采用了二元相移键控（BPSK）、四相相移键控（QPSK）、偏置四相相移键控（O-QPSK）、混合相移键控（HPSK）等。下面分别简单介绍。

（1）调制技术

1）BPSK调制技术。BPSK为二元相移键控，简称相移键控，又称为数字调相，即用基带数据信号去控制载波的相位。其特点是抗误码特性好，但频率利用率不高。

2）QPSK调制技术。若减小传输信号的频带，则可提高信道频带的利用率。基于该目的，可以将二进制数据变换为多进制数据来传输。多进制的基带信号对应于载波相位的多个相位值，即多相相移键控（MPSK）。

QPSK为四相相移键控，是利用载波的四种不同相位差来表征输入的数字信息。调制器输入的数据是二进制数字序列，为了能和四进制的载波相位配合起来，则应把二进制数据变换为四进制数据，即需要把二进制数字序列中的每两个比特分成一组，共有四种组合：00、01、10、11。其中每一组称为双比特码元，代表四进制四个符号中的一个符号。

多相调制与二相调制相比，既可以压缩信号带宽，又可以减少由于信道特征引起的码间串扰的影响，从而提高数据通信的有效性。但在多相调制时，由于相位取值增大，信号之间相位差就会越小，传输的可靠性就随之降低，故实际应用中多采用四相制和八相制。

3）O-QPSK调制技术。O-QPSK为偏置四相相移键控，是QPSK的一种变形。O-QPSK信号和QPSK信号的频谱完全相同，占用相同的带宽。O-QPSK具有以下特点：可出现的最大相位跳变为90°，即最大相位跳变小于180°，有效降低了频谱扩展。

4）HPSK调制技术。HPSK为混合相移键控。CDMA2000系统的反向链路由于系统性能的提高以及为适应多种业务的需要，而增加了反向导频信道、反向补充信道等不同类型的信道，从而对移动台提出了更高的要求，在反向链路中采用了HPSK调制方式，移动台能以不同的功率电平发射多个码分信道，而且使信号功率的峰值与平均值的比（PAR）达到最小，可减小调制信号波动的幅度。

（2）解调技术　CDMA2000系统中前向信道使用相干解调，反向信道也使用相干解调。相干解调就是接收机产生一个与接收到的载波信号同频、同相的参考载波信号，称为相干载波。相干解调相位必须是接收机获得载波信号的相位。

非相干解调是接收机产生的本振信号与接收的载波信号同频，但不保证同相，这样比较容易实现，但解调效果要差一些。

在CDMA2000系统反向信道中采用相干解调技术，基站可以利用反向导频帮助捕获移动台的发射，实现反向链路上的相干解调，与采用非相干解调的系统比，所需的信噪比显著降低，可降低移动台的发射功率，提高系统容量。

2. 分集接收技术

分集接收技术是克服多径衰落的一项有效技术，它可以大大提高多径衰落信道下的传输可靠性。可以在时域、频域或空域来实现，它们的基本原理相同：通过多条路径发送携带同一信息的多个信号，在接收端可以获得数据符号的多个独立衰落副本，从而实现更加可靠的检测。下面简单介绍时间分集、空间分集和频率分集。

（1）时间分集　时间分集可以通过在时域内将信道的衰落平均化获得。一般来说，信道的相干时间为几十到几百个符号周期长度，因此相邻符号是强相关的。为了保证信道编码后的符号经历独立或近似独立的衰落，需要进行交织，且交织深度大于相干时间。

（2）空间分集　空间分集也称为天线分集，可以通过在发送端或接收端配置多天线来实现。如果天线间距足够大，不同天线对之间的信道衰落将近似独立，就得到了多条独立衰落的路径。所需的天线间距与本地散射体环境及载频有关，对于处于丰富散射环境中的移动台来说，所需的天线间距一般是 0.5～1 个载波波长，而对于处于高处的基站来说，则需要数十个波长的天线间距。

（3）频率分集　由于时间分集和空间分集都是基于窄带信道平坦衰落设想进行的，但在宽带信道下，发送的符号在多个时间到达接收端，即多径可分辨，此时发送信号带宽大于信道的相干带宽，频率响应不再是平坦的，而是选择性的，这就提供了另外一种形式的分集：频率分集。

假设信道响应阶数有限，为 L，则信号的延迟副本可以提供 L 个相互独立的分支，这种由宽带信道的自身特征产生的可分辨多径的能力所提供的分集，称为频率分集。

3. 信道编译码技术

数据传输过程中，由于信道特征不理想，还可能受到噪声和干扰的影响，传输到接收端后可能发生错误的判决。此外，还可能受到突发脉冲的干扰，错码会成串出现。因此为了降低通信中的误码率，提高数字通信的可靠性，通常采用信道编码来检错和纠错。信道编码也称为差错控制编码。

信道编码的编码对象是信源编码器输出的数字序列 M，又称为信息序列。信息序列通常是由二元符号 0、1 组成的序列，且符号 0 和 1 是独立等概率的。信道编码基本思想是：发送端在传输的信息码元序列中附加一些冗余的校验码，这些校验码和信息码之间按编码规则形成一定的关系，接收端则通过检查这种关系来发现和纠正可能发生的误码。

信道编码的任务就是构造出以最小冗余代价换取最大抗干扰性能的"好码"，也就是通过在发射数据中引入冗余，防止数据出现差错。用于检测差错的信道码称为检错码，用于检测和纠正差错的信道码称为纠错码。在移动通信的语音通信中，信道编码主要用于前向纠错，也就是发送端采用某种编码方式，使接收端能纠正错码。

人为增加冗余的原则和方法有多种，冗余码一般分为线性码和非线性码两种类型。若规则是线性的，即码元之间的关系是线性关系，这类信道编码就叫线性码，反之称为非线性码。另外，还可以从别的角度来划分，即从信源信息序列所对应的编码方式上，也可以分为两种类型。如果将信源的信息序列按照独立分组进行处理和编码，则称之为分组码，反之为非分组码。

CDMA2000 系统为了实现信息的可靠传输，针对不同数据速率的业务需求，涉及的信道编码主要有：前向纠错编码（包括卷积码和 Turbo 码）、循环冗余检验码（CRC）以及信道交织编码，在此不多描述。

对于译码，卷积码的译码可以采用最大似然维特比（Viterbi）译码算法，该算法通常用网络图来描述，其译码过程中只需要考虑整个路径集合中那些能使似然函数最大的路径。如果在某一点发现某条路径不可能获得最大对数似然函数，就放弃这条路径，然后在剩下的"幸存"路径中重新选择译码路径，这样一直到最后一级。Turbo 码采用迭代译码算法，其性能依赖于所使用的交织器的类型和长度，由于技术复杂，在此不多介绍。

5.3.5　CDMA2000 无线网络模块接口

由上面内容可知道 CDMA2000 系统主要包括三部分：移动台、无线网络和网络子系统。其中网络子系统包括电路域网络子系统和分组域网络子系统。各个部分之间都包含许多功能实体，这些功能实体之间都是靠接口信令协议连接。下面将介绍这些模块之间的接口。

1. MS 与 RN 之间的接口

移动台(MS)与无线网络(RN)之间的通信是通过空中无线接口连接的，通过空中接口移动用户能够实现接入移动网络的功能。IS-2000 是 CDMA2000 技术的接口标准或规范，IS-2000 标准定义了 MS 和无线网络中的 BSC 之间的空中接口。

空中接口包括物理层、媒体接入控制层等，涉及如何在复杂多变的无线环境下利用物理信道传递信息，提供业务，这需要使用多种传输技术。IS-2000 物理层标准定义了空中接口物理传输部分的相关内容，包括频率参数、扩频参数、系统定时的规范、射频调制、差错控制技术和各种前向/反向物理信道配置结构等，这里不多讲述。

2. BSC 之间的接口

IS-2001 是第三代 CDMA2000 系统采用的互操作性标准(IOS)，它定义了 BSC 与 PDSN 之间的接口、BSC 和 MSC 之间的接口、多个 BSC 之间的接口，这些都是 A 接口。A 接口不仅是 BSC 与 MSC 之间的接口，而且也是分组数据业务中 BSC 与分组交换网络之间新增加的接口。

A3 和 A7 接口是用于 BSC 之间的接口。A3 接口用于传输 BSC 与交换数据单元模块(SDU)之间的用户语音和数据业务，A7 接口用于传输 BSC 之间的信令，支持 BSC 之间的软切换。

3. RN 与 C-NSS 之间、BSC 与 MSC 之间的接口

IS-2001 定义的 A 接口包括不同的部分，其中有 RN 与 C-NSS 之间的接口、BSC 与 MSC 之间的接口。

在无线网络中，基站控制器(BSC)需要和移动业务交换中心(MSC)通信。BSC 和 MSC 之间的接口根据在系统中传输的数据不同可以分为 A1、A2 和 A5。A1 接口负责控制信令部分，传输 BSC 与 MSC 之间的信令信息，A2 接口负责在 BSC 与 MSC 之间传输用户的语音数据，A5 接口负责传输用户的电路型数据。

这些接口的物理层是常用的 T1/E1 线路，数据链路层基于 No.7 信令系统的 MTP2(Message Transfer Part Level 2)，网络层由基于 No.7 信令系统的 MTP3(Message Transfer Part Level 3)和 SCCP 共同组成。网路层以上的高层协议为 BSSMAP(RN 管理应用部分)和 DTAP(直接传送应用部分)。

4. C-NSS 内部各个功能实体之间的接口

CDMA2000 系统的电路域网络子系统采用 ANSI-41 标准，这个标准定义了 MSC、HLR、VLR、AUC 之间和多个 MSC 之间的 C-NSS 内部的接口。图 5-11 为 C-NSS 内部各个组成部件之间的接口模型。

1)MSC 与 VLR 之间的接口：B 接口，一般是内部接口。

2)MSC 与 HLR 之间的接口：C 接口，此接口为 2Mbit/s 或 64Mbit/s 的数字接口，目前的公开接口标准为 ANSI-41D。

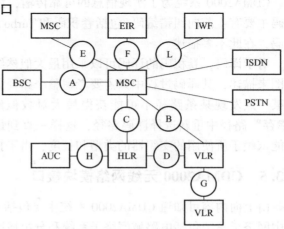

图 5-11 C-NSS 内部各个组成部件之间的接口模型

3）HLR 与 VLR 之间的接口：D 接口，此接口为 2Mbit/s 或 64Mbit/s 的数字接口，目前的公开接口标准为 ANSI-41D。

4）多个 MSC 之间的接口：E 接口，此接口为 2Mbit/s 的数字接口，目前的公开接口标准为 ANSI-41D。

5）MSC 与 EIR 之间的接口：F 接口。

6）多个 VLR 之间的接口：G 接口，此接口为 2Mbit/s 或 64Mbit/s 的数字接口，目前的公开接口标准为 ANSI-41D。

7）HLR 与 AUC 之间的接口：H 接口，此接口为内部接口。

8）IWF 与 MSC 之间的接口：L 接口。

C-NSS 内部还有许多其他的功能组件，它们之间的接口也都是由标准定义的接口，这些系统之间及系统内部的模块之间的接口统称为移动应用部分（MAP）接口。

C-NSS 内部的每一种接口都由不同的协议层组成，用于完成不同的功能。为了和现有的有线通信网很好地配合和过渡，MAP 接口上均使用有线网上使用的 No.7 信令系统，并根据系统特点，使用了 TCAP 和 MAP 来完成相应的功能。在实际系统中，许多部件往往都集成在一个实体中，它们之间的接口不可见，例如 MSC 与 VLR 是集成的，HLR 与 AUC 以及 EIR 也是集成为一体。

5. RN 与 P-NSS 之间的接口

分组域网络子系统（P-NSS）和无线网络（RN）之间的通信由分组控制功能器（PCF）与基站控制器（BSC）之间的通信以及 PCF 与分组数据服务节点（PDSN）之间的通信共同完成。它们之间的接口都是 IS-2001 定义的 A 接口。

（1）PCF 与 BSC 之间的接口　PCF 与 BSC 之间的接口是 A8 接口和 A9 接口。其中 A8 接口用于传输基站子系统和分组控制功能器之间的用户业务信息，A9 接口负责传输基站子系统和分组控制功能器之间的控制信令。

（2）PCF 与 PDSN 之间的接口　PCF 与 PDSN 之间的接口称为 R-P 接口，包括 A10 接口和 A11 接口。A10、A11 接口是无线网络和分组核心网之间的开放接口。与 A8、A9 接口功能类似，A10 接口负责传输 PCF 和 PDSN 之间的用户业务信息，A11 接口负责传输 PCF 和 PDSN 之间的控制信令。

5.3.6　CDMA2000 功率控制

由前面章节可知，对移动台和基站进行功率控制是相当有必要的，功率控制能够动态地对接收信号的功率进行测量，动态调整发射机发射信号的功率，降低反向链路和前向链路的干扰，保证通信质量，并提高系统的容量。IS-2000 标准对 CDMA2000 系统的功率控制加入了许多新特点，目的是提高功率控制的速度和精度，它直接关系到系统的容量和质量。考虑到系统容量，快速、准确的功率控制能够降低多个发射机之间的干扰，并能降低在同样带宽上的接收信号之间的干扰从而使系统能容纳更多的用户。考虑到通信质量，快速、准确的功率控制保证每个用户能够得到自己的功率资源以达到满意的链路通信质量。

IS-2000 标准增强了 IS-95 标准中的功率控制。①系统能够在前向和反向链路的多个物理信道上进行功率控制。②前向闭环功率控制和反向闭环功率控制都能达到 800 次/s 的速率。

从通信上下行链路来考虑，可以将功率控制分为反向功率控制和前向功率控制；从功率控制环路类型来划分，则可以将功率控制分为内环功率控制和外环功率控制。下面仅对前向功率控制和反向功率控制作简单介绍。

1. 前向功率控制

前向功率控制就是在前向链路上进行功率控制，其目的在于对于那些处于静止状态、离基站较近、几乎不受多径衰落和阴影效应影响或受其他小区干扰很小的用户，减小它们所消耗的功率，将节省下来的功率给那些信道条件较差、离基站较远的或者误帧率很高的用户。

基站通过移动台对前向链路误帧率的报告和临界值比较来决定是增加发射功率还是减小发射功率，移动台的报告分为定期报告和门限报告。定期报告就是隔一段时间汇报一次，门限报告是指当误帧率达到一定门限时才报告。这个门限是由运营商根据对语音质量的不同要求设置的。可以考虑用或者不用，根据运营商的具体要求来设定。

前向功率要分配给导频信道、同步信道、寻呼信道和各个业务信道。基站需要调整分配给每一个业务信道的功率，使处于不同传播环境下的各个移动台都能得到足够的信号能量。

2. 反向功率控制

反向功率控制就是在反向链路上进行功率控制，用于实时调整移动台的发射功率，使移动台无论离基站远近，当信号到达基站接收机时信号电平刚刚达到保证通信质量的最小信噪比门限，从而降低干扰，克服远近效应，保证系统通信容量。反向功率控制涉及到反向开环功率控制和反向闭环功率控制，下面简单讲述。

（1）反向开环功率控制 开环功率控制是指移动台或者基站根据收到的信号强度来调节自己的发射功率的过程，其目的是使所有到达移动台或者基站的信号功率相等。

开环功率控制是假定发射和接收信号的链路损耗情况相同。移动台根据前向链路信号强度来判断路径损耗，在功率变化过程中只有移动台参与，移动台不知道基站实际的有效发射功率，只能通过接收到的信号来估计前向链路损耗。移动台通过对接收信号强度的测量调整发射功率。接收的信号越强，移动台的发射功率越小。

开环功率控制的优点是在基站和移动台之间不需要交互，控制速度快。但是开环功率控制的响应时间不高，具有很大的动态范围，只能克服由于阴影效应引起的慢衰落。在开环功率控制过程中，基于前向信道的信号测量是不能反映反向信道传播特征的，会导致在短时间内出现较大的误差，这种靠前向信道信号电平来调节移动台发射功率的开环调节是不完善的，而且由于无线信道的快衰落特征，开环功率控制只能起到粗略控制作用，需要采用闭环控制更快速、更准确地加以校准补充。

（2）反向闭环功率控制 为了达到更精确的功率控制，需要在开环功率控制基础上，通过闭环功率控制加以解决。闭环功率控制是指在开环功率控制的基础上，移动台根据前向链路上收到的功率控制指令快速校正自己的发射功率，其中的功率控制指令（升或降）是由基站根据它所收到的移动台信号的质量来决定的。由于功率控制指令是由基站根据反向链路上移动台的信号强弱产生的，再通过前向链路发给移动台，使移动台调整其反向发射功率，从而形成控制环路，因此称这种方式为闭环功率控制。

闭环功率控制中移动台和基站共同参与，一旦移动台开始和基站建立通信，闭环功率控制即开始作用。基站不停地监测反向链路的质量，并根据链路质量命令移动台减少或增加发射功率，移动台根据基站发送的功率控制指令来调节其发射功率。移动台将接收到的功率控制指令与移动台的开环功率相结合，来确定移动台闭环控制应发射的功率值。闭环功率控制的优点是控制精度高。

5.3.7　CDMA2000 切换过程

1. 切换分类

根据移动台与网络之间连接建立、释放的情况，可以将切换分为软切换和硬切换。根据移动台所处的系统状态不同，可以将切换分为空闲切换和接入切换。

2. 软切换

当移动台要求进行切换时，移动台首先与要建立连接的基站成功建立通信链路，然后再与原来的通信链路断开，这种切换的方式就是软切换。软切换只在同频率的小区之间进行，所以对于模拟系统和 TDMA 系统不能采用软切换方式，都是采用硬切换方式，而且当移动台从当前频率的基站切换到另外一个新频率的基站时，只能采取硬切换。

软切换有如下优点：

1）在两个基站覆盖区的交界处起到了业务分集作用，可大大减少由于切换造成的掉话，保证了通信的可靠性。

2）软切换是无缝切换，可以保证通话的连续性：在软切换过程中，在任何时候移动台至少可以跟一个基站保持联系，减少了掉话的可能性。

3）对于处于切换区域的移动台，通过在基站处进行分集接收来减少上行链路发出的功率，进一步降低了上行链路的干扰，有利于增加反向信道。

4）软切换和功率控制的配合可以降低发射功率及干扰，提高了系统容量和通信质量。

5）软切换降低或消除了在硬切换中的"乒乓效应"，减少了切换信令对网络的负荷及杂项开销。

6）进入软切换区域的移动台即使不能够立即得到与新基站相连的链路，也可以进入切换等待队列排队，从而降低系统的阻塞率。

不过软切换也有它的缺点：

1）在软切换的过程中，不同的基站发送相同的信息，下行链路的干扰增加了。

2）用于实现软切换的设备相对于硬切换的设备要复杂一些。

3. 空闲切换

移动台处于空闲状态时，它停止检测当前基站的 F-PCH 或 F-CCCH，开始检测另一个基站的相关信道，空闲切换仅发生在移动台空闲状态。图 5-12 所示为空闲切换、接入登录切换、软切换发生时移动台的状态。

为了实现空闲切换，移动台存储有四个互不重叠的集合，这些集合分别是激活集、相邻集、专用相邻集和剩余集。

（1）激活集　激活集仅有一个导频，这就意味着在任意给定的时间移动台仅仅能检测一个基站区段的 F-PCH 或 F-CCCH。

（2）相邻集　相邻集包含那些有可能用于空闲切换的导频，它最大能支持 40 个导频。

（3）专用相邻集　专用相邻集包含那些有可能在专用系统中用于切换的候选导频。专用系统是指系统存在用户分区并且支持密集区域的用户服务，这里的专用系统是指仅在某一特定范围内被特定移动台使用的系统。

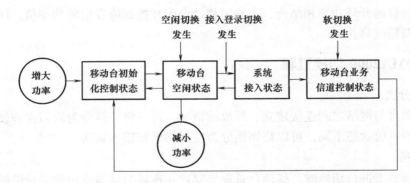

图 5-12　空闲切换、接入登录切换、软切换发生时移动台的状态

（4）剩余集　剩余集包括除了激活集、相邻集、专用相邻集之外的当前系统载波的所有导频。在剩余集中导频 PN 码相位偏移可用导频增量来定义。

空闲切换过程：当移动台处于空闲状态时，移动台不断测量激活集、相邻集、专用相邻集或剩余集中的导频强度。在分时隙模式，若相邻集、专用相邻集或剩余集中的一个导频 E_c/I_0 值超过了激活集导频 E_c/I_0 值 3dB，则移动台将从激活集中去掉那个强度较低的导频并把那个强度较高的导频加入激活集。在非时隙模式，当一个导频 E_c/I_0 值连续 1s 以上的时间超过激活集导频 E_c/I_0 值时，移动台将去掉这个较弱的导频而加入那个较强的。

4. 接入登录切换

与空闲切换类似，接入登录切换（Access Entry Handoff）发生在当移动台停止检测一个基站的 F-PCH 或 F-CCCH，而开始检测另一个基站的相关信道时。不同于空闲切换，接入登录切换发生在当移动台由基站空闲状态转入系统接入状态时。

若移动台接收到必须要作出反应的消息时，则移动台将完成接入登录切换。实际上，IS-2000 标准没有定义移动台以什么标准决定是否要进行接入登录切换，但是移动台不会与一个导频强度很弱的基站进行登录切换。一旦移动台决定进行接入登录切换，移动台将以与空闲切换相同的过程轮流在当前基站和新基站之间检测 F-PCH 或 F-CCCH。若移动台要进行接入登录切换，则应该在移动台进入更新开销消息子状态之前执行登录切换。

5. 接入切换

接入切换（Access Handoff）发生在接入试探之后，移动台停止检测一个基站的 F-PCH 或 F-CCCH，而开始检测另一个基站的相关信道。因为接入切换发生在接入切换试探后，所以当完成接入切换时移动台就处于系统接入状态。图 5-13 所示为接入切换、接入试探切换、空闲切换、接入登录切换、软切换发生时移动台的状态。

在系统接入状态，移动台存储基站区段三个独立不交叠的集合，分别是激活集、相邻集和剩余集。

（1）激活集　当移动台处于系统接入状态时，移动台监视基站的激活集所处区段的 F-PCH 或 F-CCCH。与空闲切换的激活集类似，它也仅有一个导频，因此移动台在系统接入状态仅能监测单一区段的 F-PCH 或 F-CCCH。

（2）相邻集　相邻集包含那些有可能用于接入切换或者接入试探切换的导频。

（3）剩余集　剩余集是指除了激活集和相邻集之外的当前系统当前载波频率下所有可能的导频，导频 PN 码相位偏置由导频增量来定义。

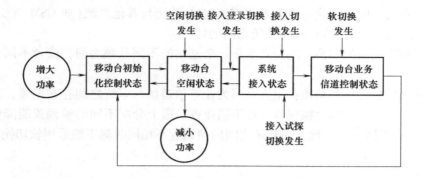

图 5-13　接入切换、接入试探切换、空闲切换、接入登录切换、软切换发生时移动台的状态

接入切换过程：在系统接入状态时，移动台仅能完成接入切换，图 5-14 所示为系统接入状态的子状态。当移动台处在下面两个子状态之一时才能执行接入切换：寻呼响应子状态和移动台始呼试探子状态。

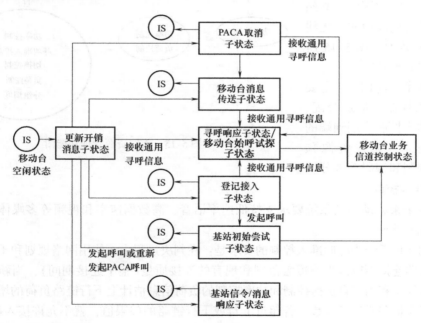

图 5-14　系统接入状态的子状态

6. 接入试探切换

在接入试探过程中，移动台停止向当前基站发送接入试探序列而向新的基站发送接入试探序列，因此一个接入试探切换发生在接入尝试过程中，移动台处在系统接入状态时执行一个接入试探切换。与接入切换相似，该切换仅能发生在始呼和寻呼响应子状态时。

7. 硬切换

在新的通信链路建立之前，先中断原来的通信链路，这种切换就是硬切换。当进行硬切换时原来的链路中断，这时存在短暂的通话中断，但是时间很短，用户一般感觉不到。硬切换通常发生在下面几种情况。

1）不同系统之间的切换：主要发生在 CDMA 系统与其他系统（如 GSM、WCDMA 等）之间的切换以及不同运营商的 CDMA 系统之间的切换。

2）不同频率之间的切换：主要发生在一个基站的不同载频之间，或者不同基站的不同载频之间。

3）不同帧偏置之间的切换：主要是因为业务信道帧与系统之间存在偏置，这个偏置是以 1.25ms 为单位增量，称为帧偏置。在不同业务信道上分配不同的帧偏置能降低不同信道在同时发送信息时造成的干扰。当基站之间的帧偏置不相同时就不能采用软切换，这时就需采用硬切换。

5.3.8　CDMA2000 无线资源管理

1. 无线资源管理的内容

在 3G 系统中，无线资源除了频谱资源外，还包括码字资源、功率资源、时隙资源、基站资源，其丰富的内涵说明了无线资源管理的范畴大。图 5-15 所示为无线资源管理功能图。

无线资源管理（RRM）主要包括呼叫准入控制、信道分配、切换控制、功率控制、端到端的 QoS、调度技术、无线资源预留、自适应调制和编码等部分。

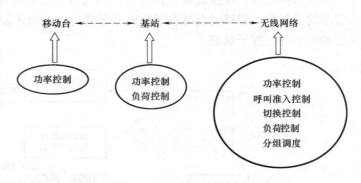

图 5-15　无线资源管理功能图

2. 呼叫准入控制

第三代及未来移动通信系统要求支持低速率语音、高数据速率和视频等多媒体业务，故呼叫准入控制相当复杂。

未来移动通信系统中呼叫准入控制的要求是：在判决过程中，使用网络规划和干扰测量的门限，任何新的连接不应该影响覆盖范围和现有的连接质量（整个连接期间），当新连接产生时，呼叫准入控制利用来自负荷控制和功率控制的负荷信息估计上下行链路负荷的增加。负荷的改变依赖于流量和质量等参数，若超过上行或下行链路的门限值，就不允许接入新的呼叫。呼叫准入控制管理承载映射、发起强制呼叫释放、强制频率间或系统间的切换等。

3. 信道分配

信道分配主要包括三类：固定信道分配（FCA）、动态信道分配（DCA）以及随机信道分配（RCA），下面进行简单介绍。

（1）固定信道分配（FCA）　FCA 的优点是管理信道容易，信道间干扰易于控制。但缺点是信道无法最佳化使用，频谱信道效率低，而且各接入系统间的流量无法统一控制从而造成频谱浪费，因此有必要使用动态信道分配，并配合各系统进行流量整合控制，以便提高频谱信道使用效率。

（2）动态信道分配（DCA）　DCA 根据不同的划分标准有不同的分配算法，一般分为两类：集中式 DCA 和分布式 DCA。

1）集中式 DCA。集中式 DCA 一般位于移动通信网络的高层无线网络控制器（RNC）端，它通过 RNC 收集基站和移动台的信道分配信息。

2）分布式 DCA。由本地决定信道资源的分配，这样可以大大减少 RNC 控制的复杂性。

（3）随机信道分配（RCA）　RCA 为了减轻静态信道中的较差环境（深衰落）而随机改变呼叫的信道，因此每条信道改变带来的干扰可以独立考虑。为使纠错编码和交织技术得到所需的服务质量，需要通过不断地改变信道以获得更高的信噪比。

4. 切换控制

切换技术是指当移动用户终端在通话过程中从一个基站覆盖区移动到另一个基站覆盖区内或脱离一个移动业务交换中心的服务区进入到另一个移动业务交换中心的服务区内时，用来维持移动用户通话不中断的技术。切换技术一般包括硬切换、软切换、更软切换、频率间切换和系统间切换等。切换技术主要是以网络信息信号质量的好坏、用户的移动速度等信息作为参考来判断是否执行切换操作。

未来移动通信系统中切换控制与移动性管理将结合得更加密切，只有对现有的切换技术和控制进行更好的修订和更新，才能适应新一代移动通信发展的需要。

5. 功率控制

CDMA2000 系统的功率控制主要包括前向链路功率控制和反向链路功率控制，下面分别讲解。

（1）前向链路功率控制　对于前向链路，当移动台向小区边缘移动时，它受到相邻小区基站的干扰会明显增加；当移动台向基站方向移动时，它受到本区的干扰将会增加。这两种干扰将影响信号的接收，使通信质量下降，甚至无法建立连接。故在系统的前向链路引入功率控制，通过调整业务信道的基站发射机功率，使前向业务信道的发射功率在满足移动台解调最小需求信噪比的情况下尽可能小。通过调整，既能维持基站同位于小区边缘的移动台之间的通信，又能在较好的通信传输时最大限度地降低前向发射功率，减少对邻区的干扰，增加前向链路的相对容量。CDMA2000 前向链路功率控制主要采用快速功率控制。

（2）反向链路功率控制　反向链路功率控制由三种功率控制共同完成，即首先对移动台发射功率进行开环估计，然后由闭环功率控制和外环功率控制对开环估计作出进一步修正，争取做到精确的功率控制。

6. 端到端的 QoS

未来移动通信系统的核心网络将是基于 IP 的网络，这就给如何在移动 Internet 网络上为未来高速多媒体业务提供可靠的端到端的 QoS 提出了新的问题。下一代高速无线/移动网络要求能够接入 Internet，支持各种多媒体并保证业务的 QoS。但由于用户的移动性和无线信道的不可靠性，使得 QoS 的保证问题比有线网络更为复杂。为此，IETF 为增强现有 IP 的 QoS 性能提出了两种典型的保障机制，即综合业务/资源预约协议（Internet/RSVP）和区分业务（DiffServ）。

7. 调度技术

由于未来移动通信存在大量的非实时性的分组数据业务，各个用户的速率也不相同，一个基站内所有用户的速率往往会超过基站拥有频带所能传输的信道容量，因此必须要有调度台在基站内根据用户 QoS 的要求，判断用户业务的类型，以便分配信道资源给不同的用户。

调度技术一般与其他技术相结合，如调度技术和功率控制整合，调度技术和软切换技术相结合，软切换技术和呼叫准入控制技术相结合等。

5.4　TD-SCDMA 技术

5.4.1　TD-SCDMA 发展历程

1. TD-SCDMA 标准的诞生

TD-SCDMA(Time Division-Sync Code Division Multiple Access,时分-同步码分多址接入)作为中国提出的 3G 标准,自 1998 年正式向 ITU(国际电信联盟)提交以来,完成了标准的专家评估、ITU 认可并发布。TD-SCDMA 标准是由中国提出,以中国知识产权为主,在国际上被广泛接受和认可的无线通信国际标准。2009 年 1 月,中国开始由运营商(中国移动)进行试运营。

2. TD-SCDMA 标准的现状

自 2001 年 3 月 3GPP R4 发布后,TD-SCDMA 标准的实质工作主要在 3GPP 体系下完成。在 R4 标准发布后的两年多时间里,大唐与其他众多的业界运营商、设备制造商一起,经历了无数次讨论,通过提交的大量文稿,对 TD-SCDMA 标准的物理层处理、高层协议栈消息、网络和接口信令消息、射频指标和参数、一致性测试等部分的内容进行了一次次的修订和完善,使目前的 TD-SCDMA R4 标准达到了相当稳定和成熟的程度。

在 3GPP 体系框架下,经过融合完善后,由于双工方式的差别,TD-SCDMA 的所有技术特点和优势得以在空中接口的物理层体现。物理层技术的差别也就是 TD-SCDMA 与 WCDMA 最主要的差别所在。在核心网方面,TD-SCDMA 与 WCDMA 采用完全相同的标准,包括核心网与无线网之间采用相同的 Iu 接口;在空中接口高层协议栈上,TD-SCDMA 与 WCDMA 二者也完全相同。这些共同之处保证了系统间可以无缝漫游、切换,业务支持的一致性和服务的质量等。

3. TD-SCDMA 标准的后续发展

在 3G 技术和 3G 系统快速发展之际,无论是设备制造商、运营商,还是各个研究机构、政府机构、ITU,都已经开始对 3G 技术以后的发展方向展开了研究。在 ITU 认定的几个技术发展方向中,包含了智能天线技术和时分双工(TDD)技术,大家普遍认为这两种技术是以后技术发展的趋势,这两种技术在目前的 TD-SCDMA 标准体系中已经得到了很好的体现和应用,可以说 TD-SCDMA 标准的技术很有发展前途。

另外,在 R4 之后发布的 3GPP 版本中,TD-SCDMA 标准也不同程度地引进了新的技术,用于进一步提高系统的性能,其中主要包括以下几个方面:

(1) 通过空中接口实现基站之间的同步　作为基站同步的另外一个备用方案,尤其适用于紧急情况下保证通信网的可靠性。

(2) 终端定位功能　可以通过智能天线,利用信号到达角对终端用户位置定位,以便更好地提供基于位置的服务。

(3) 高速下行分组接入　采用混合自动重传请求、自适应调制和编码,实现高速率下行分组业务支持。

(4) 多入多出天线处理(MIMO)技术　采用基站与终端多天线技术及信号处理,提高天线系统的性能。

(5) 上行增强技术　采用自适应调制编码、混合 ARQ 技术、对专用/共享资源的快速分配以及相应的物理层和高层信令支持的机制,增强上行信道的效率和业务能力。

　　在政府和运营商的全力支持下，TD-SCDMA 产业联盟和产业链基本建成，产业的开发也得到进一步的推动，更多的设备制造商投入到 TD-SCDMA 产品的开发生产中来。在运营方面，中国移动在 TD-SCDMA 技术方面已经有很好的运营模式。

5.4.2　TD-SCDMA 系统的帧结构

1. 概述

　　一个 TD-SCDMA 帧的长度为 10ms，分成两个 5ms 的子帧，每一个子帧又分成长度为 675μs 的 7 个常规时隙和 3 个特殊时隙，即 DwPTS(下行导频时隙)、GP(保护间隔)和 UpPTS(上行导频时隙)。

　　TD-SCDMA 子帧结构如图 5-16 所示，每一个 5ms 的子帧由 7 个常规时隙组成。在这 7 个常规时隙中，TS_0 总是分配给下行链路，而 TS_1 总是分配给上行链路。上行链路的时隙和下行链路的时隙之间由一个转换点分开，在 TD-SCDMA 系统的每个 5ms 的子帧中，有两个转换点(UL(上行链路)到 DL(下行链路)和 DL 到 UL)。TD-SCDMA 系统所提出的帧结构考虑了对一些新技术的支持，如智能天线(波束成形)技术和上行同步技术。

　　图 5-17 给出了对称分配和不对称分配上下行链路的例子。

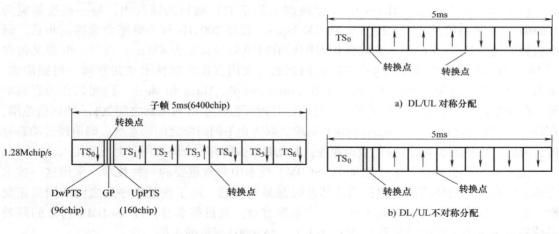

图 5-16　TD-SCDMA 子帧结构　　　　图 5-17　TD-SCDMA 系统的帧结构示意图

2. 特殊时隙

　　(1) 下行导频时隙(DwPTS)　每个子帧中的 DwPTS(SYNC-DL)是为下行导频和同步而设计的，由 Node B 以最大功率在全方向或某一扇区上发射。这个时隙通常由长为 64chip 的 SYNC-DL 和 32chip 的 GP 组成，其结构如图 5-18 所示。

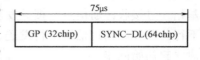

图 5-18　DwPTS 的结构

　　SYNC-DL 的内容是一组 PN 码集。为了方便小区测量，设计的 PN 码集用于区分相邻小区，该 PN 码集在蜂窝网络中可以重复使用。

　　(2) 上行导频时隙(UpPTS)　每个子帧中的 UpPTS(SYNC-UL)是为上行导频和同步而设计的，当 UE 处于空中登记和随机接入状态时，它将首先发射 UpPTS，得到网络应答后，发射 RACH。这个时隙通常由长为 128chip 的 SYNC-UL 和 32chip 的保护间隔组成，其结构与图 5-18 所示的结构非常类似。

SYNC-UL 的内容是一组 PN 码集，设计该 PN 码是为了在接入过程中区分不同的 UE。

（3）保护间隔（GP）　在 Node B 侧，由 Tx 向 Rx 转换的保护间隔为 75μs（96chip）。

5.4.3　TD-SCDMA 的关键技术及主要特点

1. TD-SCDMA 的关键技术

TD-SCDMA 作为 TDD 模式技术，比 FDD 更适用于上下行不对称的业务环境，是多时隙 TDMA 与直扩 CDMA、同步 CDMA 技术合成的新技术。同时，作为当前世界最为先进的传输技术之一，TD-SCDMA 标准建议采用的空中接口技术很容易同其他技术相融合，如智能天线技术、同步 CDMA 技术以及软件无线电技术。其中，智能天线技术有效地利用了 TDD 上下行链路在同一频率上工作的优势，可大大增加系统容量，降低发射功率，更好地克服无线传播中遇到的多径衰落问题。

良好的兼容性所带来的最大利益就是可以通过多种途径实现向 3G 的跨越，从而避免来自 FDD CDMA 技术领域内的众多专利问题。同时，TD-SCDMA 中还应用了联合检测、软件无线电、接力切换等技术，使系统的整体性能获得很大程度的提高，从而在硬件制造总成本控制上获得了更多优势。

（1）系统码道技术　TD-SCDMA 系统将工作于 ITU 规划的频段内，每一载波带宽为 1.6MHz，扩频后码片速率大约为 1.3542Mchip/s，预留 200kHz 作为频率合成器的步长。每个射频码道包括 10 个时隙，去除保护时隙后的时隙平均长度为 478μs，而每一时隙又包含了 16 个 Walsh 区分的码道，这些时隙和码道通过使用直接扩频技术来共享同一射频信道。由每一时隙和码道确定的物理信道（Mux0d、Muxd、Mux0u、Muxu 和 Muxlu 等）可以作为资源单元，分配给任何一个用户。上下行业务的保护时隙可保证手机和基站之间 20km 的通信范围，在每一时隙单元之间，还有 8chip 的保护时隙，以防止不同时隙之间的重叠。码道经过动态分配，可以支持多达 2048kbit/s 的数据业务，但此时至少要有一个码道用于上行的接入。

（2）同步码分多址技术　这是 TD-SCDMA 技术中非常重要的一种技术，采用这一技术意味着所有用户的伪随机序列在到达基站时都是同步的。由于伪随机序列之间的同步正交性，系统可以有效地消除码间干扰，扩大系统容量。就目前来看，TD-SCDMA 将来的同类系统容量至少会是其他两种系统（WCDMA、CDMA2000）容量的 4 倍。

当 3G 移动终端（手机等）工作时，将接收来自基站的最强信号，进而获得接收同步，并且从公共控制物理信道中获得相关信息。接收同步建立之后，手机用户直接进行空中注册，基站通过接收注册信息，搜寻发射的功率冗余度和同步，并将功率控制和同步偏移信息放入下行公共控制物理信道进行发送。在整个响应期间，手机将调整其发射功率和发射时间，以建立起初始同步。

同步的维持将依靠每一个上行时隙中的 Empty 或 Sync2 序列（上行的接入帧除外），只有当这一时隙某一码道分配的 Walsh 码和现行的帧号相匹配时，Sync2 才会进行功率发射，而其他手机虽然处于同一时隙，但由于被分配了不同的 Walsh 码，它们的 Sync2 将转入 Empty 状态，不进行任何功率发射。这一设计可以使基站以较少的干扰来接收 Sync2 序列，以维持手机与基站的同步。而在下行帧中，同步偏移和功率控制信息被传送给手机，以进行闭环的功率控制和同步控制。

（3）智能天线技术　TD-SCDMA 智能天线技术的测试早已完成，而在通信系统建议方案中也是采用这一天线技术。智能天线由一个环形的天线阵列和相应的发送接收单元组成，并由相应的算法来控制。与传统的全向天线只产生一个波束不同的是，智能天线系统可以给出多个波束成形，而每一个波瓣对应于一个特别的手机用户，波束也可以动态地追踪用户。

在接收方面，这一技术允许进行空间选择接收，这样不但增加了接收灵敏度，而且还可将来自不同位置手机的共码道干扰降至最小，以增加网络的整体容量。智能天线采用双向波束成形，在消除干扰的同时增大了系统的容量，并且降低了基站的发射功率要求，即便出现单个天线单元损坏的现象，系统工作也不会因此受到重大影响。

(4) 接力切换技术　TD-SCDMA 的切换与其他系统的切换不同，它采用了一种全新的切换技术，并将其命名为接力切换。

接力切换是基于同步码分多址和智能天线的技术。移动通信系统中如何对移动用户进行准确定位一直是运营商关心的话题，TD-SCDMA 系统利用天线阵列和同步码分多址技术中码片周期的周密测定，可以得出用户位置，然后在手机辅助下，基站根据周围的空中传播条件和信号质量，将手机切换到信号更为优良的基站。通过这一方式，接力切换技术还可以对整个基站网络的容量进行动态优化分配，也可以实现不同系统之间的切换。

(5) 软件无线电技术　在 TD-SCDMA 系统中，DSP(数字信号处理) 技术将取代常规模式，完成众多原来通过 RF 基带模拟电路和 ASIC 实现的无线传输功能。这些功能主要包括智能 RF 波束成形、板内 RF 校正、载波恢复以及定时调整等。

采用软件无线电技术的主要优势在于，通过软件方式可以灵活地完成原本由硬件完成的功能，减轻网络负担；在重复性和精确性方面具有优势，错误率较小，容错性高；不像硬件方式那样容易老化和对环境具有较大的敏感性；可以通过较少的软件成本实现复杂的硬件功能，降低总投资。

2. TD-SCDMA 的主要特点

在系统应用方面，TD-SCDMA 系统遵循 ITU 第三代移动通信系统的各项要求，相对于第二代移动通信系统而言，不仅容量和频谱利用率方面有极大的改进，在多媒体业务的提供方面，除了传统的语音业务，还能提供基于分组的数据业务。另外，在操作的灵活性方面，TD-SCDMA 也可以向下完全兼容 GSM 网。

(1) 频谱利用率　频谱利用率是 ITU 对 3G 系统的要求之一，在 2G 系统中，IS-95 CDMA 系统具有最高的频谱利用率，但是 TD-SCDMA 系统通过扩频码之间的正交性，并且结合智能天线技术，所能提供的容量将达到 IS-95 CDMA 系统的 4～5 倍。作为容量最大的 3G 系统，TD-SCDMA 系统的容量为 GSM 系统的 20 倍，是其他 3G 系统的 4 倍。由于采用了码分多址技术，TD-SCDMA 系统部署不需要频率规划，同时采用 TDD 工作方式。TD-SCDMA 不像基于 FDD 的第三代移动通信系统那样需要成对的频率源，因而在频率利用方面具有更大的灵活性。

(2) 多媒体业务　TD-SCDMA 标准下的通信系统，除了能提供基本的语音业务外，还能提供数字与分组视频业务。尽管采用的模式是所有用户共享同一频率资源，但是结合智能天线技术便可以根据业务质量的级别和要求，为不同的用户动态地分配功率，并且能保证干扰不超出上限。

TD-SCDMA 系统里的通信资源以由 Walsh 码道和时隙确定的资源单元为单位分配给每个用户，既可以是每个用户获得一个资源单元，也可以是单个用户占用多个资源单元，对同一用户的不同业务码道组合就形成了多媒体业务，这就使用户在获得语音通信业务的同时，也可以进行数据通信，实现 Web 浏览与 E-mail 收发等业务。对于 2Mbit/s 的业务(室内数据传输），将有超过 90% 的码道分配给用户，同时也能保证部分语音通信业务的同步进行。

TD-SCDMA 系统要尽量接近 3GPP 制定的 3G 标准的物理层，直至与其保持一致，才能够在最大程度上获得应用，参与实现从 2G 向 3G 的过渡，并抢占更大的市场空间。

5.4.4　干扰分析

1. TD-SCDMA 系统的干扰

（1）不同运营商 TD-SCDMA 系统之间的干扰　如果相邻频段的两个 TD-SCDMA 运营商采用不同的 TDD 系统，两系统之间的帧结构就会不同，就有可能导致一个系统处于上行时隙的时候，另外一个系统正好处于下行时隙，此时两系统的基站与基站之间、移动台与移动台之间会相互产生干扰，从而使每个系统的干扰更加严重，导致系统容量下降，性能变差。不过中国移动是目前唯一的 TD-SCDMA 运营商，应该不会发生上面的事情。

（2）TD-SCDMA 系统与 GSM/GPRS 系统之间的干扰　从图 5-19 可以看出，GSM/GPRS1800 系统的下行工作频段与 TD-SCDMA 系统的 1880～1920MHz 频段相邻，因此 GSM/GPRS1800 系统的下行频段可能与 TD-SCDMA 系统的上下行频段存在干扰，干扰的大小由不同系统基站之间的距离决定。

（3）TD-SCDMA 系统与 PAS 之间的干扰　图 5-20 为 PAS 与 TD-SCDMA 的频谱分布情况，从图 5-20 可以看出，PAS 与 TD-SCDMA 系统的频谱在 1900～1920MHz 重叠，而且两系统均为 TDD 系统，因此两系统之间的干扰会很严重。

图 5-19　GSM/GPRS1800 与　　　　　　图 5-20　PAS 与 TD-SCDMA 的频谱分布情况
TD-SCDMA 的频谱分布情况

（4）TD-SCDMA 系统与 WCDMA 系统之间的干扰　当 TD-SCDMA 系统在 1915～1920MHz 部署，而 WCDMA 系统在 1920～1980MHz 部署时，需要考虑两系统的邻频道干扰，TD-SCDMA 的上下行信道与 WCDMA 的上行信道互相干扰，TD-SCDMA 基站对 WCDMA 基站产生干扰，TD-SCDMA 移动台对 WCDMA 基站产生干扰，WCDMA 移动台对 TD-SCDMA 基站产生干扰，WCDMA 移动台对 TD-SCDMA 移动台产生干扰；当 TD-SCDMA 系统在 2010～2025MHz 部署，而 WCDMA 系统在 1920～1980MHz/2110～2170MHz 部署，且两系统基站共站址时，需考虑两系统的共存问题，TD-SCDMA 基站对 WCDMA 基站的干扰为其中主要的干扰。

（5）TD-SCDMA 系统与 CDMA2000 系统之间的干扰　当 TD-SCDMA 系统在 1900～1920MHz 部署，而 CDMA2000 系统在 1920～1980MHz/1850～1880MHz 部署时，两系统将在 1880MHz 和 1920MHz 两个频点处邻频共存，主要为 TD-SCDMA 基站对 CDMA2000 基站的干扰，TD-SCDMA 移动台对 CDMA2000 基站的干扰，CDMA2000 移动台对 TD-SCDMA 基站的干扰，CDMA2000 移动台对 TD-SCDMA 移动台的干扰。其中 TD-SCDMA 基站对 CDMA2000 基站的干扰是主要的干扰，根据两系统基站之间的不同位置，干扰的强度和影响也不尽相同。

2. 干扰消除

根据 TD-SCDMA 系统干扰情形的不同，降低和消除干扰的方法也不同，如增大站址之间的间隔、减小发射功率、提高系统设备(如滤波器)的精度、优化天线安装、增大保护带宽(频率间隔)等，这些方法都可以有效地降低系统的干扰。它们在降低系统干扰的同时，能够增大系统的覆盖，改善系统的容量。但从另外一个方面又提高了系统设备的造价，这两方面应综合起来权衡考虑。下面给出几种典型的干扰消除方法。

互调干扰分为发射互调干扰和接收互调干扰，增大发射天线之间的空间间隔到一定程度(如在超短波波段,垂直隔离9m,水平隔离270m)，或加装单项隔离器，不让其他天线的发射信号进入到本发射系统，或采用高 Q 值谐振腔都可以消除发射互调干扰；提高接收机的射频互调抗拒比(一般高于70dB)，或移动台发射机采用二次方律特性器件，不出现或出现幅度很小的三次方，或在系统设计时采用三阶互调信道组，都可以消除接收互调干扰。

同频干扰的消除主要是避免无线电台对频率资源的滥用而导致两个电台之间使用同一频率。邻频干扰的消除方法主要是控制发射机的最大发射频偏。选择合理的基站站址也是有效减少干扰的方法之一。

5.4.5　TD-SCDMA 网络规划

1. TD-SCDMA 关键技术对网络规划的影响

在了解 TD-SCDMA 关键技术后，要了解此关键技术对网络规划的影响

(1) TDD 技术对网络规划的影响　时分双工(TDD)模式是 TD-SCDMA 系统与 FDD 系统的根本区别，相比 FDD 模式，TDD 具有如下优点：

1) TDD 不需要使用成对的频率，各种频率资源在 TDD 模式下均能够得到有效的利用，分配频率要相对简单些。

2) TDD 前向与反向信道的信息通过时分复用的方式来传送。在 3G 业务中，数据业务将占主要地位，尤其是不对称的 IP 分组数据业务，TDD 特别适用于不对称的上下行数据传输。当进行对称业务传输时，可选用对称的转换点位置；当进行非对称业务传输时，可在非对称的转换点位置范围选择。

3) TDD 上下行链路工作于同一频率，发射机根据接收到的信号就能够知道多径信道的衰落是快衰落还是慢衰落，对称的电波传播特性使之便于使用智能天线等新技术达到提高性能、降低成本的目的。

4) 由于信道是对称的，所以可以简化接收机结构。与 FDD 相比，TDD 无收发隔离的要求，可使用单片 IC 来实现 RF 的收发信。

虽然 TDD 在传播模式上具有以上优势，但也存在如下问题：

1) 移动速度与覆盖问题。由于 TDD 采用多时隙的不连续传输，对抗快衰落、多普勒效应能力比连续传输的 FDD 差。目前，ITU-R 对 TDD 系统的要求是达到 120km/h，而对 FDD 系统则要求达到 500km/h。另外，TDD 的平均功率和峰值功率的比值随时隙数增加而增加，考虑到耗电和成本因素，用户终端发射功率不可能太大。

2) 基站的同步问题。对 TDD-CDMA 系统来说，为减少基站间的干扰，基站间同步是必须的。这可以采用 GPS 接收机或其他公共时钟来实现，但这也增加了基础设施的投入。

3) 干扰问题。TDD 系统中的干扰不同于 FDD 系统，因为 TDD 系统对同步的要求相当高，一旦不能同步，产生的干扰将让 TDD 系统工作受到影响。TDD 系统包括了许多形式的干扰，如 TDD 蜂窝系统内的干扰、TDD 蜂窝系统间的干扰、不同运营商系统间的干扰、TDD 与 FDD 系统间的干扰等。

（2）智能天线技术对网络规划的影响 智能天线的引入可以极大地提高系统性能，但在网络规划中增加了选址的难度，在天面上除了需要安装智能天线和馈线外，还需要安装功率放大器。目前智能天线主要分圆阵天线（全向天线）和面天线（扇区天线）。全向天线比较典型的规格是高度约800mm，直径约250mm，重量约8kg；扇区天线比较典型的规格是长约1200mm，宽600mm，厚100mm，重约15kg。智能天线每个扇区需要8根1/2馈线，每个基站还需要安装一根GPS天线。功率放大器（TPA）一般采用冗余设计，两套放大器共支持8个射频通道，双路电源供电。因此，TD-SCDMA系统中安装智能天线提高了对天面的要求，主要包括如下几个方面：

1）智能天线尺寸变大，同时需要在室外安装功率放大器。为保证天线安装的安全性，支撑杆需要更粗，斜支撑占地面积也相应增加。

2）馈线数量增加了布线难度。

3）智能天线在使用前需要校准，其迎风面积也比普通天线大，因此智能天线的安装施工要求将更高。

4）重量比普通天线增加，对天面负荷提出更高要求。

5）智能天线比普通天线更容易引起周围住户的注意，天线的美化难度和建站成本也相应提升。

（3）联合检测技术对网络规划的影响 TD-SCDMA是一种时域TDMA方案，用户被分配在不同的时隙中，每个时隙中的用户数相对较少。另外，由于系统使用较短的CDMA码字，不同的用户数据流可以通过较低的计算量检测出来，因此，TD-SCDMA系统采用联合检测能够实现网络规划，并能获得较高的效率。

联合检测利用了多址干扰中的有用信息，减弱了多址干扰、多径干扰、远近效应的不利影响，还可减少在无线传播环境中由于瑞利衰落所引起的信号抖动，简化功率控制，降低功率控制精度，弥补正交扩频码互相关性不理想带来的消极影响，使频谱利用率得到了提高，从而改善了系统性能，提高了系统容量，增大了小区覆盖范围。在TD-SCDMA中将智能天线和联合检测结合使用，可进一步抑制干扰，减弱小区呼吸效应，提升系统容量和频谱利用率。

（4）上行同步技术对网络规划的影响 在TD-SCDMA系统中，随着上行同步的引入，使得小区中同一时隙内的各个用户发出的上行信号在同一时刻到达基站，各终端信号与基站解调器完全同步，正交扩频码的各码道在解扩时完全正交，相互之间不产生多址干扰，克服了异步CDMA多址技术由于移动台发送的信号到达基站时间不同，造成码道非正交化带来的干扰，优化了链路预算，增加了小区覆盖范围，提高了系统容量，简化了硬件，降低了成本。

（5）接力切换技术对网络规划的影响 接力切换技术是TD-SCDMA系统的核心技术之一，不同于传统的硬切换和软切换，接力切换是TD-SCDMA系统提出的一种崭新切换技术，主要原理是基于同步码分多址与智能天线的结合。采用接力切换有如下特点：

1）切换过程经历时间短，减少了切换时延。

2）相比软切换节约了无线资源，间接提高了系统容量，降低了设备成本。

3）相比硬切换提高了切换成功率，降低了掉话率，改善了系统性能。

4）切换中上下行分别进行，可以实现无损失切换。使用该方法可以在使用不同载频的基站之间，甚至在TD-SCDMA系统与其他移动通信系统，如GSM的基站之间实现不中断通信、不丢失信息的越区切换。

2. TD-SCDMA 网络规划的特点

网络规划是无线网络建设运营之前的关键步骤，主要根据实际的无线传播环境、业务、社会等多方面因素，从覆盖、容量、QoS 三个方面对网络进行宏观配置。网络性能的这三个指标需要由无线系统中各种物理层关键技术、链路层控制协议、无线资源管理算法等各方面因素协同实现。TD-SCDMA 系统采用了同步码分多址、智能天线、联合检测、接力切换、动态信道分配等一系列新型关键技术和无线资源管理算法，为网络规划带来了很多新特点，极大地提高了系统的性能。

（1）无线覆盖规划特点　　网络规划时，主要从上行链路预算入手考虑覆盖。链路预算与收发端的天线增益、扩频增益、热噪声带宽等很多因素有关。TD-SCDMA 系统的较低码片速率（1.28Mchip/s）有利于联合检测技术的使用。虽然 TD-SCDMA 系统的码片速率比 WCDMA 系统的低，扩频增益也较低，但是在 TD-SCDMA 系统中通过引入智能天线和联合检测等先进技术带来了成形增益和干扰抑制，理论上可以认为其覆盖不会像 WCDMA 那样受负荷影响明显。根据目前外场测试结果，TD-SCDMA 系统的覆盖和 WCDMA 系统是基本一致的。在同样的覆盖面积下，TD-SCDMA 系统的基站数更少，可以有效地降低成本。

（2）网络容量规划特点　　TD-SCDMA 系统容量规划需要结合 TD-SCDMA 关键技术的特点。在对 TD-SCDMA 系统进行容量规划过程中，需要根据不同的时隙配置可提供的上下行资源单元数量对系统可以提供的容量进行计算。同时，还需要根据 3G 业务模型的情况，进行不同业务与资源单元需求比例的折算，并通过不同区域需求业务量的分析结果，最后进行该区域中基站所需容量的计算。

（3）扩容规划特点　　TD-SCDMA 系统采用时分与码分的多址方式，可以将用户干扰均匀地分布到不同时隙，有效地降低了干扰。它是码字受限系统，在用户占用了所有码道之后，系统干扰不是很重，业务质量可以保持在良好状态。因此对于 TD-SCDMA 系统来说，在基站功率足够的情况下，各种业务可以保持相当的覆盖半径。

（4）业务规划特点　　在面向业务的 3G 时代，TD-SCDMA 系统在业务规划方面有三个特点：①各种业务覆盖半径基本相同。②为适应业务量的增加，可以对时隙结构进行调整，实现调节上下行流量的比例，使语音和数据业务可以互相转化。③可以方便计算各种并发用户数和统计意义上的用户数。

在具体调节时隙结构时，可以根据业务发展状况进行灵活配置。在计算统计意义上的用户数时，由于每个时隙的数据吞吐量是相对固定的，根据一定数据业务模型，不同时隙结构下的数据和语音用户数可以方便地得到。正是由于 TD-SCDMA 系统灵活的时隙结构和码字受限而非干扰受限的特点，为业务规划带来了极大的便利。

（5）切换规划特点　　切换区域规划是网络规划的另一个重要方面。在 TD-SCDMA 系统中，覆盖半径的稳定和接力切换的应用使得切换规划更加简便。由于覆盖半径不会因为负载的变化而变化，接力切换区域稳定，网络建设初期就可以一次完成切换区域的合理规划，选择合理位置。接力切换没有采用宏分集，不易出现切换区域面积过大的情况，这样可以有效提高切换成功率和系统资源的利用率。TD-SCDMA 系统的这些特点大大降低了切换规划的难度，明显节省了运营商的时间成本。

（6）呼吸效应　　所谓呼吸效应是指随着小区用户数的增加，覆盖半径收缩的现象，这是 CDMA 系统的一个天生缺陷。由于 TD-SCDMA 系统中的智能天线和联合检测技术能有效地抵抗干扰，因此它不是一个干扰受限系统，而是一个码道受限系统，覆盖半径基本不会随用户数的增加而改变，即呼吸效应不明显，因此在网络规划时可以把容量和覆盖分开考虑。

3. TD-SCDMA 网络规划概述及其详细流程

（1）规划的必要性 网络规划是一个非常重要的过程，它的结果准确与否甚至会影响到网络运营商的运营成功与否。若网络规划不当，将会导致系统提供的服务质量变差、呼叫中断概率变大，可能产生吞吐量降低、高重传率和高阻塞率等不良影响。这样会导致用户的投诉增加和运营收入的降低，因此好的网络规划可以提高网络的服务质量等级并且能减少运营商的经营成本。

在 TD-SCDMA 系统中，需要调整的参数（主要为无线参数）数量比固定通信系统多得多。话务量、传播条件、用户移动性、业务等参数的变化对网络中各个小区产生各自特有的、独一无二的运营特性。因此，TD-SCDMA 网络运营商为了确定各参数新的最佳值，必须不断地监视网络并且对网络中的这些变化有所反应。可以通过调整诸如寻呼、切换、功率控制、无线资源管理以及位置更新算法等相关参数，使无线资源的使用最优化。

（2）TD-SCDMA 网络规划的原则 网络规划必须要达到服务区内最大程度的时间、地点的无线覆盖，最大程度减少干扰，达到所要求的服务质量，最优化设置无线参数，最大程度发挥系统服务质量，在满足容量和服务质量前提下，尽量减少系统设备单元，降低成本。一个出色的组网方案应该是在网络建设的各个时期以最低代价来满足运营要求。网络规划必须符合国家和当地实际情况；必须适应网络规模滚动发展，系统容量应满足用户增长的需要；要充分利用已有资源，应平滑过渡；注重网络质量的控制，保证网络安全、可靠；综合考虑网络规模、技术手段的未来发展和演进方向。

（3）网络规划的流程 简单地说，TD-SCDMA 网络规划可以分为以下五个步骤：规划目标数据采集、无线网络规模估算、网络站址规划与优化、详细规划以及规划输出。TD-SCDMA 网络规划流程如图 5-21 所示。

1）规划目标数据采集。所谓规划目标数据采集，指的是网络规划前的需求分析。项目预研过程中需要了解客户对将要组

图 5-21 TD-SCDMA 网络规划流程

建网络的要求，了解现有网络的运行状况以及发展计划，调查当地电波传播环境，调查服务区内话务需求分布情况，对服务区内近期和远期的话务需求进行合理预测。

需求分析阶段要根据客户要求的业务区来划分覆盖区域，根据与覆盖区域相对应的用户（数）密度分析，确定业务区域划分，从而规划设计所要达到的目标。此外，还需要就客户提出的规划要求进行客户需求分析，了解规划区的地物、地貌，研究话务量的分布，了解规划区的人口分布和人均收入，了解规划区的现网信息，提出满足客户提出的覆盖、容量、QoS 等要求规划的策略。应对客户要求覆盖的重点区域实地勘测，利用 GPS 了解覆盖区域的位置、覆盖区域的面积。通过现网话务量分布的数据，指导待建网络的规划。根据提供的现网基站信息，做好仿真前的准备工作。需求分析需要考虑以下因素：

① 地形、地貌环境和人口分布。

② 无线网络频点环境。

③ 客户的网络建设战略。

④ 系统设计参数要求。

⑤ 覆盖要求。

⑥ 客户可提供的站点位置信息。

⑦ 现有无线网络站点分布和话务分布信息。

⑧ 客户其他特殊要求。

对于规划目标数据采集，其中很重要的一项工作是业务的预测和规划。一般而言，要对未来两年或三年的用户进行预测，可通过对目标群体的分析和业务的定位来进行，可采用主体用户分析法和类比分析法，其中要考虑到影响用户加入 TD-SCDMA 系统的主要可能因素，包括国家和城市的总体发展战略、各区域经济的发展水平及发展前景、运营商的策略等各种因素。预测的方法主要有人口普及率法、瑞利分析多因素法、曲线拟合法等。

根据对现有的以及未来的 GSM 大客户中不同消费层用户统计得到的数据，预测得到 TD-SCDMA 用户中不同层次消费层的用户。将这些不同层次消费层的用户依据一定原则分别统计为高端用户、中端用户和低端用户。

在进行业务分析时，首先需要按照一定的规划对有效覆盖区进行划分和归类，不同区域类型的覆盖区采用不同的设计原则和服务等级，从而达到通信质量和建设成本的平衡，获得最优的资源配置。通常可以将覆盖目标区域划分为密集市区、市区、郊区和乡村。

语音的业务模型可以参照现有的 2G 网络取定。数据业务是休眠状态和激活状态的转换，用户每一次会话可以包含多次分组呼叫，而且不同业务类型和不同用户类型都具有不同的特点，数据以突发方式传输，分组呼叫所占用的资源随着数据的突发传输而随时变化。

2) 无线网络规模估算。在进行规划时，可以预先对无线网络规模进行估算，例如整个网络需要多少基站、多少小区等。网络规模估算是对目标覆盖区域进行覆盖和容量两方面的分析，在同时满足覆盖和容量要求的情况下，获得网络的建设规模 (基站数目)。无线网络规模估算包括两部分，一部分是基于覆盖的规模估算，另一部分是基于容量的规模估算。

① 覆盖规模的估算。进行规划时，主要是从上行链路覆盖预算入手。无线覆盖是影响网络质量最重要的因素之一，覆盖范围的大小直接和网络基础设施投入的大小成比例。基于覆盖的规模估算主要步骤为使用现有模型 (或进行传播模型的校正，得到当地无线传播模型)、链路预算工具，在校正后的传播模型基础上，分别计算满足上下行覆盖要求条件下各区域的小区半径，根据站型计算小区面积，用区域面积除以小区面积就得到所需的基站个数。

② 容量规模的估算。网络的大小，以至于每个小区覆盖的大小，都决定于容量 (话务负荷) 的需求。对于上行链路而言，容量规划的主要目标是将其他小区的干扰限制在一个可以接受的范围内。网络规划可以通过减小其他小区干扰来增加上行负荷，可以通过使用建筑物、山体等屏蔽干扰小区，天线下倾也是控制干扰的有效方法。对于下行链路而言，应当考虑的问题有两个方面，即其他小区的干扰和基站的功率。在下行方向上，用户之间的正交性比上行好得多，因为基站对移动台发送扩频码的同步时间要精确得多。

因为 TD-SCDMA 网络是多业务并存的网络，对小区容量的估算不能简单沿用纯语音网络中对小区容量的估算方法，这是因为不同业务的业务速率和所需的 Eb/No 不同，因此对系统负荷产生的影响也不同。在 TD-SCDMA 网络规划中，容量估算是基于 Campell 理论的混合业务容量估算。通过将不同业务对系统负荷产生的影响等效为多个语音信道对系统负荷产生的影响，计算出混合业务条件下小区的负荷信道数和负荷厄朗数，并在此基础上进行容量规模估算。

估算话务负荷是 TD-SCDMA 网络运营应完成的关键任务。当规划网络、评估引入新业务或新计费标准的影响时，首先要估算容量。影响容量的因素有经济发展、行业政策、资费政策、运营商之间的市场竞争、移动业务的可利用性和对用户的重要性、销售策略等。

3）网络站址规划与优化。网络站址规划与优化包括以下几个主要步骤。

第一步：基站站址的选择。

基站站址的选择是一个复杂的工作，除去工程技术的因素，站址选择的可行性也是很重要的一个方面。由于实际的物理环境所限，从技术角度考虑最适宜建站的地方，并不一定能够安放基站设备，因此在网络的设计过程中，可行的方法是为拟订安放的基站设定基站搜索圈，然后通过实地勘察，在基站搜索圈中确定基站站址，安放基站设备。基站站址的选择在整个网络规划过程中起着非常关键的作用，站址选择的合理性，直接影响到后面的工作。站址的选择合理，规划时只需要对参数进行稍微的调整就可以满足要求；反之，站址的选择不合理，常常会导致规划性能不佳，甚至需要重新选择站址，这时前一阶段的规划工作就白做了。

站点布局阶段的任务是从运营商可提供的站点或后选站点中选择合适的站点，确定站点的站型、网络整体结构。根据覆盖和容量的需要确定站点的站型，在此基站上搭建合理的网络拓扑结构。在站点分布规划中，应根据综合的因素选择网络单元，这些因素包括地形、地貌、覆盖、容量、机房条件等。组网中常见的网络单元有宏蜂窝、微蜂窝、射频拉远单元、直放站等，在网络建设过程中，要灵活运用，从而获得良好的组网效果。

第二步：预规划仿真。

所谓预规划仿真就是利用仿真软件对无线网络规模估算结果进行验证。通过仿真来验证估算的基站数量和基站密度能否满足规划区域对系统覆盖和容量的要求，得到混合业务可以达到的服务质量，大体上给出基站的布局和基站预选站址的区域和位置，为勘察工作提供指导方向。预规划仿真一般采用的仿真算法是 Monte-Carlo 算法。

第三步：站址的实地勘察。

进行无线网络勘察的目的就是确认预规划所选站址是否满足建站要求，具体要求包括无线方面的准则和非无线方面的准则。

无线方面的准则有：主瓣方向场景开阔，智能天线周围 40～50m 不能有明显的阻挡物，周围没有对覆盖区形成阻挡的高大物体，地形可见性高，有足够的天线安装空间，馈线应尽可能短。

非无线方面的准则有：是否有合适的机房；是否可以建设机房；是否有天线安装的合适位置；天线安装位置距离机房小于 50m；天线安装位置能否牢靠架设抱杆，对覆盖区方向视野是否开阔。

进行实地勘察时需要记录的信息包括经纬度、建筑物高度、站面、站址、覆盖区描述、地形归类等数据。

第四步：基站调整。

根据仿真得到的基站数量和基站密度等结果，以及对基站情况的勘察结果，对基站进行调整。调整包括：调整发射功率、改变下倾角、改变扇区方向角、降低天线挂高、更换天线类型、增加基站或微蜂窝和直放站、改变站址。对基站进行调整时要针对具体情况采取相应的调整。

4）详细规划。详细规划的内容主要包括网络仿真和无线参数规划两个方面。

网络仿真是按照前面进行的无线网络勘察的结果以及天线调整的结果，重新进行仿真分析，调整方案。

无线参数规划包括相邻小区规划、频率规划和码资源规划。

5）规划输出。详细的无线网络规划输出是无线网络规划成果的直接体现，规划水平的反映。输出内容主要包括规划区域类型划分、规划区域用户预测、规划区域业务分布、网络规划目标、网络规划规模估算、无线网络规划方案、无线网络仿真、无线网络建议以及相关无线设备（天线、基站硬件等）的输出等。

4. GSM、CDMA 以及 WCDMA 网络规划的特点

通过比较我们可以更好地理解 TD-SCDMA 网络所具有的特点，下面简单介绍 GSM、CDMA 以及 WCDMA 的网络规划。

（1）GSM 网络规划　GSM 系统采用的是时分多址技术，不同的用户用不同的频率和时隙来区分，因此影响 GSM 系统容量的主要因素是频率资源和频率复用技术。GSM 网络在频率规划良好和没有外部网络干扰的情况下，其覆盖范围只与最大发射功率有关，而容量只与可用的业务信道总数有关。容量和覆盖本身没有关系。因此，在 GSM 系统中，质量、覆盖、容量三者之间没有直接的联系，可以独立分析，独立设计。网络设计的难点主要在于频率规划。GSM 系统容量基本上由硬件资源决定，一个载波有 8 个时隙，可用的载波数和复用模式决定了能同时连接的最大用户数目。覆盖范围由上下行发射功率决定。通话质量则由干扰情况决定，通过网络设计（复用模式、复用距离、跳频等）来控制干扰，保证通信质量。

（2）CDMA 网络规划　CDMA 网络与 GSM 网络完全不同。CDMA 系统采用 1×1 的频率复用模式，通过扰码及正交码字来区分小区和用户。其容量与覆盖直接受到网络干扰的影响，规划人员在设计时需要充分考虑如何减少干扰。CDMA 系统是一个干扰受限的系统，其覆盖不仅取决于最大发射功率，还与系统负荷有相当大的关系，而在设计时要充分考虑覆盖和容量之间的相互关系，以确保系统所需的性能指标。在 CDMA 系统的规划过程中，应特别注意容量、覆盖、质量三者之间的密切相关性。在满足运营商建网目标的前提下，达到容量、覆盖、质量和成本的良好平衡，从而实现最优化设计。

下面介绍这三个因素的相互制约关系。

1）容量与覆盖。设计负载增加，容量增大，干扰增加，覆盖减少。

应用实例：小区呼吸。一个小区的业务量越大，小区面积就越小。因为在 CDMA 系统中，业务量增多就意味着干扰的增大。这种小区面积动态变化的效应称为小区呼吸。

2）容量与质量。通过降低部分连接的质量要求，可以提高系统容量。

应用实例：提高目标误码率（BER）值可换取一定的系统容量。

3）覆盖与质量。通过降低部分连接的质量要求，同样可以增加覆盖能力。

另外，多媒体业务的引入，使得 CDMA 网络中的业务量呈现非对称性特点，即上行链路和下行链路的数据传输量有所不同，在网络规划时必须分别计算两个方向的值，然后把两者适当地结合起来，这样网络规划就会非常复杂。实际上，CDMA 网络必须同时满足各种不同业务的需求，所以网络规划要综合考虑各种业务的覆盖范围。对通信质量要求不高的业务，CDMA 小区有着较大的覆盖范围。反之，对一些通信质量要求很高的业务，其小区覆盖范围就很小。这样，网络规划过程中不可能只考虑单一的 CDMA 小区半径，因为不同的业务对应不同的小区半径。

（3）WCDMA 网络规划　该系统采用与 CDMA 类似的码分多址接入技术，频率复用为 1，载频间隔为 5MHz，支持从语音业务到速率高达 384kbit/s 的分组数据的多业务承载，与 2G 网络相比，WCDMA 无线网络规划更加复杂。网络覆盖设计需要以高速率、多业务的服务作为设计目标，多业务由不同的无线承载支持，无线承载可以根据业务的需要采用对称或非对称的形式设计。

在 WCDMA 系统中，容量规划和覆盖规划是个比较复杂的过程，一般而言，容量是受下行链路限制的，而覆盖是受上行链路限制的，但是两者关系密切。由于 WCDMA 系统需要承载多种不同类型的业务，因此业务估计相对困难。而容量除了和覆盖相关外，还与业务数及业务类型有关，因此，只能在已有的数据基础上结合相关的经验公式进行预测和计算。同时，在 WCDMA 系统中还存在所谓的软容量。软容量的存在给 WCDMA 网络规划带来了困难，容量规划是整个规划中最困难的一步。

对于 WCDMA 系统覆盖规划，一般主要是从最大允许的上行损耗中除掉路径损耗以外的其他损耗和增益，从而得到最大允许的路径损耗，再将最大允许的路径损耗值带入传输模型中，得到预期的小区覆盖半径和覆盖面积。这样得出的小区半径是无负载情况下的最大小区半径。加入负载和邻近小区干扰后，小区半径就会作相应的收缩。在 WCDMA 的链路中，要引入一个参数负载因子，在网络设计中给所有小区均匀加入负载余量，使得系统在实际上非均匀的负载运行状态下仍然能通过小区呼吸调整维持平衡。

WCDMA 网络的复杂性同样体现在多业务的业务质量、容量、覆盖的相互关联上。若没有仿真工具，是无法找到它们之间的最佳平衡点的。WCDMA 分析中的上下行覆盖分析、容量分析、质量分析、软切换分析、导频污染及干扰分析等，也是通过仿真从各个角度分析预测它们的相互作用，不断进行站址、站高、站距、天线角度、基站及载频配置等的优化调整，最终产生一个优化的规划。

5.4.6　TD-SCDMA 网络优化

对于 TD-SCDMA 网络运营商而言，如何经济有效地建设一个 TD-SCDMA 网络，保证网络建设的高性价比是他们所关心的问题。概括地讲，就是在支持多种业务，并满足一定 QoS 条件下，获得良好的网络容量，满足一定的无线覆盖要求，同时通过调整容量、覆盖、质量之间的均衡关系来提供最佳的服务。为了提高性能，TD-SCDMA 必须采用很先进的技术，现有网络规划和优化方法都不能为 TD-SCDMA 服务，必须考虑新的规划和优化方法。

1. TD-SCDMA 网络优化的特点

由于 TD-SCDMA 系统采用了一些新技术，因此对 TD-SCDMA 网络进行优化时，在 CDMA 系统优化的基础上，还必须考虑下面因素的影响。

1）时分双工的影响。

2）智能天线的影响。

3）上行同步的影响。

4）联合检测的影响。

5）接力切换的影响。

6）动态信道分布的影响。

2. TD-SCDMA 网络优化的过程

图 5-22 是 TD-SCDMA 网络优化流程图。

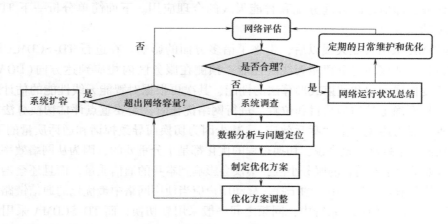

图 5-22　TD-SCDMA 网络优化流程图

3. TD-SCDMA 网络优化的主要性能指标

由于用户的位置和流量的大小一直在随着用户的移动而不断地变化着，因此 TD-SCDMA 网络需要持续不断地监测和优化，以达到容量和质量的均衡。下面给出了一些在检测和优化中的重要指标，如流量、流量变化、流量混合比、软切换比例、平均发射功率、平均接收功率、掉话率、干扰分析、每个小区的切换数、系统间变换、吞吐量、BER、SER、FER 等。这些指标大多是以小区和业务为单位进行统计和监测的，因为这些数据可以提示如何优化参数，以增强网络性能。TD-SCDMA 小区优化的重要方面是流量负载平衡和切换开销管理。

（1）流量负载平衡　流量负载的主要问题是小区流量在网络的不同地理区域内是不均衡的，在同一小区内部，流量在扇区间的分布也是不均匀的，这样不均匀的分布导致有些扇区干扰非常小，有些扇区的负载则特别大，甚至导致严重阻塞。在扇区间均衡流量负载可以减轻阻塞并为流量的增加提供冗余量，从而使整个小区负载均衡，进而达到增加小区容量的目的，并且可以更加有效地利用整个网络的设备和频谱资源。在实际工程中，通过改变天线方向和各个扇区角波束的宽度来控制流量的均衡，这也是智能天线的另一重要作用。

（2）切换开销管理　在 TD-SCDMA 网络中，由于采用了接力切换的方式，大大改善了系统的容量和质量，但同时也占用着系统的控制信令进行测量信息报告和判决信息通知等。在测量某小区的导频强度以后，应该适当地减少小区覆盖相互重叠部分的切换区域，而且切换区域的范围应当从高流量区域移动到低流量区域。

4. TD-SCDMA 网络优化的主要特征

TD-SCDMA 网络优化的主要特征是与 TD-SCDMA 网络采用的关键技术密切相关的。由于 TD-SCDMA 系统在物理层上采用了 TDD、智能天线、联合检测、接力切换、动态信道分配以及特殊的帧结构，因此该系统无线资源管理（RRM）的设计比较灵活。其中最具有代表性的是 TD-SCDMA 的无线资源管理算法中采用了接力切换和动态信道分配（DCA）技术，并且智能天线对于各个算法都有很大的影响。

对于一般 CDMA 网络优化而言，优化的主要任务就是最佳的系统覆盖，最少的掉话、最佳的通话质量、最小的接入失败、合理快速的切换、均匀合理的基站负荷、最佳的导频分布。而对于 TD-SCDMA 网络优化来说，除了一般 CDMA 网络优化的任务以外，还有自己特殊的优化任务，即信道的合理分配和智能天线的合理应用。下面简单分析一下 TD-SCDMA 与 WCDMA 的差异点。

TD-SCDMA 采用智能天线以后，带来了诸多方面的影响。在进行 TD-SCDMA 网络优化时，必须首先评估该环境下智能天线的性能，预测在服务区内相应到达方向（DOA）的估计精确度、角度扩展大小和波束成形算法的性能，其次再根据对智能天线性能的估计来估测系统的容量，从而确定基站的数目和位置。进行网络优化时，需要重点评估切换算法以及切换参数的设置，尽力避免发生"乒乓效应"，减少因为切换而导致掉话和通话质量的下降。

对于任何一个蜂窝系统来说，切换过程的优化都是十分重要的，因为从网络效率来说，网络用户终端如果处于不适合的服务小区，不仅会影响到本身的通信质量，而且还会增加整个网络的负荷，甚至增大对其他用户的干扰，移动用户应当使用网络中最优化的通信链路和相应的基站建立连接。在 WCDMA 系统中，同频之间一般采用软切换，而 TD-SCDMA 采用的是介于硬切换和软切换之间的接力切换，因此在接力切换优化工程中，要注意下面几点差异。

（1）切换测量的范围差异　传统的切换方式中都不知道用户终端的准确位置，因而需要对所有相邻小区进行测量，而接力切换是在知道用户终端准确位置的情况下进行切换测量。因此在多数情况下就没有必要对所有的相邻小区进行测量，而只对与用户终端移动方向一致的、靠近移动终端一侧的少数小区进行测量。优化时，需要对测量范围进行确定，如果测量范围过大，则接力切换就会趋于普通的软切换，测量的时间变长，工作量变大，时延加大，用户掉话率和不满意率也会上升；若测量范围过小，则会遗漏可能的候选小区。

（2）切换目标小区的信号强度滞后较大　切换目标在与目标基站建立通信连接后要断开与原来基站的通信，因此接力切换的判决相对于软切换来说更加严格，要尽可能地降低切换功率。终端用户注重处理对本小区的测量结果，如果本小区服务质量足够好，它就不会对其他小区进行切换测量；如果服务质量不够好，才会对周围的相邻小区进行测量。因此，在接力切换中，导频强度最强的小区未必就是服务小区，而在 WCDMA 中，激活集中的小区一定就是导频强度最强的小区。

即使在同一载频中，TD-SCDMA 系统也要利用 DCA 算法使信道分配更合理。DCA 算法分为慢速 DCA 和快速 DCA，慢速 DCA 将资源分配到小区，而快速 DCA 将资源分配到承载业务。在实际运行中，RNC 集中管理一些小区可用的资源，提供各个小区的网络性能指标、系统负荷情况和业务的 QoS 参数，动态地将信道分配给用户终端。虽然 DCA 算法有很多种，但基于干扰测量的 DCA 是被普遍研究和使用的，它对信道的排序调整都是基于用户终端和网络侧的实时干扰测量的。DCA 算法的合理应用可以灵活地分配信道资源，可以提高频带利用率，不需要信道预规划，可以自动适应网络中负载和干扰的变化，若分配不当，就会造成系统干扰增加，系统容量也会随之下降。

小　结

1. 一般而言，3G 是指将无线通信与国际因特网等多媒体通信结合的新一代移动通信系统。目前 3G 中存在三大主流标准：WCDMA、CDMA2000 和 TD-SCDMA。第三代移动通信系统的结构分为三层：物理层、链路层和高层。

2. WCDMA 的关键技术有多径无线信道和 Rake 接收、功率控制、软切换、更软切换、多用户检测。UMTS 由三个部分构成，即 CN(核心网)、UTRAN(无线接入网)和 UE(用户设备)，WCDMA 主要的开放接口包括 Cu 接口、Uu 接口、Iu 接口、Iur 接口和 Iub 接口。全 IP 是指从结构(含网络和终端)IP 化，协议 IP 化到业务 IP 化的全过程。高速下行分组接入(HSDPA)，是 WCDMA R5 引入的增强型技术。WCDMA 无线资源管理是对移动通信系统空中接口资源的规划和调度。

3. CDMA2000 系统能够提供基本满足 ITM-2000 要求的容量和服务，同时优化了语音和数据业务，并能支持高速的电路和分组业务，提供平滑的后兼容(与 IS-95)，其网络结构也与 IS-95 兼容。网络子系统(NSS)对 CDMA2000 移动用户之间的通信和 CDMA2000 移动用户与其他通信网用户之间的通信起到管理作用。

4. TD-SCDMA 是时分同步的码分多址接入技术，作为 TDD 模式技术，比 FDD 更适用于上下行不对称的业务环境，是多时隙 TDMA 与直扩 CDMA、同步 CDMA 技术合成的新技术。

TD-SCDMA 系统间有干扰，主要有不同运营商 TD-SCDMA 系统之间的干扰、TD-SCDMA 系统与 PAS 之间的干扰、TD-SCDMA 系统与 GSM/GPRS 系统之间的干扰、TD-SCDMA 系统与 WCDMA 系统之间的干扰、TD-SCDMA 系统与 CDMA2000 系统之间的干扰。干扰消除在降低系统干扰的同时，能够增大系统的覆盖，改善系统的容量。

思考题与练习题

5-1　第三代移动通信系统的特点有哪些？

5-2　国际电信联盟公认的 3G 主流标准有哪些？中国有哪些运营商获得了 3G 牌照？

5-3　介绍 3G 标准的演进策略。

5-4　WCDMA 关键技术有哪些？如何实现？

5-5　UMTS 下的 WCDMA 系统由哪三大部分构成？简述这三大部分各自的功能。

5-6　WCDMA 信道的分类有哪些？各信道的功能如何？

5-7　描述 WCDMA 无线网络优化的目的。

5-8　描述 HSDPA 技术的演进。

5-9　简述 WCDMA 功率控制是如何实现的。

5-10　CDMA2000 系统结构与 IS-95 相比，有哪些不同？

5-11　简述初始同步与 Rake 多径分集接收技术的实现过程。

5-12　描述 CDMA2000 软切换过程。

5-13　简述 TD-SCDMA 技术的主要特点和优缺点。

5-14　介绍 TD-SCDMA 的帧结构。

5-15　智能天线技术包括哪些主要技术？简述各技术的功能与特点。

5-16　叙述 TD-SCDMA 系统与其他系统的干扰，如何消除这些干扰？

5-17　叙述 TD-SCDMA 网络规划的特点。

5-18　比较 GSM、CDMA、WCDMA 的规划特点。

5-19　叙述 TD-SCDMA 网络优化的过程，并描述优化的主要特征。

5-20　描述 3G 在你身边的应用。

第6章　第四代移动通信系统

内容提要：本章主要让读者认识到移动通信的飞速发展趋势，了解4G的优点，认知4G的网络体系结构、接入系统及软件系统，同时了解4G的关键技术等。

6.1　4G 简介

6.1.1　4G 的定义

第四代移动通信(4G)可称为宽带接入和分布网络，具有非对称的和超过2Mbit/s的数据传输能力。它包括宽带无线固定接入、宽带无线局域网、移动宽带系统、互操作的广播网络和卫星系统等。此外，第四代移动通信系统将是多功能集成的宽带移动通信系统，可以提供的数据传输速率高达100Mbit/s，甚至更高，也是宽带接入IP系统"。简单而言，4G是一种超高速无线网络，一种不需要电缆的信息超级高速公路。这样，在有限的频谱资源上实现高速率和大容量，需要频谱效率极高的技术。

4G 标准比3G 标准具有更多的功能。在不同的固定无线平台和跨越不同频带的网络中，4G 可提供无线服务，并可在任何地方实现宽带接入互联网(包括卫星通信和平流层通信)，提供信息通信以外的定位定时、数据采集、远程控制等综合功能。同时，4G 系统还是多功能集成的宽带移动通信系统和宽带接入系统。

6.1.2　4G 的优点

4G 在个人通信方面比3G 更优化，其相对3G 有许多优点：

1）4G 的最高传输速率将超过100Mbit/s，信息传输能力要比3G 高出50 倍以上，但传输质量相当于甚至优于3G，条件相同时小区覆盖范围等于或大于3G。

2）4G 采用智能技术使其能自适应地进行资源分配，能够调整系统对通信过程中变化的业务流量大小进行相应的处理，并满足通信的要求。采用智能信号处理技术，在信道条件不同的各种复杂环境下都可以进行信号的收发，有很强的智能性、适应性和灵活性。虽然3G速率也很高，但动态分配资源能力欠佳，大流量通信时系统利用率不高。

3）在容量方面，在目前 FDMA、TDMA 和 CDMA 的基础上引入空分多址(SDMA)。通过 SDMA 可采用自适应波束，如同无线电波一样连接到任何一个用户，使无线系统容量提高 1~2 个数量级。

4）4G 将支持交互式多媒体业务，如视频会议、无线互联网，有相当的安全性；支持下一代的 Internet(IPv6)和所有的信息设备，包括信息家电等；能通过中间支持和提供用户定义的多种多样的个性化服务，可创造出许多消费者难以想象的应用。

5）4G 系统网络将是一个完全自治、自适应的网络，突破蜂窝组网的概念，达到更完美的覆盖。核心网将全面采用分组交换（信元交换），使网络可根据用户的需求分配带宽，达到满足系统变化和发展的要求。

6）可在不同接入技术（包括蜂窝、无绳、WLAN、短距离连接及有线）之间进行全球漫游与互通，实现无缝通信，让所有移动通信运营商的用户享受共同的 4G 服务。切换既有水平（系统内）切换，又有垂直（系统间）切换，还可以在不同速率间进行切换。

6.2 4G 的网络架构

6.2.1 4G 的网络体系结构

在 4G 系统中，为了满足不同用户对不同业务的需求，将各种针对不同业务的接入系统通过多媒体接入系统连接到基于 IP 的核心网中，形成一个公共的、灵活的、可扩展的平台。4G 系统的网络体系结构如图 6-1 所示。

通过图 6-1 可以看出，基于 IP 技术的网络体系结构可以让用户能够在 2G、3G、4G、WLAN、固定网之间实现无缝漫游。4G 系统的网络体系结构可以分为三层，如图 6-2 所示。

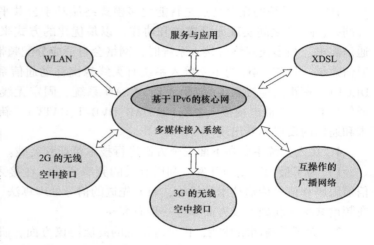

图 6-1　4G 系统的网络体系结构

从图 6-2 可以看出，4G 系统的网络体系结构可以分为物理层、网络业务执行技术层、应用层三层。物理层提供接入和选路功能；网路业务执行技术层为桥接层，提供 QoS 映射、地址转换、即插即用、安全管理、有源网络。物理层与网络业务执行技术层提供开放式 IP 接口。应用层与网络业务执行技术层之间也是开放式接口，用于第三方开发和提供新业务。

综合移动通信市场的发展和用户的需求，4G 移动网络的根本任务是能够接收、捕获到终端的呼叫，在多个运行网络（平台）之间或者多个无线接口之间，建立起最有效的通信路径，并对其进行实时的定位与跟踪。在移动通信过程中，移动网络还要保持良好的无缝连接，保证数据传输的高质量、高速率。4G 网络将基于多层蜂窝结构，通过多个无线端口，由多个业务提供者和众多运营商提供多媒体业务。

同时，随着技术的发展和市场的需求，目前的

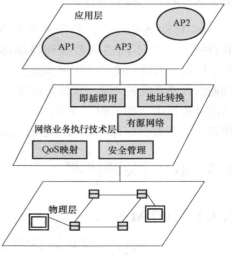

图 6-2　4G 系统的网络分层

计算机网、电信网、广播电视网和卫星通信网等网络将融为一体。宽带 IP 技术和光网络将成为多网融合的支撑点和结合点。

数字化数据交易点技术是 4G 移动通信网络的一个重要技术,用于处理各个不同网络(平台)之间的呼叫。在网络(平台)之间的特定协议条件下,帮助业务提供者提供高质量、低费用的业务应用。例如,两个网络(平台)之间要传送电视数据信息,首先经由数字化数据交易所处理,电视信号将被分成视频信号和音频信号,然后通过不同信道进行传输。音频信号将覆盖广泛的网络传输,视频信号将由只能处理、接收视频信号的网络传输,从而达到降低通信成本和有效利用传输信道的目的。

6.2.2 4G 的接入系统

4G 接入系统的显著特点是智能化多模式终端基于公共平台,通过各种接入技术,在各种网络(平台)之间实现无缝连接和协作,以最优化的方式来进行工作,以满足不同用户的通信需求。当多模式终端接入系统时,网络会自适应分配频带,给出最优路由,以达到最佳通信效果。目前,4G 的主要接入系统有无线蜂窝移动通信系统(如 2G、3G)、无绳系统(如DECT)、短距离连接系统(如蓝牙)、WLAN 系统、固定无线接入系统、卫星系统、平流层通信(STS)、广播电视接入系统(如 DAB、DVB-T、CATV)。新的接入技术将会伴随着市场需求和通信的发展不断出现。

4G 接入系统主要在下面三个方面进行技术革新和突破:

1) 为了最大限度地开发、利用有限的频率资源,在接入系统的物理层需要进行调制、信道编码和信号传输技术的优化,研究先进的信号处理算法、信号检测和数据压缩技术,并在频谱共享和新型天线方面作进一步研究。

2) 为了提高网络性能,在接入系统的高层协议方面,研究网络自我优化和自动重构技术、动态频谱分配和资源分配技术、网络管理和不同接入系统间的协作。

3) 提高和扩展 IP 技术在移动网络中的应用,加强软件无线电技术,优化无线电传输技术,如支持实时和非实时业务、无线连接和网络安全。

6.2.3 4G 的软件系统

4G 移动通信的软件趋于复杂化和标准化,软件系统的首要任务是创建一个公共的软件平台,让不同通信系统和终端都可以使用。通过此平台实现"互联互通",并实现对不同通信系统和终端的管理和监控。因此,建立一个统一的软件标准和互联协议,是 4G 移动通信软件系统的关键。软件系统逐步采用 Web 服务模式,并代替现行的客户/服务器模式。新的计算机语言如 XML,采用基于 Web 的分布式系统。同时,软件系统还将在网络安全上作进一步研究,以保障通信网络的正常工作、数据完整和其他特殊需要。

6.3 4G 的关键技术

6.3.1 OFDM 技术

根据多径信道在频域中表现出来的频率选择性衰落特性,提出正交频分复用(OFDM)的调制技术。OFDM 系统框图如图 6-3 所示,正交频分复用的基本原理是把高速数据流通过串/并变换，分配到传输速率相对较低的若干子信道中进行传输，在频域内将信道划分为若干互相正交的子信道，每个子信道均拥有自己的载波调制，信号通过各个子信道独立传输。如果每个子信道的带宽被划分得足够窄，每个子信道的频率特性就可近似看作是平坦的，即每个子信道都可看作无符号间干扰(ISI)的理想信道，这样在接收端不需要使用复杂的信道均衡技术即可对接收信号可靠地解调。在 OFDM 系统中，在 OFDM 符号之间插入保护间隔来保证频域子信道之间的正交性，消除 OFDM 符号之间的干扰。

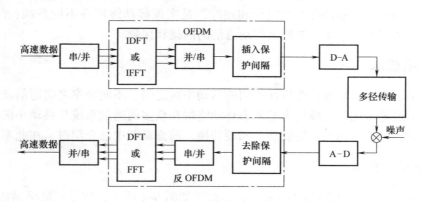

图 6-3　OFDM 系统框图

OFDM 技术之所以越来越受关注，是因为它有很多独特的优点：

1）频谱利用率很高，频谱效率比串行系统高近一倍，这一点在频谱资源有限的无线环境中尤为重要。OFDM 信号的相邻子载波相互重叠，从理论上讲其频谱利用率可以接近 Nyquist 极限。

2）抗多径干扰与频率选择性衰落能力强，由于 OFDM 系统把数据分散到许多个子载波上，大大降低了各子载波的符号速率，从而减弱多径传播的影响，若再通过采用加循环前缀作为防护间隔的方法，甚至可以完全消除符号间干扰。

3）采用动态子载波分配技术能使系统达到最大比特率。通过选取各子信道、每个符号的比特数以及分配给各子信道的功率使总比特率最大，即要求各子信道的信息分配应遵循信息论中的"注水定理"，也即优质信道多传送，较差信道少传送，劣质信道不传送的原则。

4）通过各子载波的联合编码，信道具有很强的抗衰落能力。OFDM 技术本身已经利用了信道的频率分集，如果衰落不是特别严重，就没有必要再加时域均衡器。但通过将各个信道联合编码，可以使系统性能得到提高。

5）基于离散傅里叶变换(DFT)的 OFDM 可实现快速算法，OFDM 采用 IFFT 和 FFT 来实现调制和解调，易用 DSP 实现。

6.3.2　软件无线电技术

在 4G 通信系统中，移动终端会变得相当复杂，故通信专家们引入软件无线电技术，实现移动通信终端的多模化。所谓软件无线电技术就是采用数字信号处理技术，在可编程控制的通用硬件平台上，利用软件来实现无线电台的各部分功能，包括前端接收、中频处理以及信号的基带处理等。整个无线电台从高频、中频、基带直到控制协议部分全部由软件编程来实现。软件无线电技术的核心就是在尽可能接近天线的地方使用 A - D 和 D - A 转换器，尽早完成信号的数字化。因此，应用软件无线电技术，一个移动终端就可以实现在不同系统和平台之间畅通无阻的使用。目前比较成熟的软件无线电系统是参数控制软件无线电系统。

6.3.3 定位技术

定位技术是指移动终端位置的测量方法和计算方法。它主要分为基于移动终端的定位、基于移动网络的定位以及混合定位三种方式。由于移动终端可能会在不同系统(平台)间进行移动通信，因此，对移动终端的定位和跟踪，是实现移动终端在不同系统(平台)间无缝连接和在系统中实现高速率、高质量移动通信的前提和保障。

6.3.4 切换技术

切换技术适用于移动通信终端在不同的移动小区之间、不同频率之间通信或者信号强度降低时选择信道等情况。切换技术是未来移动终端在众多的通信系统与移动小区之间建立可靠通信的基础，包括软切换、更软切换和硬切换。前面章节中已介绍过，在此不多重复。

6.3.5 MIMO 技术

MIMO(Multiple-Input Multiple-Output)示意图如图 6-4 所示，该技术最早是由 Marconi 于1908 年提出的，它利用多天线来抑制信道衰落。MIMO 技术是指在发射端和接收端分别设置多副发射天线和接收天线，其出发点是将多发射天线与多接收天线相结合，以改善每个用户的通信质量(如差错率)或提高通信效率(如数据速率)。MIMO 技术实质上是为系统提供空间复用增益和空间分集增益，空间复用技术可以大大提高信道容量，而空间分集技术则可以提高信

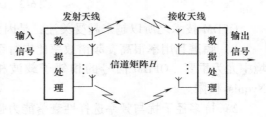

图 6-4 MIMO 示意图

道的可靠性，降低信道误码率。通常，多径要引起衰落，因而被视为有害因素，然而对于MIMO 来说，多径可以作为一个有利因素加以利用，MIMO 技术的关键是能够将传统通信系统中存在的多径衰落影响因素变成对用户通信性能有利的增强因素，MIMO 技术有效地利用随机衰落和可能存在的多径传播来成倍地提高业务传输速率，因此它能够在不增加所占用的信号带宽的前提下使无线通信的性能改善几个数量级。假定发射端有 N 个发射天线，接收端有 M 个接收天线，在收发天线之间形成 $M \times N$ 信道矩阵 H，在某一时刻 t，信道矩阵为

$$\begin{bmatrix} h_{11} & h_{12} & \cdots & h_{1N} \\ h_{21} & h_{22} & \cdots & h_{2N} \\ \vdots & \vdots & \vdots & \vdots \\ h_{M1} & h_{M2} & \cdots & h_{MN} \end{bmatrix}$$

其中，H 的元素是任意一对收发天线之间的增益。对于信道矩阵参数确定的 MIMO 信道，假定发射端不知道信道信息，总的发射功率为 P，与发射天线的数量 M 无关；接收端的噪声用 $N \times 1$ 的向量 n 表示，是独立零均值高斯复变量，各个接收天线的噪声功率均为 W^2。发射功率平均分配到每一个发射天线上，则容量公式为

$$C = \log_2 \left[\det \left(I_M + \frac{P}{N} HH^H \right) \right]$$

令 M 不变，增大 N，使得

$$\frac{1}{N} HH^H \rightarrow I_M$$

这时可以得到容量的近似表达式为

$$C = M\log_2(1 + P)$$

从上式可以看出，此时的信道容量随着天线数量的增大而线性增大，也就是说可以利用 MIMO 信道成倍地提高无线信道容量，在不增加带宽和天线发射功率的情况下，频谱利用率可以成倍地提高。目前，MIMO 技术领域的另一个研究热点就是空时码。常见的空时码有空时块码、空时格码。空时码的主要思想是利用空间和时间上的编码实现一定的空间分集和时间分集，从而降低信道误码率。

当然，我们可以考虑多种技术的结合，因为在未来的宽带无线通信系统中存在两个最严峻的挑战：多径衰落信道和带宽效率。OFDM 技术将频率选择性多径衰落信道在频域内转换为平坦信道，减小了多径衰落的影响，而 MIMO 技术能够在空间中产生独立的并行信道，同时传输多路数据流，这样就有效地提高了系统的传输速率，即在不增加系统带宽的情况下增加频谱效率。这样，将 OFDM 和 MIMO 两种技术相结合就能达到两种效果：一种是实现很高的传输速率，另一种是通过分集实现很强的可靠性，同时，在 MIMO-OFDM 技术中加入合适的数字信号处理算法能更好地增强系统的稳定性。MIMO-OFDM 技术是 OFDM 技术与 MIMO 技术结合形成的新技术，通过在 OFDM 传输系统中采用天线阵列实现空间分集，提高了信号质量，充分利用了时间、频率和空间三种分集技术，大大增加了无线系统对噪声、干扰、多径的容限。因此，基于 OFDM 的 MIMO 具有逼近极限的系统容量和良好的抗衰落特性，可以预见，它将是下一代网络采用的核心技术。

小　结

1. 4G 即为第四代移动通信，是宽带接入和分布网络，可实现目前通信系统所不能实现的许多业务及功能，优点相当显著。

2. 通过学习 4G 系统的网络体系结构，可以了解到该系统是基于 IP 的核心网中，形成一个公共的、灵活的、可扩展的平台，同时还可实现将计算机网、电信网、广播电视网和卫星通信网等网络融为一体。

3. 了解 4G 关键技术中的 OFDM 技术、软件无线电技术、定位技术和 MIMO 技术等，可以有助于我们今后的提高和了解通信发展的动向。

思考题与练习题

6-1　简单介绍 4G，相对 3G 来说 4G 有哪些优点？

6-2　分析 4G 系统的网络体系结构和网络分层。

6-3　4G 的接入技术目前有哪些？

6-4　描述软件无线电技术的实现。

6-5　MIMO 技术指的是什么？如何实现？

第7章 5G移动通信技术

内容提要： 本章主要介绍了5G在互联网、物联网的驱动下，运营商和系统指标对5G有哪些需求；对5G的整体网络构架，包括核心网和接入网演进进行剖析；对大规模天线技术的技术基础、所遇到的挑战进行分析，并对技术方案进行研讨；对异构网络部署在技术基础、组网方案和网络解决方案上进行研究；对5G移动通信系统的频谱资源利用展开解析；对实现5G系统灵活的物理接入进行深入解读，并对5G未来进行展望。

7.1 5G概述

在过去的20多年中，移动通信经历了从语音业务到高速宽带数据业务的飞跃式发展，人们对移动网络的新需求将进一步增加。一方面，预计未来10年移动网络数据流量将呈爆发式增长，将达到2010年的数百倍或更多，尤其是在智能手机成功占领市场之后，越来越多的新服务不断涌现，例如电子银行、网络化学习、电子医疗以及娱乐点播服务等；另一方面，我们在不远的将来会迎来一次规模空前的移动物联网产业浪潮，车联网、智能家居、移动医疗等将会推动移动物联网应用爆发式的增长，数以千亿的设备将接入网络，实现真正的"万物互联"；同时，移动互联网和物联网将相互交叉形成新型"跨界业务"，带来海量的设备连接和多样化的业务及应用，除了以人为中心的通信以外，以机器为中心的通信也将成为未来无线通信的一个重要部分，从而大大改善人们的生活质量、办事效率和安全保障，由于以人为中心的通信与以机器为中心的通信的共存，服务特征多元化也将成为未来无线通信系统的重大挑战之一。

需求的爆炸性增长给未来无线移动通信系统在技术和运营等方面带来巨大挑战，无线通信系统必须满足许多多样化的要求，包括在吞吐量、时延和链路密度方面的要求，以及在成本、复杂度、能量损耗和服务质量等方面的要求。由此，针对5G系统的研究应运而生。

近年来，在经历了移动通信系统从1G到4G的更替之后，移动基站设备和终端计算能力有了极大提升，集成电路技术得到快速发展，通信技术和计算机技术深度融合，各种无线接入技术逐渐成熟并规模应用。可以预见，对于未来的5G系统，不能再用某项单一的业务能力或者某个典型技术特征来定义，而应是面向业务应用和用户体验的智能网络，通过技术的演进和创新，满足未来包含广泛数据和连接的各种业务快速发展的需要，提升用户体验。

在世界范围内，已经涌现了多个组织对5G开展积极的研究工作，例如欧盟的METIS、5GPPP，中国的IMT-2000(5G)推进组，韩国的5G Forum，NGMN，日本的ARIB AdHoc以及北美的一些高校等。

欧盟已早在2012年11月就正式宣布成立面向5G移动通信技术研究的METIS(Mobile and Wireless Communications Enablers for the Twenty-Twenty(2020)Information Society)项目。该项目由29个成员组成，其中包括爱立信(组织协调)、法国电信等主要设备商和运营商、欧洲众多的学术机构以及德国宝马公司。项目计划时间为2012年11月1日至2015年4月30

日，共计 30 个月，目标为在无线网络的需求、特性和指标上达成共识，为建立 5G 系统奠定基础，取得在概念、雏形、关键技术组成上的统一意见。METIS 认为未来的无线通信系统应实现以下技术目标：在总体成本和能耗处在可接受范围的前提下，容量稳定增长，效率提高；能够适应更大范围的需求，包括大业务量和小业务量；另外，系统应具备多功能性，来支持各种各样的需求（例如可用性、移动性和服务质量）和应用场景。为达到以上目标，5G系统应较现有网络实现 1000 倍的无线数据流量、10 ~ 100 倍的连接终端数、10 ~ 100 倍的终端数据速率、端到端时延降低到现有网络的 1/5 以及实现 10 倍以上的电池寿命。METIS 设想这样一个未来——所有人都可以随时随地获得信息、共享数据、连接到任何物体。这样"信息无界限"的"全连接世界"将会大大推动社会经济的发展和增长。METIS 已发布多项研究报告，近期发布的"Final Report on Architecture"，对 5G 整体框架的设定具有参考意义。

另外，欧盟于 2013 年 12 月底宣布成立 5GPPP（5G Infrastructure Public-Private Partnership），作为欧盟与未来 5G 技术产业共生体系发展的重点组织，5GPPP 由多家电信业者、系统设备厂商以及相关研究单位共同参与，其中包括爱立信、阿尔卡特朗讯、法国电信、英特尔、诺基亚、意大利电信、华为等。可以认为 5GPPP 是欧盟在 METIS 等项目之后面向 2020年 5G 技术研究和标准化工作而成立的延续性组织，5GPPP 将借此确保欧盟在未来全球信息产业竞争中的领导者地位。5GPPP 的工作分为三个阶段：第一个阶段（2014 ~ 2015 年）基础研究工作、第二个阶段（2016 ~ 2017 年）系统优化以及第三个阶段（2017 ~ 2018 年）大规模测试。在 2014 年初，5GPPP 也已由多家参与者共同提出一份 5G 技术规格发展草案，其中主要定义了未来 5G 技术重点，包括在未来 10 年中，电信运营商与设备制造商将可通过软件可编程的方式向共同的基础架构发展，网络设备资源将转化为具有运算能力的基础建设。与3G 相比，5G 将会提供更高的传输速度与网络使用效能，并可通过虚拟化和软件定义网络等技术，让运营商得以更快速更灵活地应用网络资源提供服务等。

与此同时，由运营商主导的 NGMN（Next Generation Mobile Networks）组织也已经开始对5G 网络开展研究，并发布 5G 白皮书《Executive Version of the 5G White Paper》。NGMN 由包括中国移动、DoCoMo（都科摩）、沃达丰、Orange、Sprint、KPN 等运营商发起，其发布的5G 白皮书从运营商的角度对 5G 网络的用户感受、系统性能、设备需求、先进业务及商业模式等进行阐述。

中国在 2013 年 2 月由工业和信息化部、国家发展和改革委员会、科学技术部联合推动成立 IMT-2020（5G）推进组，其组织框架基于原中国 IMT-Advanced 推进组，成员包括中国主要的运营商、制造商、高校和研究机构，目标是成为聚合中国产学研用力量，推动中国第五代移动通信技术研究和开展国际交流与合作的主要平台。

7.2　5G 需求

7.2.1　5G 驱动力：移动互联网/物联网飞速发展

面对移动互联网和物联网等新型业务发展需求，5G 系统需要满足各种业务类型和应用场景。一方面，随着智能终端的迅速普及，移动互联网在过去的几年中在世界范围内发展迅猛，面向未来，移动互联网将进一步改变人类社会信息的交互方式，为用户提供增强现实、虚拟现实等更加身临其境的新型业务体验，从而带来未来移动数据流量的飞速增长；另一方面，物联网的发展将传统人与人通信扩大到人与物、物与物的广泛互联，届时智能家居、车联网、移动医疗、工业控制等应用的爆炸式增长，将带来海量的设备连接。

在保证设备低成本的前提下，5G 网络需要进一步解决以下几个方面的问题。

1. 服务更多的用户

随着移动宽带技术的进一步发展，移动宽带用户数量和渗透率将继续增加。与此同时，随着移动互联网应用和移动终端种类的不断丰富，预计到 2020 年人均移动终端的数量将达到 3 个左右，这就要求到 2020 年，5G 网络能够为超过 150 亿的移动宽带终端提供高速的移动互联网服务。

2. 支持更高的速率

移动宽带用户在全球范围的快速增长，以及如即时通信、社交网络、文件共享、移动视频、移动云计算等新型业务的不断涌现，带来了移动用户对数据量和数据速率需求的迅猛增长。未来 5G 网络还应能够为用户提供更快的峰值速率，如果以 10 倍于 4G 蜂窝网络峰值速率计算，5G 网络的峰值速率将达到 10Gbit/s 量级。

3. 支持无限的连接

随着移动互联网、物联网等技术的进一步发展，未来移动通信网络的对象将呈现泛化的特点，它们在传统人与人之间通信的基础上，增加了人与物（如智能终端、传感器、仪器等）、物与物之间的互通。不仅如此，通信对象还具有泛在的特点，人或者物可以在任何的时间和地点进行通信。因此，未来 5G 移动通信网将变成一个能够让任何人和任何物，在任何时间和地点都可以自由通信的泛在网络，如图 7-1 所示。

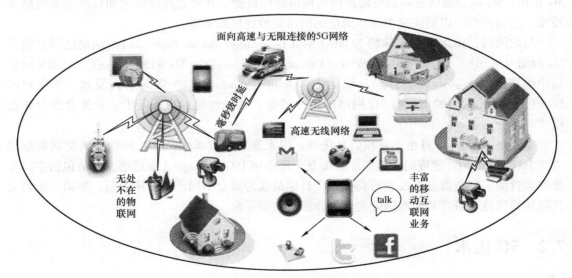

图 7-1　未来面向高速与无限连接的 5G 网络

近年来，国内外运营商都已经开始在物联网应用方面开展了新的探索和创新，已出现的物联网解决方案，例如智慧城市、智能交通、智能物流、智能家居，智能农业、智能水利、设备监控、远程抄表等，都致力于改善人们的生产和生活。随着物联网应用的普及以及无线通信技术及标准化进一步的发展，到 2020 年，全球物联网的连接数将达到 1000 亿左右。在这个庞大的网络中，通信对象之间的互联和互通不仅能够产生无限的连接数，还会产生巨大的数据量。预测到 2020 年，物物互联数据量将达到传统人与人通信数据量的 30 倍左右。

4. 提供个性的体验

随着商业模式的不断创新，未来移动网络将推出更为个性化、多样化、智能化的业务应用。因此，这就要求未来 5G 网络进一步改善移动用户体验，如汽车自动驾驶应用要求将端到端时延控制在毫秒级、社交网络应用需要为用户提供永远在线体验，以及为高速场景下的移动用户提供全高清/超高清视频实时播放等体验。

因此，面向 2020 年的未来 5G 移动通信系统要求在确保低成本、传输的安全性、可靠性、稳定性的前提下，能够提供更高的数据速率、服务更多的连接数和获得更好的用户体验。

7.2.2　运营需求

1. 建设 5G "轻形态" 网络

移动通信系统 1G 到 4G 的发展是无线接入技术的发展，也是用户体验的发展。每一代的接入技术都有自己鲜明的特点，同时每一代的业务都给予用户更全新的体验。然而，在技术发展的同时，无线网络已经越来越 "重"，包括：

- "重" 部署：基于广域覆盖、热点增强等传统思路的部署方式对网络层层加码，另外泾渭分明的双工方式，以及特定双工方式与频谱间严格的绑定，加剧了网络之重（频谱难以高效利用，双工方式难以有效融合）。
- "重" 投入：无线网络越来越复杂使得网络建设投入加大，从而导致投资回收期长，同时对站址条件的需求也越来越高；另外，很多关键技术的引入对现有标准影响较大，实现复杂，从而使得系统达到目标性能的代价变高。
- "重" 维护：多接入方式并存，新型设备形态的引入带来新的挑战，技术复杂使得运维难度加大，维护成本增高；无线网络配置情况愈加复杂，一旦配置则难以改动，难以适应业务、用户需求快速发展变化的需要。

在 5G 阶段，因为需要服务更多用户、支持更多连接、提供更高速率以及多样化用户体验，网络性能等指标需求的爆炸性增长将使网络更加难以承受其 "重"。为了应对在 5G 网络部署、维护及投资成本上的巨大挑战，对 5G 网络的研究应总体致力于建设满足部署轻便、投资轻度、维护轻松、体验轻快要求的 "轻形态" 网络，其应具备以下的特点：

（1）部署轻便　基站密度的提升使得网络部署难度逐渐加大，轻便的部署要求将对运营商未来网络建设起到重要作用。在 5G 的技术研究中，应考虑尽量降低对部署站址的选取要求，希望以一种灵活的组网形态出现，同时应具备即插即用的组网能力。

（2）投资轻度　随着网络容量的大幅提升，运营商的成本控制面临巨大挑战，未来的网络必须要有更低的部署和维护成本，那么在技术选择时应注重降低网络部署和维护成本的复杂度。

新技术的使用一方面要有效控制设备的制造成本，采用新型架构等技术手段降低网络的整体部署开销；另一方面还需要降低网络运营复杂度，以便捷的网络维护和高效的系统优化来满足未来网络运营的成本需求；应尽量避免基站数量不必要的扩张，尽量做到利用旧站址，基站设备应尽量轻量化、低复杂度、低开销、采用灵活的设备类型，在基站部署时应能充分利用现有网络资源，采用灵活的供电和回传方式。

（3）维护轻松　随着 3G 的成熟和 4G 的商用，网络运营已经出现多网络管理和协调的需求，在未来5G系统中，多网络的共存和统一管理都将是网络运营面临的巨大挑战。为了简化维护管理成本，也为了统一管理提升用户体验，智能的网络优化管理平台将是未来网络运营的重要技术手段。

此外，运营服务的多样性，如虚拟运营商的引入，对业务QoS(Quality of Service，服务质量)管理及计费系统会带来影响。因而相比已有网络，5G的网络运营应能实现更加自主、更加灵活、更低成本和更快适应地进行网络管理与协调，要在多网络融合和高密度复杂网络结构下拥有自组织的灵活简便的网络部署和优化技术。

（4）体验轻快　网络容量数量级的提升是每一代网络最鲜明的标志和用户最直观的体验，然而5G网络不应只关注用户的峰值速率和总体的网络容量，更需要关心的是用户体验速率，对小区去边缘化为用户提供连续一致的高速体验。此外，不同的场景和业务对时延、接入数、能耗、可靠性等指标有不同的需求，不可一概而论，而是应该因地制宜地全面评价和权衡。总体来讲，5G系统应能够满足个性、智能、低功耗的用户体验，具备灵活的频谱利用方式、灵活的干扰协调/抑制处理能力，移动性性能得到进一步的提升。

另外，移动互联网的发展带给用户全新的业务服务，未来网络的架构和运营要向着能为用户提供更丰富的业务服务方向发展。网络智能化，服务网络化，利用网络大数据的信息和基础管道的优势，带给用户更好的业务体验，游戏发烧友、音乐达人、微博控等，不同的用户有不同的需求，更需要个性化的体验。未来网络架构和运营方式应使得运营商能够根据用户和业务属性以及产品规划，灵活自主地定制网络应用规则和用户体验及等级管理等。同时，网络应具备智能化认知用户使用习惯，并能根据用户属性提供更加个性化的业务服务。

2. 业务层面需求

（1）支持高速率业务　无线业务的发展瞬息万变，仅从目前阶段可以预见的业务看，移动场景下大多数用户为支持全高清视频业务，需要达到10Mbit/s的速率保证；对于支持特殊业务的用户，例如支持超高清视频，要求网络能够提供100Mbit/s的速率体验；在一些特殊应用场景下，用户要求达到10Gbit/s的无线传输速率，例如短距离瞬间下载、交互类3D(3-Dimensions)全息业务等。

（2）业务特性稳定　无所不在的覆盖、稳定的通信质量是对无线通信系统的基本要求。由于无线通信环境复杂多样，仍存在很多场景覆盖性能不够稳定的情况，例如地铁、隧道、室内环境等。通信的可靠性指标可以定义为对于特定业务的时延要求下成功传输的数据包比例，5G网络应要求在典型业务下，可靠性指标应能达到99%甚至更高；对于例如MTC(Machine-Type Communication，机器类型通信)等非时延敏感性业务，可靠性指标要求可以适当降低。

（3）用户定位能力高　对于实时性的、个性化的业务而言，用户定位是一项潜在且重要的背景信息，在5G网络中，对于用户的三维定位精度要求应提出较高要求，例如对于80%的场景(比如室内场景)精度从10m提高到1m以内。在4G网络中，定位方法包括LTE自身解决方案以及借助卫星的定位方式，在5G网络中可以借助已有的技术手段，但应该从精度上做进一步的增强。

（4）对业务的安全保障　安全性是运营商提供给用户的基本功能之一，从基于人与人的通信到基于机器与机器的通信，5G网络将支持各种不同的应用和环境，所以5G网络应当能够应对通信敏感数据有未经授权的访问、使用、毁坏、修改、审查、攻击等问题。此外，由于5G网络能够为关键领域如公共安全、医疗保健和公共事业提供服务，5G网络的核心要求应具备提供一组全面且保证安全性的功能，用以保护用户的数据、创造新的商业机会，并防止或减少任何可能的网络安全的攻击。

3. 终端层面需求

无论是硬件还是软件方面，智能终端设备在 5G 时代都将面临功能和复杂度方面的显著提升，尤其是在操作系统方面，必然会有持续的革新。另外，5G 的终端除了基本的端到端通信之外，还可能具备其他的效用，例如成为连接到其他智能设备的中继设备，或者能够支持设备间的直接通信等。考虑目前终端的发展趋势以及对 5G 网络技术的展望，可以预见 5G 终端设备将具备以下特性：

（1）更强的运营商控制能力　对于 5G 终端，应该具备网络侧高度的可编程性和可配置性，比如终端能力、使用的接入技术、传输协议等；运营商应能通过空口确认终端的软硬件平台、操作系统等配置来保证终端获得更好的服务质量；另外，运营商可以通过获知终端关于服务质量的数据，比如掉话率、切换失败率、实时吞吐量等来进行服务体验的优化。

（2）支持多频段多模式　未来的 5G 网络时代，必将是多网络共存的时代，同时考虑全球漫游，这就对终端提出了多频段多模式的要求。另外，为了达到更高的数据速率，5G 终端需要支持多频带聚合技术，这与 LTE-Advanced 系统的要求是一致的。

（3）支持更高的效率　虽然 5G 终端需要支持多种应用，但其供电作为基本通信保障应有所保证，例如智能手机充电周期为 3 天，低成本 MTC 终端能达到 15 年，这就要求终端在资源和信令效率方面应有所突破，比如在系统设计时考虑在网络侧加入更灵活的终端能力控制机制，只针对性地发送必须的信令信息等。

（4）个性化　为满足以人为本、以用户体验为中心的 5G 网络要求，用户应可以按照个人偏好选择个性化的终端形态、定制业务服务和资费方案。在未来网络中，形态各异的设备将大量涌现，如目前已经初见端倪的内置在衣服上用于健康信息处理的便携式终端、3D 眼镜终端等，将逐渐商用和普及。另外，因为部分终端类型需要与人长时间紧密接触，所以终端的辐射需要进一步降低，以保证长时间使用不会对人身体造成伤害。

7.2.3　5G 系统指标需求

1. ITU-R 指标需求

根据 ITU-R WP5D 的时间计划，不同国家、地区、公司在 ITU-R WP5D 第 20 次会上已提出面向 5G 系统的需求。综合各个提案以及会上的意见，ITU-R 已于 2015 年 6 月确认并统一 5G 系统的需求指标（见表 7-1）。

表 7-1　5G 系统指标

参数	用户体验速率	峰值速率	移动性	时延	连接数密度	能量损耗	频谱效率	业务密度（特定区域）
指标	100Mbit/s ~ 1Gbit/s	10 ~ 20Gbit/s	500km/h	1ms（空口）	$10^6/km^2$	不高于 IMT-Advanced	3 倍于 IMT-Advanced	$10Mbit/s/m^2$

从目前 ITU-R 统一的系统需求来看，并不能用单一的系统指标衡量 5G 网络，不同的指标需求应适应具体的典型场景，例如在中国 IMT-2020（5G）推进组有关 5G 需求的研究中指出：5G 典型场景涉及未来人们居住、工作、休闲和交通等各种领域，特别是密集住宅区

（Gbit/s 的用户体验速率）、办公室（Tbit/s/km² 的流量密度）、体育场（100 万/km² 连接数）、露天集会（100 万/km² 连接数）、地铁（6 人/m² 的超高用户密度）、快速路（毫秒级端到端时延）、高速铁路（500 km/h 以上的高速移动）和广域覆盖（100Mbit/s 用户体验速率）等场景。

2. 用户体验指标

（1）100Mbit/s～1Gbit/s 的用户体验速率　本指标要求 5G 网络需要能够保证在真实网络环境下用户可获得的最低传输速率为 100Mbit/s～1Gbit/s，例如在广域覆盖条件下，任何用户能够获得 100Mbit/s 及以上速率体验保障。对于密集住宅区场景以及特殊需求用户和业务，5G 系统需要提供高达 1Gbit/s 的业务速率保障，特殊需求指满足部分特殊高优先级业务（如急救车内高清医疗图像传输服务）的需求。相比于 IMT-Advanced 提出的 0.06bit/s/Hz（城市宏基站小区）边缘用户频谱效率，该指标至少提升了十几倍。

（2）500km/h 的移动速度　本指标指满足一定性能要求时，用户和网络设备双方向的最大相对移动速度，本指标的提出考虑了实际通信环境（例如高速铁路）的移动速度需求。

（3）1ms 的空口时延　端到端时延统计一个数据包从源点业务层面到终点业务层面成功接收的时延，IMT-Advanced 对时延要求为 10ms，毫秒级的端到端时延要求将面向快速路等特定场景，本指标对 5G 网络的系统设计提出很高的要求。

NGMN 针对具体应用场景对指标需求进行了细化，表 7-2 给出了关于用户体验不同场景的具体指标需求。

表 7-2　用户体验指标需求

场　　景	用户体验数据速率	时延	移　动　性
密集地区的宽带接入	下行：300Mbit/s 上行：50Mbit/s	10ms	0～100km/h 或具体需求
室内超高宽带接入	下行：1Gbit/s 上行：500Mbit/s	10ms	步行速度
人群中的宽带接入	下行：25Mbit/s 上行：50Mbit/s	10ms	步行速度
无处不在的 "≥50Mbit/s"	下行：50Mbit/s 上行：25Mbit/s	10ms	0～120km/h
低 ARPU 地区的低成本宽带接入	下行：10Mbit/s 上行：10Mbit/s	50ms	0～50km/h
移动宽带（汽车、火车）	下行：50Mbit/s 上行：25Mbit/s	10ms	高达 500km/h 或具体需求
飞机连接	下行：单用户 15Mbit/s 上行：单用户 7.5Mbit/s	10ms	高达 1000km/h
大量低成本/长期的/低功率的 MTC	低（典型的 1～100Mbit/s）	数秒到数小时	0～100km/h 或具体需求
宽带 MTC	根据"密集地区的宽带接入"和"无处不在的'≥50Mbit/s'"场景中的需求		
超低时延	下行：50Mbit/s 上行：25Mbit/s	<1ms	步行速度

（续）

场　景	用户体验数据速率	时延	移　动　性
业务变化场景	下行：0.1～1Mbit/s 上行：0.1～1Mbit/s	—	0～120km/h
超高可靠性 & 超低时延	下行：50kbit/s～10Mbit/s 上行：2bit/s～10Mbit/s	1ms	0～50km/h
超高稳定性和可靠性	下行：10Mbit/s 上行：10Mbit/s	10ms	0～50km/h 或具体需求
广播等业务	下行：高达200Mbit/s 上行：适中（如500kbit/s）	<100ms	0～50km/h

3. 系统性能指标

（1）$10^6/km^2$ 的连接数密度　未来 5G 网络用户范畴极大扩展，随着物联网的快速发展，业界预计到 2020 年连接的器件数目将达到 1000 亿。这就要求单位覆盖面积内支持的器件数目将极大增长，在一些场景下单位面积内通过 5G 移动网络连接的器件数目达到 100 万/km^2 或更高，相对 4G 网络增长 100 倍左右，尤其在体育场及露天集会等场景，连接数密度是个关键性指标。这里，连接数指标针对的是一定区域内单一运营商激活的连接设备，"激活"指设备与网络间正交互信息。

（2）10～20Gbit/s 的峰值速率　根据移动通信历代发展规律，5G 网络同样需要 10 倍于 4G 网络的峰值速率，即达到 10Gbit/s 量级，在特殊场景，提出了 20Gbit/s 峰值速率的更高要求。

（3）3 倍于 IMT-Advanced 系统的频谱效率　ITU 对 IMT-Advanced 在室外场景下平均频谱效率的最小需求为 2～3bit/s/Hz，通过演进及革命性技术的应用，5G 的平均频谱效率相对于 IMT-Advanced 需要 3 倍的提升，解决流量爆炸性增长带来的频谱资源短缺。其中频谱效率的提升应适用于热点/广覆盖基站、低/高频段、低/高速场景。

小区平均频谱效率用 bit/s/Hz/小区来衡量，小区边缘频谱效率用 bit/s/Hz/用户来衡量，5G 系统中这两个指标均应相应提升。

（4）10Mbit/s/m^2 的业务密度　业务密度表征单一运营商在一定区域内的业务流量，适用于以下两个典型场景：①大型露天集会场景中，数万用户产生的数据流量；②办公室场景中，在同层用户同时产生达到 Gbit/s 的数据流量。不同场景下的无线业务情况不同，相比于 IMT-Advanced，5G 的这一指标更有针对性。

NGMN 针对具体应用场景对系统性能指标需求进行了细化，见表 7-3。

表 7-3　系统性能指标需求

场　景	连接数密度	流量密度
密集地区的宽带接入	200～2500/km^2	下行：750Gbit/s/km^2 上行：125Gbit/s/km^2
室内超高 宽带接入	75000/km^2 （75/1000m^2 的办公室）	下行：15Tbit/s/km^2 （15Gbit/s/1000m^2） 上行：2Tbit/s/km^2 （2Gbit/s/1000m^2）

（续）

场　　景	连接数密度	流　量　密　度
人群中的宽带接入	150000/km²（30000/体育场）	下行：3.75Tbit/s/ km²（0.75Tbit/s/体育场）上行：0.75Tbit/s/ km²（1.5Tbit/s/体育场）
无处不在的"≥50Mbit/s"	城郊400/km²农村100/km²	下行：城郊20Gbit/s/ km²上行：城郊10Gbit/s/ km²下行：农村5Gbit/s/ km²上行：农村2.5Gbit/s/ km²
低ARPU地区的低成本宽带接入	16/m²	160Mbit/s/ km²
移动宽带（汽车、火车）	2000/km²（4辆火车每辆有500个活动用户，或2000辆汽车每辆汽车有1个活动用户）	下行：100Gbit/s/ km²（每辆火车25Gbit/s，每辆汽车50Mbit/s）上行：50Gbit/s/ km²（每辆火车12.5Gbit/s，每辆汽车25Mbit/s）
飞机连接	每架飞机80用户每18000km² 60架飞机	下行：1.2Gbit/s/飞机上行：600Mbit/s/飞机
大量低成本/长期的/低功率的MTC	高达200 000/km²	无苛刻要求
宽度MTC	见"密集地区的宽带接入"和"无处不在的'≥50Mbit/s'"场景中的需求	
超低时延	无苛刻要求	可能高
业务变化场景	10000/km²	可能高
超高可靠性 & 超低时延	无苛刻要求	可能高
超高稳定性和可靠性	无苛刻要求	可能高
广播等业务	不相关	不相关

7.2.4　5G技术框架展望

　　为满足5G网络性能及效率指标，需要在4G网络基础上聚焦无线接入和网络技术两个层面进行增强或革新，如图7-2所示。

　　其中：

- 为满足用户体验速率、峰值速率、流量密度、连接数密度等需求，要考虑空间域的大规模扩展、地理域的超密集部署、频率域的高带宽获取以及先进的多址接入技术等无线接入候选技术。在定义无线空中接口技术框架时，应适应不同场景差异化的需求，应同时考虑5G新空口设计以及4G网络的技术演进两条技术路线。
- 为满足网络运营的成本效率、能源效率等需求，考虑多网络融合、网络虚拟化、软件化等网络架构增强候选技术。

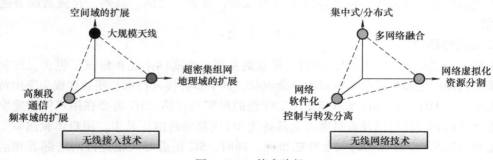

图 7-2　5G 技术路径

7.3　整体网络架构

7.3.1　5G 核心网演进方向

随着智能手机技术的快速演进，移动互联网爆发式增长已远远超出其设计者最初的想象。互联网流量迅猛增长、承载业务日益广泛使得移动通信在社会生活中起到的作用越来越重要，但也使得诸如安全性、稳定性、可控性等问题越来越尖锐。面对这些随之而来的问题，当前的核心网网络架构已经无法满足未来网络发展的需求。传统的解决方案都是将越来越多的复杂功能，如组播、防火墙、区分服务、流量工程、MPLS（Multi-Protocol Label Switch，多协议标签交换）等，加入到互联网体系结构中。这使得路由器等交换设备越来越臃肿且性能提升的空间越来越小，同时网络创新越来越封闭，网络发展开始徘徊不前。

另一方面，诸多新业务的引入也给运营商网络的建设、维护和升级带来了巨大的挑战。运营商的网络是通过大型的不断增加的专属硬件设备来部署，即一项新网络服务的推出，通常需要将相应的硬件设备有效地引入并整合到网络中，而与之伴随的，就是设备能耗的增加、资本投入的增加以及整合和操作硬件设备的日趋复杂化。而且，随着技术的快速进步以及新业务的快速出现，硬件设备的生命周期也在变的越来越短，因此，现有的核心网网络架构很难满足未来 5G 的需求。

而 SDN（Software Defined Network，软件定义网络）和 NFV（Network Function Virtualization，网络功能虚拟化）为解决以上问题提供了很好的技术方法。

7.3.2　5G 无线接入网架构演进方向

为了更好地满足 5G 网络的要求，除了核心网架构需要进一步演进之外，无线接入网作为运营商网络的重要组成部分，也需要进行功能与架构的进一步优化与演进，以更好地满足 5G 网络的要求。总体来说，5G 无线接入网将会是一个满足多场景的多层异构网络，能够有效地统一容纳传统的技术演进空口和 5G 新空口等多种接入技术，能够提升小区边缘协同处理效率并提升无线和回传资源的利用率。同时，5G 无线接入网需要由孤立的接入管道转向支持多制式/多样式接入点、分布式和集中式、有线和无线等灵活的网络拓扑和自适应的无线接入方式，接入网资源控制和协同能力将大大提高，基站可实现即插即用式动态部署方式，方便运营商可以根据不同的需求及应用场景，快速、灵活、高效、轻便地部署适配的5G网络。

1. 多网络融合

无线通信系统从1G到4G，经历了迅猛的发展，现实网络逐步形成了包含无线制式多样、频谱利用广泛和覆盖范围全面的复杂现状，其中多种接入技术长期共存成为突出特征。

根据中国IMT-2020 5G推进组需求工作组的研究与评估，5G需要在用户体验速率、连接数密度和端到端时延以及流量密度上具备比4G更高的性能，其中，用户体验速率、连接数密度和时延是5G最基本的三个性能指标。同时，5G还需要大幅提升网络部署和运营的效率。相比于4G，频谱效率需要提升5~15倍，能效和成本效率需要提升百倍以上。而在5G时代，同一运营商拥有多张不同制式网络的现状将长期共存，多种无线接入技术共存会使得网络环境越来越复杂，例如，用户在不同网络之间进行移动切换时的时延更长。如果无法将多个网络进行有效的融合，上述性能指标，包括用户体验速率、连接数密度和时延，将很难在如此复杂的网络环境中得到满足。因此，在5G时代，如何将多网络进行更加高效、智能、动态地融合，提高运营商对多个网络的运维能力和集中控制管理能力，并最终满足5G网络的需求和性能指标，是运营商迫切需要解决的问题。

在4G网络中，演进的核心网已经提供了对多种网络的接入适配。但是，在某些不同网络之间，特别是不同标准组织定义的网络之间，例如由3GPP定义的E-UTRAN(Evolved Universal Terrestrial Radio Access Network，进化型的统一陆地无线接入网络)和IEEE(the Institute of Electrical and Electronics Engineers，电气电子工程师学会)定义的WLAN(Wireless Local Area Networks，无线局域网络)，缺乏网络侧统一的资源管理和调度转发机制，二者之间无法进行有效的信息交互和业务融合，对用户体验和整体的网络性能都有很大影响，比如网络不能及时将高负载的LTE网络用户切换到低负载的WLAN网络中，或者错误地将低负载的LTE网络用户切换到高负载的WLAN网络中，从而影响了用户体验和整体网络性能。

在未来5G网络中，多网络融合技术需要进一步优化和增强，并应考虑蜂窝系统内的多种接入技术(例如3G、4G)和WLAN(见图7-3)。考虑到当前WLAN在分流运营商网络流量负载中起到的越来越重要的作用，以及WLAN通信技术的日趋成熟，将蜂窝通信系统和WIAN进行高效融合需要给予充分的重视。为了进一步提高运营商部署的WLAN网络的使用效率，提高WLAN网络的分流效果，3GPP开展了WLAN与3GPP之间互操作技术的研究工作，致力于形成对用户透明的网络选择、灵活的网络切换与分流，以达到显著提升室内覆盖效果和充分利用WIAN资源的目的。

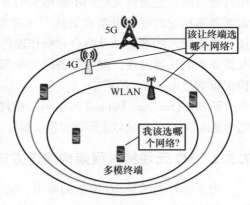

图7-3　多网络融合场景

目前，WLAN与3GPP的互操作和融合相关技术主要集中在核心网侧，包括非无缝和无缝两种业务的移动和切换方式，并在核心网侧引入了一个重要的网元功能单元ANDSF(Access Network Discovery Selection Function，接入网络发现和选择功能单元)。ANDSF的主要功能是辅助用户发现附近的网络，并提供接入的优先次序和管理这些网络的连接规则。用户利用 ANDSF 提供的信息，选择合适的网络进行接入。ANDSF 能够提供系统间移动性策略、接入网发现信息以及系统间路由信息等。然而，对运营商来说，这种机制尚不能充分提供对网络的灵活控制，例如对于接入网络的动态信息(如网络负载、链路质量、回传链路负荷等)难以顾及。为了使运营商能够对 WLAN 和 3GPP 网络的使用情况采取更加灵活、更加动态的联合控制，进一步降低运营成本，提供更好的用户体验，更有效地利用现有网络，并降低由于 WLAN 持续扫描造成的终端电量的大量消耗，3GPP 近年来对无线网络侧的 WLAN/3GPP 互操作方式也展开了研究以及相关标准化工作，并且在 3GPP 第 58 次 RAN (Radio Access Network，无线接入网)全会上正式通过了 WLAN/3GPP 无线侧互操作研究的 SI (Study Item，研究立项)，在 3GPP 第 62 次 RAN 全会上进一步通过了 WLAN/3GPP 无线侧互操作研究的 WI(Work Item，工作立项)。目前，WLAN/3GPP 在 3GPP Release 12 阶段的具体技术细节已经确定，标准制定工作已经基本完成。

WLAN/3GPP 无线侧互操作的研究场景仅考虑由运营商部署并控制的 WLAN AP(Access Point，接入点)，且在每个 UTRAN/E-UTRAN 小区覆盖范围内可以同时存在多个 WLAN AP。考虑到实际的部署场景，该部分研究具体可以考虑以下两种部署场景：

共站址场景(见图 7-4)：在该场景中，eNB(evolved Node B，演进基站)与 WLAN AP 位于同一地点，并且二者之间可以通过非标准化的接口进行信息的交互和协调。

非共站址场景(见图 7-5)：在该场景中，eNB 与 WLAN AP 位于不同地点，并且二者之间没有 RAN 层面的信息的交互和协调。

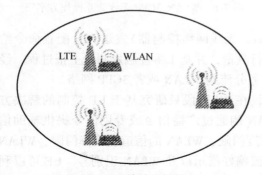

图 7-4　共站址场景

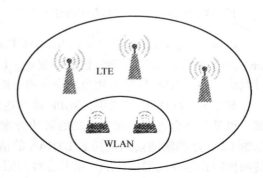

图 7-5　非共站址场景

在 WLAN/3GPP 无线侧互操作技术的 SI 期间，共提出了三种 WLAN 和 E-UTRAN/UT-RAN 在无线侧的互操作方案。

方案一：RAN 侧通过广播信令或专用信令提供分流辅助信息给 UE(User Equipment，用户设备)。UE 利用 RAN 侧提供的分流辅助信息、UE 的测量信息、WLAN 提供的信息，以及从核心网侧 ANDSF 获得的策略，将业务分流到 WLAN 或者 3GPP，如图 7-6 所示。

方案二：网络选择以及业务分流的具体规则由 RAN 侧在标准中规定，RAN 通过广播或者专用信令提供 RAN 分流规则中所需的参数门限。当

图 7-6　WLAN/3GPP 无线侧互操作方案一

网络中不存在 ANDSF 规则时，UE 依据 RAN 侧规定的分流规则将业务分流到 WLAN 或者 3GPP 上；当同时存在 ANDSF 时，ANDSF 规则优先于 RAN 规则，如图 7-7 所示。

　　方案三：如图 7-8 所示，当 UE 处于 RRC CONNECTED/CELL_ DCH 状态下，网络通过专用的分流命令控制业务的卸载。当 UE 处于空闲状态、CELL_ FACH、CELL_ PCH 和 URA_ PCH 状态时，具体方案同一或者二；或者，处于以上几个状态的 UE，可以配置连接到 RAN，并等待接收专用分流命令。

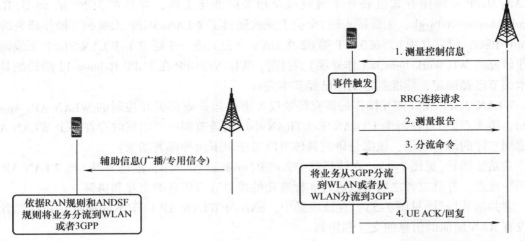

图 7-7　WLAN/3GPP 无线侧互操作方案二　　　　图 7-8　WLAN/3GPP 无线侧互操作方案三

　　具体而言，eNB/RNC(Radio Network Controller，无线网络控制器)发送测量配置命令给 UE，用于对目标 WLAN 测量信息的配置。UE 进行测量，并基于事件触发测量上报过程。经过判决，eNB/RNC 发送专用分流命令将 UE 的业务分流到 WLAN 或者 3GPP 网络。

　　基于 SI 阶段的研究成果，3GPP 最终达成协议在 WI 阶段只研究基于 UE 控制的解决方案，也就是融合方案一和方案二的解决方案：RAN 侧通过广播信令或专用信令提供辅助信息给 UE，这些辅助信息包括 E-UTRAN 的信号强度门限、WLAN 的信道利用率门限、WLAN 的回传链路速率门限、WLAN 信号强度门限、分流偏好指示以及 WLAN 识别号。UE 可以利用收到辅助信息，并结合 ANDSF 分流策略或/和 RAN 分流策略，做出最终的分流决策。

　　为了满足 5G 网络的需求和性能指标，5G 的多网络融合技术可以考虑分布式和集中式两种实现架构。其中，分布式多网络融合技术利用各个网络之间现有的、增强的甚至新增加的标准化接口，并辅以高效的分布式多网络协调算法来协调和融合各个网络。而集中式多网络融合技术则可以通过在 RAN 侧增加新的多网络融合逻辑控制实体或者功能将多个网络集中在 RAN 侧来统一管理和协调。

　　分布式多网络融合不需要多网络融合逻辑控制实体或者功能的集中控制，也不需要信息的集中收集和处理，因此该方案的鲁棒性较强，并且反应迅速，但是与集中式多网络融合技术相比不易达到全局的性能最优化。以 LTE 和 WLAN 网络融合为例，可以在 3GPP LTE 的 eNB 与 WLAN AP 之间新建一个标准化接口。该接口与 LTE eNB 之间的 X2 接口类似。LTE eNB 与 WLAN AP 可以通过该标准化接口进行信息交互和协调。

　　LTE eNB 与 WLAN AP 可以通过图 7-9 中分布式多网络融合的流程进行网络融合。

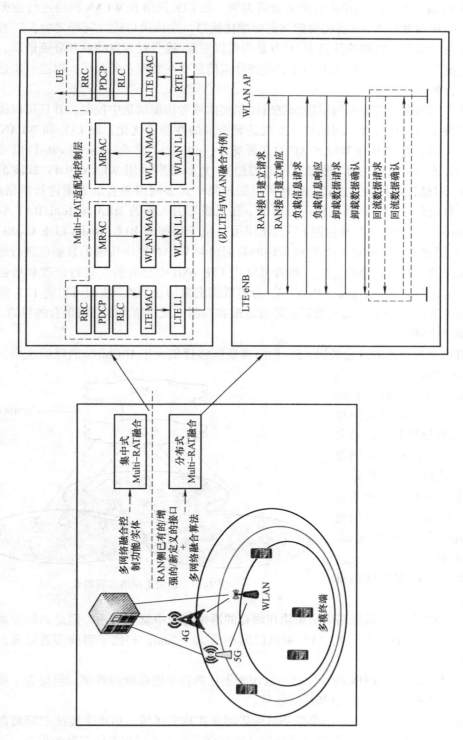

图 7-9　5G多网络融合技术

以 LTE 网络和 WLAN 网络进行业务分流为例。在 LTE 网络和 WLAN 网络进行业务分流之前，LTE eNB 和 WLAN AP 首先要建立起标准化接口。在该接口建立完毕之后，二者可以进行负载信息的交互，以便确认己方/对方是否可以发起/接受对等方的业务分流请求。在条件允许的情况下，二者可进行更进一步的业务分流信息交互实现业务分流，以进一步达到多网络融合的目的。

集中式多网络融合需要多网络融合逻辑控制实体或者功能的集中控制，并且可以进行多网络信息的集中收集和处理，因此该方案能达到全局的性能最优化。以 LTE 和 WLAN 网络融合为例，根据 LTE eNB 和 WLAN AP 的部署场景（collocated 或者 non-collocated）以及二者之间回传或者连接接口的特性（理想或者非理想），可以分别采用 WLAN/3GPP 载波聚合和 WLAN/3GPP 双连接两种融合方式，并且可以通过集中式多网络融合的方案进行网络融合。例如，可以对现有的 LTE eNB 实体进行增强，在无线侧引入新的 MRAC（Multi-RAT Adaptation and Control，多网络适配和控制）层，该层可以位于传统的 RLC（Radio Link Control，无线链路控制）层之上，负责将 LTE 网络传输的数据包与 WLAN 网络传输的数据包进行适配和控制，从而达到多网络融合的目的。或者可以将 LTE eNB 中已有的层进行修改和增强，比如 PDCP（Packet Data Convergence Protocol，分组数据汇聚协议）层，从而可以将 LTE 网络传输的数据包与 WLAN 网络传输的数据包进行适配和控制，从而达到多网络融合的目的。

2. 无线 MESH

根据 ITU-R WP5D 的讨论共识，5G 网络需要能够提供大于 10Gbit/s 的峰值速率，并且能够提供 100Mbit/s～1Gbit/s 的用户体验速率，UDN（Ultra Dense Deployment，超密集网络部署）将是实现这些目标的重要方式和手段。通过超密集网络部署与小区微型化，频谱效率和接入网系统容量将会得到极大的提升，从而为超高峰值速率与超高用户体验提供基础，如图 7-10 所示。

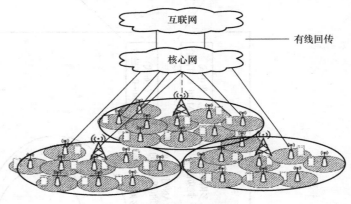

图 7-10 超密集网络部署场景

总体而言，超密集网络部署具有以下特点：

1）基站间距较小：虽然网络密集化在现有的网络部署中就有采用，但是站间距最小在 200m 左右。在 5G UDN 场景中，站间距可以缩小到 10～20m，相比于当前部署而言，站间距显著减小。

2）基站数量较多：UDN 场景通过小区超密集化部署来提高频谱效率，但是为了能够提供连续覆盖，势必要大大增加微基站的数量。

3）站址选择多样：大量小功率微基站密集部署在特定区域，相比于传统宏蜂窝部署而言，这其中会有一部分站址不会经过严格的站址规划，通常选择在方便部署的位置。

超密集网络部署在带来频谱效率、系统容量与峰值速率提升等好处的同时，也带来了极大的挑战：

- 基站部署数量的增多会带来回传链路部署的增多，从网络建设和维护成本的角度考虑，超密集网络部署不适宜为所有的小型基站铺设高速有线线路（例如光纤）来提供有线回传。
- 由于在超密集网络部署中，微基站的站址通常难以预设站址，而是选择在便于部署的位置（例如街边、屋顶或灯柱），这些位置通常无法铺设有线线路来提供回传链路。
- 由于在超密集网络部署中，微基站间的站间距与传统的网络部署相比会非常小，因此基站间干扰会比传统网络部署要严重，因此，基站间如何进行高速、甚至实时的信息交互与协调，以便进一步采取高效的干扰协调与消除就显得尤为重要。而传统的基站间通信交互时延达到几十毫秒，难以满足高速、实时的基站间信息交互与协调的要求。

根据中国 IMT-2020 5G 推进组需求工作组的研究结果，5G 网络将需要支持各种不同特性的业务，例如，时延敏感的 M2M 数据传输业务、高带宽的视频传输业务等。为适应多种业务类型的服务质量要求，需要对回传链路的传输进行精确的控制和优化，以提供不同时延、速率等性能的服务质量。而传统的基站间接口（例如 X2 接口）的传输时延与控制功能很难满足这些需求。

此外，根据中国 IMT-2020 5G 推进组发布的 5G 概念白皮书，连续广域覆盖场景将会是 5G 网络需要重点满足的应用场景之一。如何在人口较少的偏远地区，高效、灵活地部署基站，对其进行高效的维护和管理，并且能够进一步实现基站的即插即用，以保证该类地区的良好覆盖及服务，也是运营商需要解决的问题。

无线 MESH 网络就是要构建快速、高效的基站间无线传输网络，着力满足数据传输速率和流量密度需求，实现易部署、易维护、用户体验轻快、一致的轻型 5G 网络：

- 降低基站间进行数据传输与信令交互的时延。
- 提供更加动态、灵活的回传选择，进一步支持在多场景下的基站即插即用。

5G 超密集网络部署中的回传网络拓扑如图 7-11 所示。从回传的角度考虑，基础回传网络由有线回传与无线回传组成，具有有线回传的网关基站作为回传网络的网关，无线回传基站及其之间的无线传输链路则组成一个无线 MESH 网络。其中，无线回传基站在传输本小区回传数据的同时还有能力中继转发相邻小区的回传数据。从基站协作的角度考

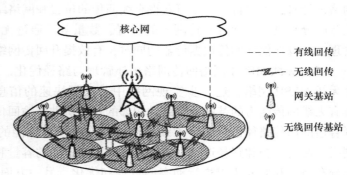

图 7-11　5G 超密集网络部署中的回传网络拓扑

虑，组成无线 MESH 网络的基站之间可以通过无线 MESH 网络快速交互需要协同服务的用户、协同传输的资源等信息，为用户提供高性能、一致性的服务及体验。

为了实现高效的无线 MESH 网络，以下技术方面需要着重考虑：

（1）无线 MESH 网络无线回传链路与无线接入链路的联合设计及联合优化实现　无线 MESH 网络首先需要考虑无线 MESH 网络中基站间无线回传链路基于何种接入方式进行实

现，并考虑与无线接入链路的关系。而该研究点也是业界诸多主流厂商和国际 5G 项目的研究重点。首先，基于无线 MESH 的无线回传链路与 5G 的无线接入链路将会有许多相似之处：无线 MESH 网络中的无线回传链路可以(甚至将主要)工作在高频段上，这与 5G 无线关键技术中的高频通信的工作频段是类似的；无线 MESH 网络中的无线回传链路也可以工作在低频段上，这与传统的无线接入链路的工作频段是类似的；考虑到 5G 场景下微基站的增加与回传场景的多样化，无线 MESH 网络中的无线回传链路与无线接入链路的工作及传播环境是类似的。

考虑到以上因素，基于无线 MESH 的无线回传链路与 5G 的无线接入链路可以进行统一和融合，并按照需求进行相应的增强，比如，无线 MESH 网络的无线回传链路与 5G 的无线接入链路可以使用相同的接入技术；无线 MESH 网络的无线回传链路可以与 5G 无线接入链路使用相同的资源池；无线 MESH 网络中无线回传链路的资源管理、QoS 保障等功能可以与 5G 无线接入链路联合考虑。

这样做的好处包括：

- 简化网络部署，尤其针对超密集网络部署场景。
- 通过无线 MESH 网络的无线回传链路和无线接入链路的频谱资源动态共享，提高资源利用率。
- 可以针对无线 MESH 网络的无线回传链路和无线接入链路进行联合管理和维护，提高运维效率、减少 CAPEX 和 OPEX。

（2）无线 MESH 网络回传网关规划与管理 具有有线回传的基站作为回传网络的网关，是其他基站和核心网之间回传数据的接口，对于回传网络性能具有决定性作用。因此，如何选取合适的有线回传基站作为网关，对无线 MESH 网络的性能具有很大影响。一方面，在进行超密集网络部署时，有线回传基站的可获得性取决于具体站址的物理限制。另一方面，有线回传基站位置的选取也要考虑区域业务部分特性。因此，在进行无线 MESH 网络回传网络设计时，可以首先确定可获得有线回传的位置和网络结构，然后根据具体的网络结构和业务的分布进一步确定回传网关的位置、数量等。通过无线 MESH 网络回传网关的规划和管理，可以在保证回传数据传输的同时，有效提升回传网络的效率和能力。

（3）无线 MESH 网络回传网络拓扑管理与路径优化 具备无线回传能力的基站组成一个无线 MESH 网络，进一步实现网络中基站间快速的信息交互、协调与数据传输。而且，具有无线回传能力的基站可以帮助相邻的基站协助传输回传数据到回传网关。因此，如何选择合适的回传路径也是决定无线 MESH 网络中回传性能的关键因素。一方面，无线 MESH 网络的回传拓扑和路径选择需要充分考虑无线链路的容量和业务需求，根据网络中业务的动态分布情况和 CQI 需求进行动态的管理和优化。另一方面，无线回传网络拓扑管理和优化需要考虑多种网络性能指标(Key Performance Indicator，KPI)，例如小区优先级、总吞吐率和服务质量等级保证。并且，在某些路径节点发生变化时(例如某中继无线回传基站发生故障)，无线 MESH 网络能够动态地进行路径更新及重配置。通过无线回传链路的拓扑管理和路径优化，使无线 MESH 网络能够及时、迅速地适应业务分布与网络状况的变化，并能够有效提升无线回传网络的性能和放率。

（4）无线 MESH 网络回传网络资源管理 在无线回传网络拓扑和回传路径确定之后，如何高效地管理无线 MESH 网络的资源显得至关重要。如果无线回传链路与无线接入链路使用相同的频率资源，还需要考虑无线回传链路和网络接入链路的联合资源管理，以提升整体的系统性能。对于无线回传链路的资源管理，可以基于特定的调度准则，根据每个小区自身回传数据队列、中继数据队列以及接入链路的数据队列，调度特定的小区和链路在适合的时隙发送回传数据，从而满足业务服务质量要求。该调度器可以基于集中式，也可以基于分布式实现。

（5）无线 MESH 网络协议架构与接口研究　LTE 中基站间可以通过 X2 接口进行连接，3GPP 针对 X2 接口分别从用户面和控制面定义了相关的标准。考虑到无线 MESH 网络的无线回传链路及其接口固有的特性和与 X2 接口的明显差异，如何设计一套高效的、针对无线MESH 网络的协议架构及接口标准显得十分必要。这其中就要考虑：

- 无线 MESH 网络及接口建立、更改、终止等功能及标准流程。
- 无线 MESH 网络中基站之间控制信息交互、协调等功能及标准流程。
- 无线 MESH 网络中基站之间数据传输、中继等功能及标准流程。
- 辅助实现无线 MESH 网络关键算法的承载信令及功能，例如资源管理算法。

另外，由于在超密集网络部署的场景下基站的站间距会非常小，基站间采用无线回传会带来严重的同频干扰问题。一方面，可以通过协议和算法的设计来减少甚至消除这些干扰。另一方面，也可以考虑如何与其他互补的关键技术相结合来降低干扰，例如高频通信技术、大规模天线技术等。

3. 虚拟化

5G 时代的网络需要提升网络综合能效，并且通过灵活的网络拓扑和架构来支持多元化、性能需求完全不同的各类服务与应用，并且需要进一步提升频谱效率，而且需要大幅降低密集部署所带来的难度与成本。而接入网作为运营商网络的重要组成部分，也需要进行进一步的功能与架构的优化与演进，进一步满足 5G 网络的要求。

现有的 LTE 接入网架构具有以下的局限性和不足：

- 控制面比较分散，随着网络密集化，不利于无线资源管理、干扰管理、移动性管理等网络功能的收敛和优化。
- 数据面不够独立，不利于新业务甚至虚拟运营商的灵活添加和管理。
- 各设备厂商的基站间接口的部分功能及实现理解不一致，导致不同厂商设备间的互联互通性能差，进而影响网络扩展、网络性能及用户体验。
- 不同 RAT(Radio Access Technology，无线接入技术)需要不同的硬件产品来实现，无线接入技术资源不能完全整合。
- 网络设备如果想支持更高版本的技术特性，往往要通过硬件升级与改造，为运营商的网络升级和部署带来较大开销。

因此接入网必须通过进一步的优化与演进来满足 5G 时代对接入网的需求。而接入网虚拟化就是接入网一个重要的优化与演进方向。

通过接入网虚拟化，可以做到如下几点：

- 虚拟化不同无线接入技术处理资源，包括蜂窝无线通信技术与 WLAN 通信技术，最大化资源共享，提高用户与网络性能。
- 与核心网的软件化与虚拟化演进相辅相成，促进网络架构的整体演进。

- 实现对接入网资源的切片化独立管理，方便新业务、新特性及虚拟运营商的灵活添加，并实现对虚拟运营商更智能的灵活管理和优化。
- 实现更加优化和智能的无线资源管理、干扰控制及移动性管理，提高用户与网络性能。
- 实现更加快速、低成本的网络升级与扩展。

实现接入网虚拟化的一个重要方面是实现对基站、物力资源及协议栈的虚拟化。目前已有许多国际研究项目和科研院校对该方向展开了深入研究。FP7 资助的 4WARD 项目就从不同的方面对蜂窝网络的虚拟化展开了深入研究。基于 4WARD 提出的虚拟化模型，许多专家学者又展开了专门针对 LTE 的虚拟化研究工作，并提出了一种 LTE 虚拟化框架，并且提出了多种针对 MVNO(Mobile Virtual Network Operator，移动虚拟网络运营商)的虚拟化资源分配和管理方案，并且通过仿真与非虚拟化的系统进行了性能对比，对比结果显示了 LTE 虚拟化能够带来的系统和性能增益。

传统的运营商网络一般要求不同的运营商在相同地区使用不同的频带资源来为相应的用户群提供服务。随着虚拟运营商的大量引入，如果能够实现运营商网络资源的虚拟化，可以使不同的虚拟运营商动态共享传统运营商的频带资源，并通过网络资源的切片化来保证各虚拟运营商服务的独立性和个性化。

为了满足面向未来移动互联网和物联网多样化的业务需求以及广域覆盖、高容量、大连接、低时延、高可靠性等典型的应用场景，5G 网络将会由传统的网络架构向支持多制式和多接入、更灵活的网络拓扑以及更智能高效的资源协同的方向发展。SDN 和 NFV 技术的引入将会使 5G 网络变成更加灵活、智能、高效和开放的网络系统。高密度、智能化、可编程则代表了未来移动通信演进的进一步发展趋势。

7.4　大规模天线技术

7.4.1　大规模天线概述

20 世纪 90 年代，Turbo 码的出现使信息传输速率几乎已经达到了理论的上限，理论上性能提升的瓶颈似乎就近在眼前。就在那个时候，通过在发送端和接收端部署多根天线，MIMO 技术在有限的时频资源内对空间域进行扩展，将信号处理的范围扩展到空间维度上，利用信道在空间中的自由度实现了频谱效率的成倍增长。

经过十几年的研究和发展，MIMO 技术已经成为 4G 系统的核心技术之一，但受技术发展阶段及产业化精细程度限制，基站天线数目一直严格受限。伴随 5G 时代的到来，用户数目和每个用户对速率需求显著增加，对空间域进一步扩展的需求更加迫切，针对 MIMO 技术的深入研究因此备受关注，如何进一步扩展 MIMO 系统的性能成为热点研究方向。

大规模天线技术在提升系统频谱效率和用户体验速率方面的巨大潜力，使其在 5G 时代备受关注。虽然计算能力的提升以及空间波束成形的提出都使得大规模天线技术的应用前景颇具诱惑力，但在如何推动大规模天线的实用化，满足大规模天线在灵活部署、易于运维等方面的实际需求方面，其仍然需要解决很多问题。

（1）三维信道建模　大规模天线技术的核心是通过对传播环境中的空间自由度进一步

发掘，更有效地进行多用户传输。利用信道建模的方法，精确地还原出实际无线传播环境中丰富的空间自由度，是对大规模天线相关技术进行研究和应用的前提和基础。同时，需要设计优异的信道测量、量化和反馈方案，并兼顾性能精度与计算复杂度、开销占用的有效折中。

（2）传输方案　采用大规模天线技术可以增加天线数目，扩展传输的空间自由度，进而支持更多用户并行传输，从而使频谱利用率显著增加。大规模天线的传输方案设计将从两个方面来实现这一目标：一方面，降低传输过程中的空间信道信息获取代价并提高信道信息的利用效率；另一方面，采用可以降低计算复杂度的传输设计方案，实现传输效率与工程实现难度的平衡。

（3）前端系统设计　考虑实际部署环境的要求，难以使用单一类型的大规模天线前端设备。针对室内/室外、集中式/分布式部署方式，需要在框架和具体的设计方法上对天线形态及前端各模块进行联合考虑、优化算法，使大规模天线系统能够通过多种方式灵活部署。

（4）部署、应用需求　大规模天线技术不仅将应用于宏覆盖、热点覆盖等传统应用场景，还可以用于无线回传、异构网络以及覆盖高层建筑物等场景，因此需要针对不同的应用需求设计相应的部署方案。除此之外，研究设计大规模天线技术与其他关键技术，如与超密集微基站、高频通信技术的联合组网方案，以满足实际部署、运维中更加灵活多样的需求，这也是推动大规模天线技术实际应用的关键问题。

下面介绍大规模天线技术的理论基础。

（1）从传统 MIMO 到大规模天线　3GPP LTE Release 10 已经能够支持 8 个天线端口进行传输，理论上，在相同的时频资源上，可以同时支持 8 个数据流同时传输，也即 8 个单流用户或者 4 个双流用户同时传输。但是，从开销、标准化影响等角度考虑，3GPP LTE Release 10 中只支持最多 4 用户同时调度，每个用户传输数据不超过 2 流，并且同时传输不超过 4 流数据。由于终端天线端口的数目与基站天线端口数目相比较，受终端尺寸、功耗甚至外形的限制更为严重，因此终端天线数目不能显著增加。在这一前提下，基站采用 8 天线端口时，如果想要进一步增加单位时频资源上系统的数据传输能力，或者说频谱效率，一个直观的方法就是进一步增加并行传输的数据流的个数。或者更进一步，增加基站天线端口的数目，使其达到 16、64，甚至更高，由于 MIMO 多用户传输的用户配对数目理论上随天线数目增加而增加，我们可以让更多的用户在相同时频资源上同时进行传输，从而使频谱效率进一步提升。当 MIMO 系统中的发送端天线端口数目增加到上百甚至更多时，就构成了大规模天线系统。

（2）大规模天线增益的来源　和传统的多天线系统相似，大规模天线系统可以提供三个增益来源：分集增益、空间复用增益以及波束成形增益。

1）分集增益。发射机或接收机的多根天线，可以被用来提供额外的分集对抗信道衰落，从而提高信噪比，提高通信质量。在这种情况下，不同天线上所经历的无线信道必须具有较低的相关性。为了获取分集增益，不同天线之间需要有较大的间距以提供空间分集，或者采用不同的极化方式以提供极化分集，如图 7-12 所示。

2）空间复用增益。空间复用增益又称为空间自由度。当发送和接收端均采用多根天线时，通过对收发多天线对间信道矩阵进行分解，信道可以等效为至多 $N(N \leqslant \min(N_T, N_R))$ 个并行的独立传输信道，提供复用增益。这种获得复用增益的过程称为空分复用，也常被称为

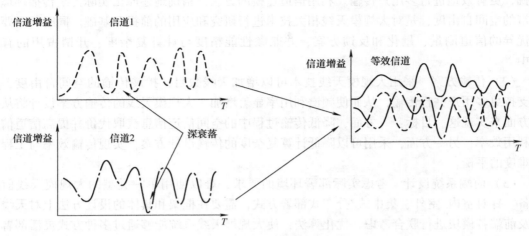

图 7-12　分集增益示意图

MIMO 天线处理技术。通过空分复用，可以在特定条件下使信道容量与天线数保持线性增长的关系，从而避免数据速率的饱和。在实际系统中，可以通过预编码技术来实现空分复用，如图 7-13 所示。

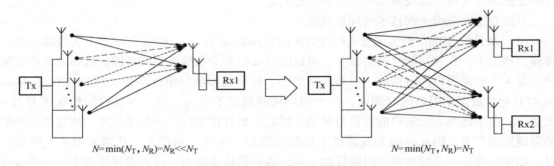

图 7-13　空分复用示意图

3）波束成形增益。通过特定的调整过程，可以将发射机或接收机的多个天线用于形成一个完整的波束形态，从而使目标接收机/发射机方向上的总体天线增益（或能量）最大化，或者用于抑制特定的干扰，从而获得波束成形增益。不同天线间的空间信道，具有高或者低的衰落相关性时，都可以进行波束成形。具体来说，对于具有高相关性的空间信道，可以仅采用相位调整的方式形成波束；对于具有低相关性的空间信道，可以采用相位和幅度联合调整的方式形成波束。

在实际的工程应用中，由于站址选取和诸多工程建设的限制，天线的尺寸不能无限制地增大。由于采用大规模天线技术的基站天线数目显著增加，基站天线尺寸却不可能随着天线振元数目成倍增长，因此，采用了大规模天线技术后，有限的天面空间中，不同天线的水平和/或垂直间距有可能进一步压缩。这将导致基站侧各个天线之间的相关性随天线数目的增加而增加，单个终端的天线与基站各个天线之间的空间信道呈现较高的衰落相关性。因此，在大规模天线系统中，单个用户能够获得的空间分集增益是有限的。

虽然单个终端的天线与基站各个天线之间的空间信道具有高相关性，但是，不同终端与基站之间的空间信道却不一定具有高相关性。通过用户配对的方法，仍然可以像传统 MIMO 系统，通过预编码的方式将基站与多个用户之间的空间信道分解为多个等效的并行传输信道，实现多用户 MIMO 传输，从而获得复用增益。并且，由于大规模天线系统中天线数目比传统 MIMO 系统中更多，支持更多用户同时传输，因此利用大规模天线可以获得比传统 MI-MO 系统更为显著的复用增益。

当天线间的相关性确定后，理论上通过波束成形可以获得最多 M 倍的波束成形增益，因此在实际应用中，大规模天线可以获得可观的波束成形增益。另一点值得说明的是波束成形与有源天线的关系和区别。由于大规模天线在抽象形式上也可以看作是有源天线阵列，两者有着天然的联系。实际上大规模天线中的"模拟波束成形"过程本质上与形成电调下倾角口以及电调方向角的过程在形式上是相同的。两者的差别在于对于有源天线，电调下倾角和电调方向角在设定好之后一般不会轻易调整，而大规模天线的模拟波束成形过程则更加灵活。

（3）大规模天线的理论特性　随着天线数目的增加，大规模天线系统除了可以提供比传统 MIMO 更大的空间自由度，还具有如下特点：

1）极低的每个天线发射功率。保持总的发射功率不变，当发射天线数目从 1 增加到 n 时，理想情况下，每个天线的发射功率变为原来的 $1/n$。而且，如果仅仅保证单个接收天线的接收信号强度，在最理想的情况下，使用 n 个天线时总发射功率只需要原来的 $1/n$ 即可，也即，此时每个天线上的发射功率变为原来的 $1/n^2$。虽然，在存在信道信息误差、多用户传输等实际因素的情况下，不可能以如此低的发射功率工作，但是这也足以说明采用大规模天线阵列，可以降低单个天线发射功率。

2）热噪声及非相干干扰的影响降低。利用相干接收机，不同接收天线间的非相干的干扰部分可以得到一定程度的降低。当采用大规模天线阵列收发时，由于接收天线数目极大，非相干的干扰信号被降低的程度显著增加，降低程度与天线数目成正比。因此，热噪声等非相干的噪声将不再是主要的干扰来源。与此同时，相关性的干扰源，如由于导频复用而造成的导频污染，成为影响性能的重要因素之一。

3）空间分辨率提升。极高的发送天线数目提供了足够丰富的自由度对信号进行调整和加权。这不仅可以使发射信号形成更窄的波束，另一方面，也使信号能量在空间散射体丰富的传播环境中能够有效地汇集到空间中一个非常小的区域内，提高空间分辨能力。

4）信道"硬化"。当大规模天线阵足够大时，随机矩阵理论中的一些结论便可以引入到大规模天线的理论研究中。当天线数目足够多时，信道参数将趋向于确定性，具体来说，信道矩阵的奇异值的概率分布情况将会呈现确定性，信道发生"硬化"，导致快速衰落的影响变小。

大规模天线的理论特性研究，大多是在假设天线数目可以无限增加的情况下进行的。在这种假设条件下，很多理论推导的工作都可以转化成为极限操作，能够获得较为简单直观的结论。但是，在现实条件下，天线数目是一个重要的限制条件，不可能无限增加。因此，目前从工业界的角度，关注点更加集中在大规模天线的实际增益以及其变化趋势上，对于大规模天线的理论特性则主要在定性分析上。在学术界，大规模天线理论研究工作也逐渐从理想条件下以及极限条件下大规模天线的性质分析，逐渐过渡到非理想条件下，例如在天线数目受限、信道信息受限等条件下，大规模天线的实现方法和具体性能研究。

7.4.2　大规模天线技术方案前瞻

大规模天线的技术方案研究是最早开始的5G关键技术研究，也是目前5G各项关键技术中，研究和讨论最为集中的方向之一。其中，除了各个5G研究团体展开的大规模天线研究外，3GPP开展的"Full Dimensional MIMO/Elevation Beamforming"研究课题，也被普遍认为是大规模天线研究的一部分。本节分别对大规模天线中几个相对基础和有特点的研究方向和内容加以介绍。

1. 大规模天线的部署场景

表7-4归纳了大规模天线系统可能的应用场景。其中城区覆盖分为宏覆盖、微覆盖以及高层覆盖三种主要场景：宏覆盖场景下基站覆盖面积比较大，用户数量比较多，需要通过大规模天线系统提升系统容量；微覆盖主要针对业务热点地区进行覆盖，比如大型赛事、演唱会、商场、露天集会、交通枢纽等用户密度高的区域，微覆盖场景下覆盖面积较小，但是用户密度通常很高；高层覆盖场景主要指通过位置较低的基站为附近的高层楼宇提供覆盖，在这种场景下，用户呈现出2D/3D的分布，需要基站具备垂直方向的覆盖能力。在城区覆盖的几种场景中，由于对容量需求很大，需要同时支持水平方向和垂直方向的覆盖能力，因此对大规模天线研究的优先级较高。郊区覆盖主要为了解决偏远地区的无线传输问题，覆盖范围较大，用户密度较低，对容量需求不是很迫切，因此研究的优先级相对较低。无线回传主要解决在缺乏光纤回传时基站之间的数据传输问题，特别是宏基站与微基站之间的数据传输问题。

表7-4　主要场景特征描述

主要场景	特　点	潜在问题
宏覆盖	覆盖面积较大，用户数量多	控制信道、导频信号覆盖性能与数据信道不平衡
高层覆盖	低层基站向上覆盖高层楼宇，用户2D/3D混合分布，需要更好的垂直覆盖能力	控制信道、导频信号覆盖性能与数据信道不平衡
微覆盖	覆盖面积小，用户密度高	散射丰富，用户配对复杂度高
郊区覆盖	覆盖范围大，用户密度低，信道环境简单，噪声受限	控制信道、导频信号覆盖性能与数据信道不平衡
无线回传	覆盖面积大，信道环境变化小	信道容量、传输时延问题

根据上述分析，宏覆盖、高层覆盖、微覆盖以及无线回传几种场景是大规模天线技术研究的重点场景，如图7-14所示。下面将详细介绍这几种主要场景。

（1）室外宏覆盖　大规模天线系统用于室外宏覆盖时，可以通过波束成形来提供更多数据流并行传输，提高系统总容量。尤其是在密集城区需要大幅提高系统容量时，可采用大规模天线系统。

由于室外宏覆盖通常采用中低频段，当采用大规模天线系统时，可能会造成天线尺寸较大，增加硬件成本和施工难度，因此小型化天线是重要的发展方向。

UMa场景是移动通信的主要以及最重要的应用场景之一，如图7-15所示，在实际环境中占有较大比例。首先，UMa场景中用户分布较为密集，随着用户业务需求的增长，对于频谱效率的需求也越来越高；其次，UMa 场景需要提供大范围的服务，在水平和垂直范围，基站都需要提供优质的网络覆盖能力以保证边缘用户的服务体验。大规模天线技术能够实现大量用户配对传输，因此频谱利用率能够大幅度提高，满足 UMa 场景频谱效率的需求。

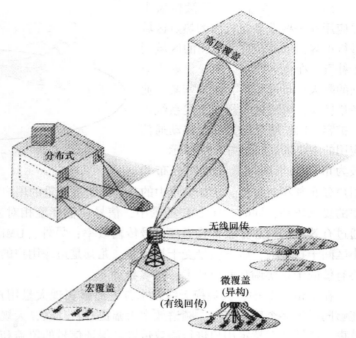

另外，由于大规模天线能够提供更为精确的信号波束，因此能够增强小区的覆盖，减少能量损耗，并利于干扰波束间协调，有效提高 UMa 场景的用户服务质量。

由于大规模天线技术需要配置大量的天线振子，放大器及射频链路结构复杂，单个系统成本较高，并需要占用较大

图 7-14　大规模天线系统主要应用场景

的空间尺寸。而一般 UMa 场景的基站具有较大的尺寸和发射功率，高度一般大于楼层高度。因此，UMa 场景中大规模天线系统可以获得较为丰富的天面资源。

从 UMa 的场景需求和大规模天线的技术特征等方面判断，UMa 场景是大规模天线的一个典型应用场景。

（2）高层覆盖　大多数城市都会有高层建筑（20～30 层），且分布不均匀，这些分布不均的高楼被 4～8 层的一般建筑所包围，如图 7-16 所示。高层建筑的覆盖需要依赖室内覆盖，对于无法部署室内覆盖的高楼，可以考虑通过周围较低楼顶上的基站为其提供覆盖，通过大规模天线技术形成垂直维度向上的波束，为高层楼宇提供信号。

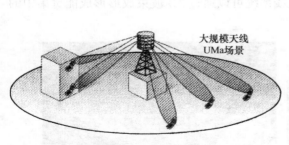

图 7-15　UMa 场景

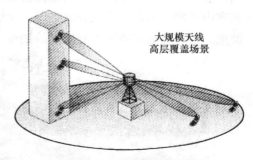

图 7-16　高层覆盖场景

类似地，在一些山区，也可以通过大规模天线技术为高地提供信号覆盖，主要是利用大规模天线系统在垂直方向的覆盖能力。

（3）微覆盖　根据部署位置不同，微覆盖还可以分为室外微覆盖和室内微覆盖。

1）室外微覆盖。室外微覆盖主要应用在一些业务量较高的热点区域进行扩容，以及在覆盖较弱的区域用于补盲。在业务热点区域，比如火车站的露天广场等场所，用户密集，业务量较大，可通过大规模天线系统进行扩容。UMi 场景是另一个移动通信应用的主要场景，如图 7-17 所示，一般为市内繁华区域，建筑物分布和

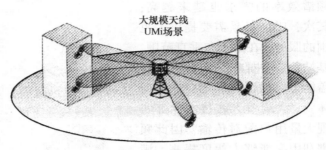

图 7-17　UMi 场景

用户分布都相对密集，UMi 场景中的基站需要对大量的用户同时进行服务，对于系统频谱效率的要求较高；同时，在 UMi 场景中，信号传输环境相对复杂，传输损耗较大，因此需要通过有效的传输和接收方式提高信号传输效率；另外，UMi 场景中小区之间相对距离较小，小区间干扰较大，服务质量受干扰限制，尤其是边缘用户的性能受干扰影响明显，因此还需要有效的干扰协调和避免技术。

在 UMi 场景中，大规模天线技术首先能够实现大量用户的多用户配对，使得频率资源能够同时被多个用户复用，频谱效率大幅提升；其次，大规模天线技术能够形成精确的信号波束，能够针对特定用户进行高效传输，保证信号的覆盖和用户服务质量；同时，在大规模天线技术中，形成的波束具有较多的空间自由度，在水平和垂直维度都能够提供灵活的信号传输，使得信号间干扰调度变得更加灵活有效。

另外，UMi 场景中基站高度低于周围楼层高度，用户分布在高楼层时，传统的通信系统不能很好地对其覆盖。而大规模天线技术在垂直方向上也能够提供信号波束成形的自由度，改善对高层用户的信号覆盖。

相对于 UMa 场景，UMi 基站尺寸以及发射功率等都较小，但是仍能够为大规模天线技术提供足够的应用空间和成本资源。因此，UMi 场景也是大规模天线的一个典型应用场景。

2）室内微覆盖。室内微覆盖是移动通信需要重点考虑的应用场景，如图 7-18 所示。据统计，未来 80% 的业务发生在室内。室内微覆盖最重要的需求是大幅提升系统容量以满足用户高速率通信的需求。室内微覆盖也可以使用大规模天线技术来提高系统容量，同时考虑到室内微覆盖通常会采用较高频段，大规模天线系统可以通过 3D 波束成形形成能量集中的波束，从而克服了高频段衰减大的缺点。

a）大型会议室

b）大型体育馆

图 7-18　室内微覆盖典型场景

室内场景可以分为很多类型：主要包括：

① 一般室内环境：基站可以部署在走廊，也可以在各个房间内。

② 大型会议场馆：基站可以部署在各个角落，也可以位于天花板上。

③ 大型体育场馆：基站可以分散部署在场馆的各个角落。

（4）无线回传　在实际网络中，某些业务热点区域需要新建微基站，但是并不具备光纤回传条件。可以通过宏基站为微基站提供无线回传，解决微基站有线回传成本高的问题，如图 7-19 和图 7-20 所示。这种场景中，宏基站保证覆盖，微基站承载热点地区业务分流，宏基站和微基站可同频或异频组网，典型的应用为异频。回传链路和无线接入可同频或异频组网。

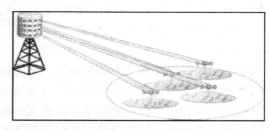

图 7-19　大规模天线宏基站为室外微基站提供无线回传

在无线回传中，可能存在无线回传容量受限的问题。宏基站采用大规模天线阵列，通过 3D 波束为微基站提供无线回传，可提高回传链路的容量。该场景进一步可分为室外和室内无线回传两种场景：支持大规模天线的宏基站为室外微基站做无线回传；支持大规模天线的宏基站为室内微基站做无线回传。

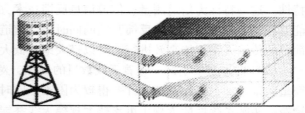

图 7-20　大规模天线宏基站为室内微基站提供无线回传

2. 轻量化大规模天线的技术方案

对 5G 网络的研究应总体致力于建设满足部署轻便、投资轻度、维护轻松、体验轻快要求的"轻"型网络，那么在大规模天线部分轻量化的技术方案则应引起业界的重视。

（1）基于大规模天线的无线回传　在无线网络建设成本和运营成本中占据主要地位的分别是工程施工与设计成本以及网络运营与支撑成本。因此，从运营的角度考虑，一种能够降低整体部署成本并降低运维成本的大规模天线应用方案将更加符合运营商实际部署的需求。

在 5G 及未来通信系统中，基站数目将显著增加。这一方面将导致控制建站成本随着建站数目需求的增加而变得更为重要；另一方面，站址资源的选择将面临更加严峻的挑战，未来密集部署的基站选址将更加具有灵活性。

传统基站使用的光纤回传以及微波点对点无线回传系统在适应这种新的变化时都存在明显的不足。光纤回传的建设过程决定了其较高的建设成本，并且采用光纤回传基站的选址必须限制在光纤接入点的附近。当大量使用宏基站进行广域覆盖的情况下，光纤回传的这些特点并不会在建设、运维过程中产生显著的负面影响。但当基站逐渐趋于低成本、小型化，基站部署位置越来越密集及灵活的情况下，固定的光纤回传显然不是最优的选择。由于未来基站组网部署的一个方向是大规模部署微基站，并且微基站具有灵活的开启和关闭能力，在这种趋势下，需要一种新的回传解决方案来满足建设成本、网络性能及组网灵活性三者之间的平衡。

由于网络建设和运维具有连续性和可持续性，并且由于网络建设程度和建设周期的差异，大规模天线技术将不可避免地与微基站技术混合部署、联合组网。因此可以利用宏基站为微基站提供基于大规模天线的无线回传。该方案如图 7-21 所示。

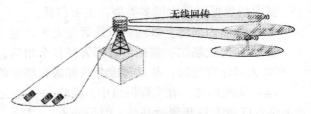

图 7-21　大规模天线无线回传场景

对于采用大规模天线的宏基站来说，从传输的角度看，通过无线回传链路接入宏基站的各个微基站本质上与宏基站内的用户并没有区别，因此利用大规模天线提供的空间自由度，宏基站可以同时为多个位置的微基站提供无线回传。而另一方面，利用动态波束成形，理论上，当采用大规模天线提供无线回传时，微基站的部署位置可以灵活调整。相对于传统回传方式，这一应用方式将显著降低站址选择以及回传线路架设的成本。进一步，由于微基站相对于宏基站在相当长的时间内都不发生移动，因此宏基站与微基站间的信道具有极低的时变特性。这一特性为信道测量、信道信息反馈技术方案的设计提供了足够的研究与优化空间，能够在显著降低信道信息反馈开销的同时提高信道信息的准确程度，使大规模天线即使采用简单的传输方案仍能高效进行，可以极大地降低大规模天线系统的运维难度和成本。

（2）虚拟密集小区　随着天线数目的增加，对于 FDD 的大规模天线系统，由于信道反馈量大幅增加，实际系统设计变得较为困难，同时传统终端难以利用大规模天线带来的性能增益，实际系统性能依赖于可支持大规模天线终端占据的比例，这些都给网络部署和维护带来困难。另一方面，超密集组网虽然可以大幅度提升系统容量，但是考虑到工程实际部署的困难，以及站址资源回传和投资成本收益等因素，超密集的小区不一定在所有的场景都适用，集中式的宏技术对运营而言仍然有较大的吸引力。

传统网络优化采用小区分裂的方式进行扩容，包括新增站址和基于天线技术的扇区化分裂等方式。而大规模天线系统从理论上支持了更多小区分裂的可能性。利用集中式的大规模天线系统，通过结合 MIMO 技术的灵活性和小区分裂技术的简洁性，半静态地成形出很多个具有小区特性的波束，看起来就像是虚拟的超密集组网一样。

虚拟密集小区示意图如图 7-22 所示，成形的每个波束上有不同或相同的物理小区 ID 和广播信息，看起来就像是一个独立的小区。小区的数量有一定限制，并可以根据潮汐效应半静态地转移。虚拟小区间的干扰可以利用干扰协调技术或者一些实现相关的增强手段来克服。可以在窄波束虚拟的小区上，用宽波束虚拟出宏基站小区，形成 HetNet 的网络拓扑。

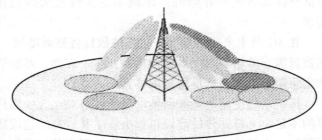

图 7-22　虚拟密集小区示意图

表 7-5 展示了传统大规模天线技术、虚拟密集小区技术与传统 UDN 技术之间的比较，需要看到的是，虚拟密集小区方式的主要好处在于其对标准化影响小，系统实现相对简单。而最大的挑战则在于投入大量成本部署大规模天线后，性能增益是否满足预期的投入产出比。

表 7-5　不同技术的比较

	传统大规模天线技术（MU-MIMO）	传统 UDN 技术	虚拟密集小区技术
设备实现	为满足信号处理灵活性，需要较多的 TXRU 和对应的天线 Port	需要较多的站址和回传资源	集中式部署，只需要能形成一定数量的波束，只用相对少的 TXRU
标准化和兼容性	标准化影响大，新的序列设计满足大量接入，需天线模拟满足传统终端接入	标准化影响不定，取决于采用标准相关还是实现相关的干扰抑制技术方案	标准化影响小，传统和大量的终端可自然接入
适合场景	宏微各种典型场景都可以应用	用户热点分布场景	性能易受限，需要宏覆盖下有可分辨的用户热点分布，且 UDN 难以部署的场景
系统性能	依赖用户配对基带处理算法和射频非理想干扰抑制的能力	由于物理距离缩小，接收功率较大，因而性能增益大	受限于波束成形小区的干扰水平和分布情况、用户分布情况和增强干扰协调抑制能力，无距离增益

由于波束成形小区是自干扰系统，其干扰情况是决定系统性能的关键，然而实际系统是十分复杂的，包括更好的波束成形跟踪技术(大规模天线领域)或者是干扰协调技术(超密集组网领域)都会对系统的性能带来影响，需要长远和深入的评估。虚拟波束成形小区的管理和干扰也同样复杂，包括可以分配相同或不同的小区广播信息与 ID 等，这和在 UDN 中面临的问题相类似，其对网络极度复杂下运维网优的挑战，可以与密集小区的场景整合到统一的网络管理平台之中。

(3) 分布式大规模天线　由于天线数量的增加，大规模天线对天线的形态和信号处理的方式会有一定程度上的转变。以 2GHz 载波频率的天线为例，其波长为 15 cm，考虑天线间距为半波长以上才能获得阵列信号处理得较好的处理增益，因而对于 8 行 8 列双极化的 128 天线来说，其尺寸至少约为 60cm×60cm。这相对传统天线来说尺寸变化较大，特别是在水平方向上，因为在传统天线的竖直方向有很多为了获得天线增益的阵子存在，可以以减少天线增益为代价赋予原来竖直方向上天线振子独立调制信号的自由度，来实现大规模天线系统。模拟信号数字化虽然可能减少最终天线增益，其最主要的一个好处便是可以获得信号处理的自由度。这一自由度可以是多方面的，从系统容量的角度来说，通过扩展空域信号的自由度也就是空间信道矩阵的秩，来复用更多高信噪比下的用户；而从天线设计的角度，这一自由度减弱了对传统天线形态的必然要求。传统天线为了通过简单有效的方式获得波束成形的天线增益，往往采用均匀线性阵列，这使得天线的形态成为一个封闭的长方体。数字化自由度使得在原理上不需要限制天线振子的位置，通过数字化的接收端调整幅度和相位进行补偿，以达到和均匀线性阵列相同的性能。

另外，考虑大规模天线采用不同天线形态，拥有几十甚至几百个天线阵子的分布式大规模天线有其他天线结构无法比拟的优势。①更易于部署：相比于集中式大规模天线，分布式的天线结构能更灵活地设计天线形态，可以有效解决大规模天线在部署时对站址要求较高的难题；②更高的频谱效率：相比于集中式大规模天线，采用分布式大规模天线的天线阵时，当基站采用的天线总数为 M 时，在基站已知完全信道状态信息条件下获得相同接收信噪比只需要 $1/M$ 的发射功率，而已知部分信道状态信息的条件下只需要 $1/\sqrt{M}$ 的发射功率；③覆盖更大：拥有的多个天线阵子可以获得更大的覆盖范围，从而使用户位于小区边缘的概率减小，减小了同频干扰和切换概率。

以下从部署场景方面考虑分布式大规模天线的多种应用方式。

1）室外部署场景。在室外部署时，分布式大规模天线的优势主要在于易于部署，可以分为两种形式：①"大"分布式，即多个天线子阵列进行集中处理，整体构成大规模天线，此种部署形式可与超密集小区相结合，通过集中资源管理，有效解决小区间干扰的问题，提高小区吞吐量。部署形态如图 7-23 所示。②"小"分布式，即通过模块化的天线形态，用天线子阵列的形式构成大规模天线，部署形式如图 7-24 所示。

图 7-23　"大"分布式天线部署　　　　　图 7-24　"小"分布式天线部署

2）室内部署场景。在室内部署时，分布式大规模天线的优势主要在于更灵活的组网，考虑模块化天线形态，以下举了三个例子，如图 7-25 所示。图 7-25a 为办公室举例，大规模天线子阵列部署在办公室各角落，此时可以各房间的子阵列集合单独集中处理构成大规模天线，也可以考虑跨房间的集中处理；图 7-25b 为商场举例，商场的特殊之处在于通常有中间走廊的公共区域，两边为面积有限的商铺或房间，此时公共区域可以部署天线子阵列；图 7-25c 为体育场举例，可以将大规模天线子阵列部署在中央显示屏的四周。

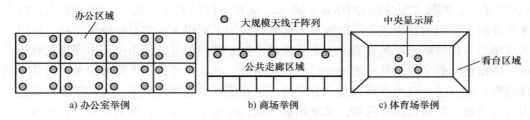

图 7-25　室内部署场景

同时，对于形态灵活可变的天线，在实际部署过程中的某些特定的场景下可以展现出其特有的优势。比如可以将天线制作成文字、壁画、树枝等形状，类似美化天线的方式灵活部署在特定的场景，而且和美化天线比起来不受传统天线尺寸的硬限制，对场景会有更强的适用性，因而模块化分布式大规模天线是运营商实际部署中一个非常有应用前景的关键技术。当然也面临着巨大的挑战，主要集中在天线的物理设计和指标退化分析、数字基带信号处理补偿和校准以及实际部署下的防风防盗等。

如果天线能够做成模块化的形式，就可能出现多种新型的天线形态设计方案，这也将解决大规模天线在实际上遇到的挑战，主要体现在天线尺寸的增加使部署变得困难。大规模天线由于天线数量会增加到 128 根以上，天线的尺寸会因此而大幅增加，这会对实际的部署带来挑战。但在特定的站址环境下，一个新形状的天线却有可能适应部署的环境，并能够方便地完成安装。然而，现在的天线并不具备这样的灵活性。定制的天线成本较高，虽然定制天线是一个解决布署大规模天线不够灵活的办法，然而定制的天线由于不具有规模效应，需要根据不同的场景进行系统设计和模具制作，成本较高，难以广泛获得大规模应用。

通过可折叠大规模天线系统，可实现天线部署的灵活性，同时模块化设计降低了成本和回传的开销。由模块化的基本单元和旋转接口单元级联组成可折叠的天线系统；基本单元背插 RRU 成为独立的有源天线单元，通过一个具有接口连接和机械旋转功能的旋转接口模块级联组成这套系统，如图 7-26 所示。

模块化的设计有助于降低成本。基本单元具有信号提取和处理的能力，旋转接口模块具备数据传输和角度反馈的功能，通过一条光纤复用多天线阵子的数据，减少大规模天线的接线数量，同时可利用角度反馈设计信号处理的算法。

大规模天线技术是 5G 通信系统中，最具有性能提升潜力的关键技术。相对于其他关键技术方案，大规模天线技术在原理上理解起来是最为直接的：在物理上增加基站发送天线数目，在传输过程中增加并行

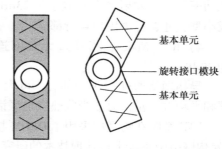

图 7-26　折叠天线示意图

传输用户数目。但是，利用大规模天线获取性能增益却并不简单。大规模天线技术所面临的挑战，在很大程度上，都是由于天线数目增加这一量变过程直接产生的工程技术问题，或者换一个角度来说，大规模天线技术所面临的挑战，在很大程度上，都是如何在实际应用场景中部署、使用大规模天线的问题。因此，大规模天线技术研究的核心内容是如何在性能和工程可实现性上取得平衡，或者说，是代价和增益之间的博弈。

5G 通信系统中的大规模天线技术研究是面向实际应用部署的技术研究。虽然相比于其他关键技术，大规模天线技术方案研究起步较早，也较为充分。但是，随着高频技术、密集小区技术、硬件技术的发展以及实际应用需求的进一步更新，目前在大规模天线技术研究中使用的假设仍可能发生改变（例如上下行信道的互译性假设），甚至应用场景也会发生调整（例如利用大规模天线实现对高速移动场景的覆盖）。

7.5　异构网络部署

7.5.1　技术基础及标准演进

随着移动互联网的迅猛发展和智能终端的大量普及，移动数据业务量呈现爆炸式增长趋势。同时，移动网络流量分布表现出极为严重的时空不均衡性，忙时忙区承载了全网主要的数据流量。传统的技术手段在解决以上需求时表现乏力，在诸多背景下，一种新的组网形态

"异构网"逐渐受到了关注。异构网通过空间复用提高单位区域内的频谱效率，获得更大的网络容量。

异构网络是指由不同类型的基站节点所组成的网络，每种节点具有不同的特性。LTE 异构网则是指在传统的宏基站覆盖基础上，再部署 LPN（Low Power Node，低功率节点）的混合组网方式。与传统的不同频率分层组网不同，这些 LPN 节点与宏基站占用相同的频率及载波带宽。

目前，对 LTE 异构网络定义的低功率节点包括：

1）RRH（Remote Radio Head，射频拉远头）：指通过有线连接到 BBU 的射频拉远单元，即常说的 RRU，发射功率一般为 46dBm，主要用于城区的局部深度覆盖、室内外热点覆盖。

2）Pico eNB：指通过有线网连接到核心网。它是相对于 RRH 更小的低功率基站，发射功率一般为 23 ~ 30dBm，主要用于办公室、咖啡厅等相对较封闭的中小型室内场景。

3）HeNB（Home evolved Node B，家庭演进基站）：指通过家庭宽带连接到核心网的一种低功率基站，发射功率一般小于 23dBm，在 2G 和 3G 中被称为 Femtocell，一般部署在家庭或小型企业，并由用户自行部署。

4）RelayNodes：指通过无线网连接到施主基站的一种低功率基站，发射功率一般为 30dBm。

异构网络通过 LPN 的部署，可大大增加网络容量，减少宏基站负荷，提高小区边缘速率和平均吞吐量，有效吸收热点地区话务，解决网络话务不均衡特性等问题。

LTE 系统在物理层采用了 OFDM 接入技术，较好地避免了小区内部干扰。因此，LTE 同/异构网络中系统干扰管理技术的研究主要集中在小区间干扰控制的问题上。小区间的干扰协调技术可通过时域、频域或空域实现。而对于频率复用方法，如何在蜂窝网络中合理复用频率资源，对于降低小区间的同频干扰至关重要。

目前 LTE 系统中基于频率复用的干扰协调技术分为静态频率复用方法和动态频率复用方法两大类。静态频率复用方法复杂度低，网络信令开销少，在工程中容易实现。动态频率复用方法可以根据干扰大小、网络负载大小、网络覆盖范围大小以及用户对速率的要求等条件动态修改频率复用的方法。相对于静态频率复用方法，动态频率复用方法可以有效提高系统性能，同时频谱利用率也高于静态频率复用方法，但是动态频率复用方法通常需要增加开销以及额外的协议支持，网络会变得复杂，对基站和终端的处理能力有较高的要求。

静态频率复用方法从蜂窝通信网建立之初就在使用，一直在不断地发展。该方法一般使用频率复用因子的参数来评价。频率复用因子的定义是网络中相同频率可以使用的比例。频率复用因子越大代表频率利用率越低，反之频率复用因子越小代表频率利用率越高。

动态频率复用方法通常是在小区内灵活配置频率资源来实现干扰抑制。通过基站与基站之间的负载情况、干扰情况、用户服务质量需求等参数的交互来动态地调整频率资源。其中，软频率复用是受到广泛关注的方法之一，该方法把用户划分为小区中心用户和小区边缘用户，同时将可以使用的频带也分成两类，一类给小区中心用户使用，另外一类给小区边缘用户使用，而且中心频带和边缘频带可以动态地调整，从而实现了系统性能和频率利用率之间的平衡。

随着对 LTE 系统中小区间干扰问题的深入研究，仅仅依靠单个小区中的基站来解决小区间的干扰变得越来越困难。多小区协作技术可以通过多个小区的基站联合处理信号，从而有效降低小区间干扰。多小区协作处理分为上行多小区协作处理和下行多小区协作处理。受制于终端处理能力，目前多小区协作联合发送的研究重点在网络侧，也就是下行多小区协作处理。多小区协作网络中的终端用户可以接收到来自多个基站的信号，将原来属于相互干扰的多个小区间干扰信号对同一用户终端进行数据传输，很好地解决了小区间干扰问题，从而提升了系统性能。然而，多小区协作处理需要进行大量的协作信令交互，以及数据资源的共享，这些都给多小区协作处理技术带来了挑战。所以，异构网络中干扰协调、CoMP、动态小区开关和增强接收机等解决小区间干扰的技术问题应得到重点关注。

1. 小区间干扰协调

LTE Release 8 中开始针对同构网络小区间 ICIC(Inter-Cell Interference Coordination，干扰协调)技术进行研究与标准化。由于 ICIC 采用的功率控制和 FFR(Fractional Frequency Reuse，部分频率复用)无法根本改变控制信道的可靠性，因此在 LTE Release 10 中针对异构网络场景引入 eICIC(enhanced Inter-Cell Interference Coordination，增强的干扰协调)。

(1) eICIC　eICIC 通过配置 ABS(Almost Blank Subframe，几乎空白子帧)来避免对被干扰小区用户的 PDCCH(Physical Downlink Control Channel，物理下行控制信道)以及 PDSCH(Physical Downlink Shared Channel，物理下行共享信道)的干扰，从而提高被干扰小区用户的 SNR。

1) CRE(Cell Range Expansion，小区范围扩展)与 ABS 的定义。在 LTE Release 10 针对 eICIC 的讨论时，重点集中在 HetNet，主要是指在宏覆盖小区中放置低功率节点，例如 RRU/RRH、Pico、Femto、Relay 等获得小区分裂增益。为避免传统小区检测方法引起的 LPN 覆盖范围较小、使用效率较低的问题，LTE Release 10 引入了 CRE，通过小区扩展，即在对 LPN 进行小区选择时，添加 CRE 偏移值获得更多的小区分裂增益。

采用 CRE 之后接入 LPN 的用户会受到来自宏基站的强干扰，因此可以采用时域干扰协调技术控制 LPN 边缘用户的干扰问题。具体方法如下：在异构网络中，将干扰小区(例如宏基站小区)的一个或多个子帧配置为 ABS，被干扰小区(例如微基站小区)在 ABS 子帧上为小区边缘用户提供服务，使被干扰小区的用户只能够在干扰小区配置 ABS 的子帧上进行 PDCCH 译码和 PDSCH 解调，从而规避了干扰小区的主要干扰，提升被干扰小区边缘用户的性能。

考虑与 LTE Release 8/9 的后向兼容性，ABS 子帧仍需携带 Release 8/9 终端与网络连接所必需的一些最基本的信号或者信道，例如 CRS 在每个单播子帧都必须全带宽发送。对于 PSS(Primary Synchronization Signal，主同步信号)、SSS(Secondary Synchronization Signal，辅同步信号)、PBCH(Physical Broadcast Channel，物理广播信道)、SIB1、寻呼信道和 PRS(Positioning Reference Signal，定位参考信号)等，当正好配置在 ABS 子帧上时，也必须发送。

2) ABS 适用典型场景与信息交互。按照异构节点间信息交互方式，eICIC 研究场景分为如下两类。

① Macro-Pico(宏基站-微基站)场景。对 Macro-Pico 场景，微基站边缘用户受到来自宏基站的强干扰。宏基站与微基站间存在 X2 接口，ABS 子帧配置以使用位图图样(Bitmap Pattern)的形式通过 X2 接口从宏基站传递给微基站节点。图样的周期在 FDD 系统是 40ms，在 TDD 系统的配置 1~5 是 20ms，TDD 系统的配置 0 是 70ms，TDD 系统的配置 6 是 60ms。有两个位图图样需要交互，其中第一个位图指示哪些子帧是 ABS，第二个位图是第一个位图的子集，主要是指示在第一个位图中哪些子帧长期都是 ABS 的子帧，这种 ABS 配置方式用于限制 RLM(Radio Link Monitor，无线链路监控)/RRM(Radio Resource Management，无线资源管理)。

ABS位图是基于事件触发的。图7-27所示的是一个Macro-Pico场景的例子，图中ABS配置是5/10，即10个子帧中有5个子帧配置为ABS子帧。

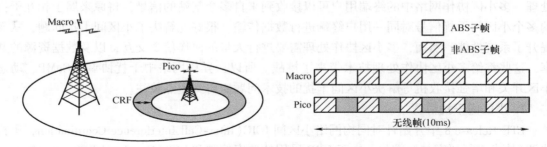

图7-27 ABS在Macro-Pico场景的应用

ABS子帧配置的是下行子帧，其实也隐含上行的子帧配置，如图7-28所示，宏基站将子帧1、3、5、7、9配置成ABS，根据FDD中的上行授权(UL Grant)和相应的PUSCH的$k+4$的定时关系，以及PUSCH和相应的下行PHICH(Physical Hybrid ARQ Indicator Channel，物理混合自动重传指示信道)的$k+4$的定时关系，宏基站将不在上行子帧1、3、5、7、9承载PUSCH或者发送ACK(Acknowledgement，肯定应答)/NACK(Negative Acknowledgement，否定应答)，如图7-28所示。这些上行子帧实际上就是"上行ABS"，无形当中降低了宏基站小区用户的上行发射对微基站节点的干扰，使得微基站用户可以更顺畅地与微基站节点进行上行的业务传输。

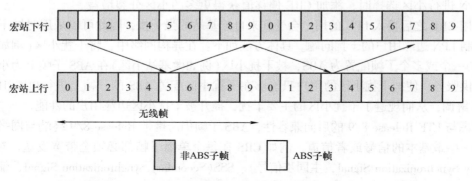

图7-28 ABS的子帧配置和上/下行子帧资源(FDD系统)

② Macro-Femto(宏基站-家庭基站)场景。Femto节点是家庭基站，此时通过配置ABS来保护干扰的受害者。例如Macro-Pico场景是微基站节点下的终端，在Macro-Femto场景中，由于Femto是非运营商规划安装的微基站，其安装部署具有不确定性，因此干扰的受害者是宏基站的终端，尤其是处于宏基站和低功耗节点覆盖相互重叠的区域。因为Femto节点不支持X2接口，Femto使用的ABS位图样图，是由OAM的方式通过核心网对Femto进行配置的，所以一个Femto节点的位图图样基本上是静态不变的。

3)对RLM/RRM产生的影响。eICIC技术的引入，带来了宏基站与LPN间的负载均衡，提升小区边缘用户吞吐量的同时也带来了对测量上报和信道信息反馈的挑战。

LTE在传输模式1~7中，终端采用CRS进行信道估计；在传输模式8~9中，PDCCH

和 PBCH 采用传输分集模式传输，仍然使用 CRS 来做信道估计，而 PDSCH 主要依靠 CSI-RS 进行信道的估计。除此之外，CRS 还用于用户测量上报决定小区重选和切换。

RLM 主要是指用户对无线链路质量进行监控。当链路质量在预设时间窗内比门限值 Q_{out} 低时，用户进入失步状态（out-of-sync）并反馈给基站；当链路质量在预设时间窗内比门限值 Q_{in} 低时，用户进入同步状态（in-of-sync）并反馈给基站。

RSRP 是根据小区公共信号进行测量的，ABS 的设定造成不同子帧上干扰的变化会对测量结果的准确性造成影响。因此，为了保证 RSRP 测量准确性，需要对 RSRP 测量的子帧进行限制，为保证测量精度，对测量小区配置的时域资源限制应当保证一个射频帧（10ms）内至少有一个子帧能用于测量。除此之外，RSRQ 是 RSRP 与 RSSI（Received Signal Strength Indication，接收的信号强度指示）的比值，也需要限制在规定的子帧中测量。

RRM 旨在有限的带宽条件下，为网络内的无线用户终端提供无缝连接和业务可靠传输，并灵活分配和动态调整无线传输资源，最大程度地提高无线频谱利用率，防止网络拥塞。与 RLM、RSRP 和 RSRQ 一样，基站需要通过 "RRC Connection Reconfiguration" 消息告知终端在哪些子帧上测量 CSI（CQI、PMI、RI），然后进行反馈。

4）eICIC 系统性能。为了更真实模拟 eICIC 性能，eICIC 采用 CRE + ABS 的同时，需要在 ABS 中模拟宏基站发射的 CRS 对微基站小区中 PDSCH 所带来的干扰。表 7-6 是 3GPP 模式 1 在 Hetnet Configuration 1 场景下的 eICIC 技术系统性能比较。表 7-7 是用户接入比例及 ABS 子帧配置比例。从表 7-6 可以看出，不采用 CRE 时，很大一部分用户将接入宏基站，随着 CRE 的增加，宏基站和微基站之前负载均衡效果明显，微基站用户接入比例逐渐升高。Release 10 的接收机在 6dB CRE 偏移值的时候能够获得最大小区平均频谱效率增益，在 12dB CRE 偏移值时能够在小区边缘获得更好的性能增益。即当 CRE 偏移值较大时，CRS 对 PDSCH 的干扰会大幅降低小区边缘用户的性能。

表 7-6　3GPP 模式 1 在 Hetnet Configuration 1 场景下的 eICIC 技术系统性能比较

CRE 偏移值/dB	无 eICIC	eICIC		
	0	6	12	18
小区平均频谱效率增益(%)	0	1.32	-2.16	-8.16
小区边缘频谱效率增益(%)	0	17.86	32.14	-3.57
50%用户吞吐量增益(%)	0	23.33	35.56	32.22
95%用户吞吐量增益(%)	0	-13.54	-22.87	-29.05

表 7-7　3GPP 模式 1 在 Hetnet Configuration 1 场景下用户接入比例与 ABS 子帧配置比例

CRE 偏移值/dB	宏基站用户接入比例(%)	微基站用户接入比例(%)	ABS 比例
0	80.21	19.79	0
6	64.65	35.35	1/5
12	46.48	53.52	2/5
18	29.92	70.08	3/5

从上述分析可以看出，eICIC 并未彻底解决 CRS 的干扰和弱小区信号的检测等问题，因此 3GPP 在 Release 11 中继续对增强的 eICIC 技术进行研究。

（2）FeICIC 为解决 eICIC 技术中 CRS 的干扰和弱小区信号的检测等遗留问题，LTE 在 Release 11 中继续针对 FeICIC（Further eICIC）进行研究和标准化。FeICIC 主要关注于在 Macro-Pico 场景使用较大的 RSRP 偏置，FeICIC 所考虑的 RSRP 偏置为 9dB 或者更高。

1）CRS 干扰消除。在 CRE 偏置较大的场景下，配置 ABS 子帧后残留 CRS 干扰问题不可忽略。CRS 的干扰可以分两种情况：

① CRS 非直接对撞（Non-CRS-Colliding）情形：干扰小区的 CRS 与被干扰小区子帧上的非 CRS 位置上的资源单元相撞，主要影响终端 PDSCH 和 PDCCH 等的调制。

② CRS 直接对撞（CRS-Colliding）情形：干扰小区 ABS 子帧的 CRS 资源单元与被干扰小区子帧上的 CRS 资源单元完全重合，同时影响终端 PDSCH/PDCCH 等的解调和 CSI 的测量。

CRS 的干扰消除可以在发射端进行，即被干扰小区将 PDSCH/PDCCH 上对应干扰小区发送 CRS 位置的数据资源单元打掉不发送。这种方法的优点是干扰消除的效果较好，但也存在一系列缺点，例如仅适用于 CRS 非直接对撞的情形，并且需要通过辅助信令将静默不发的资源单元的具体时频位置告知终端，才可以进行发射端的速率匹配。对于 PDSCH，协议的影响不是很大。但是对于 PDCCH，需要对协议进行较大的改动才能够保证速率匹配的合理进行，例如 REG（Resource Element Group，资源组）需要重新定义，相关的标准工作量较大。而 PDCCH 的增强专门在 Release 11 中 ePDCCH（增强 PDCCH）研究和标准化，同频异构小区是其中一种应用场景。

CRS 的干扰消除在接收端的解决方法有两种。

① 使用先进的接收机进行干扰消除。高端的终端可以配备增强型接收机，通过复杂度高的算法来消除 CRS 的干扰，对 CRS 非直接对撞情形和 CRS 直接对撞情形都适用。

对于 CRS 直接对撞情形，一般情况下，终端无法获知相邻小区是否配置为 ABS，如果盲目进行干扰消除操作，有可能造成 RLM 测量和 CSI 反馈的不准确，因此需要基站辅助信令告知终端需要进行干扰消除操作的小区列表信息，包括小区 ID、CRS 天线端口、CRS 发送子帧等信息。

② 打掉受 CRS 干扰的资源单元。当受干扰的终端检测到某些资源单元受到相邻小区 CRS 干扰较大时，便丢弃这些承载数据的资源单元而不进行译码。其优点是后向兼容 LTE Release 8/9/10 的终端，但缺点是只适用于 CRS 非直接对撞的情形，而且性能并不理想。

2）PSS/SSS 的干扰处理。ABS 子帧上如果存在 PSS/SSS，则同步序列需要正常发送，并且无论 FDD 系统还是 TDD 系统，同步序列的位置都是固定的。在 FDD 系统，同步序列位于每个 10ms 无线帧中的#0 和#5 子帧（时隙#0 和#10）的最后一个符号和倒数第二个符号，占中间 6 个资源块；在 TDD 系统，同步序列位于每个 10ms 无线帧中的#1 和#6 子帧第三个符号，占中间 6 个资源块；不考虑同步偏差，则相同双工系统的干扰小区与被干扰小区的同步序列位置是相同的。如果在不引入干扰避免的情形下采用较高的 RSRP 偏置，则终端在 CRE 区域将受到干扰小区同步序列的严重干扰，导致用户无法检测到受干扰小区的存在，并进而影响在受干扰小区的移动控制操作。

通过平移子帧，可以避免干扰小区与被干扰小区间 PSS/SSS 的冲突问题。这种方法仅限于 FDD 系统，不适用于 TDD 系统，若 TDD 系统中相邻小区间没有对齐就会产生上下行串行干扰问题。

基站侧的辅助信令可以简化用户发现受干扰小区的操作，例如当用户可以从服务基站获取到需要上报的受干扰小区列表（Cell ID 等），则可以避免错误上报问题，这在 Release 10 信令中已经可以解决。

另外，高版本的终端增强型接收机可通过高复杂度的算法消除来自干扰小区的 PSS/SSS 干扰。

3）MIB/SIB1 的干扰处理。因为 PBCH/SIB1 的位置都是固定的，MIB/SIB1 的干扰问题与 PSS/SSS 的类似，所以子帧平移也可以在 FDD 系统中采用，但不适用于 TDD 系统。

另外，高层信令辅助可以同时解决 FDD 系统和 TDD 系统的 MIB/SIB1 干扰，即在受保护资源上，受干扰小区可以通过 RRC 信令将 MIB/SIB1 信息发送给受干扰的用户。

高版本的终端增强型接收机可通过高复杂度的算法消除来自干扰小区的 MIB/SIB1 干扰。

2. 协同多点传输（CoMP）

CoMP 又被称为 Network MIMO（网络 MIMO），是指下行由多个传输点在相同的时频资源上协作为同一用户发送数据，或者上行由多个接收点在相同的时频资源上协作接收同一用户的数据。参与协作的多个传输点在地理位置上可以分开或者共址，可以属于相同或不同的小区。CoMP 技术通过对干扰信号的抑制及对有用信号的增强，可以有效提高系统边缘用户的吞吐量和频谱效率，从而提升网络整体性能，成为 4G 的关键技术之一。

（1）CoMP 应用场景　CoMP 包括上行 CoMP 和下行 CoMP。上行 CoMP 主要是实现相关问题，在 LTE 标准层面，下行 CoMP 更为复杂。根据参与 CoMP 处理的传输点小区是否在相同位置，CoMP 可以分为同一站点（Intra-site）CoMP 和站点间（Inter-site）CoMP 两种方式。同一站点 CoMP 无需不同站点间数据和信令上的交互，较易于实现，而站点间 CoMP 中需要不同站点之间的数据和信令交互，对于接口的传输带宽和时延都有较高的要求。

根据不同功率节点使用的频点是否相同以及回传条件的不同，异构网络部署下可以划分如下三种 CoMP 应用场景：

1）应用场景一：如图 7-29 所示，该场景对应于 LTE Release 11 CoMP 研究中的场景 3/4，其中 CoMP 协作小区由一个宏 eNB 和多个低功率 RRH 组成，两者使用相同频率，采用理想回传（如光纤）相连。另外，eNB 与 RRH 之间可以采用不同和相同的小区 ID。

2）应用场景二：如图 7-30 所示，该场景对应于 LTE Release 12 Small cell 研究中的场景 1，其中 CoMP 协作小区由一个宏基站和多个微基站组成，两者使用相同频率，宏基站与微基站之间以及不同微基站之间均使用非理想回传。

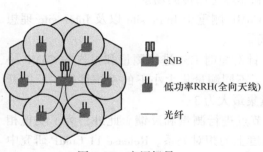

图 7-29　应用场景一

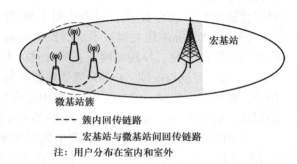

图 7-30　应用场景二

3）应用场景三：如图 7-31 所示，该场景对应于 LTE Release 12 Small cell 研究中的场景 2a，其中宏基站和微基站之间采用异频传输，CoMP 协作小区由多个微基站组成，宏基站与微基站之间以及不同微基站之间均使用非理想回传。

（2）CoMP 技术分类　从技术原理上，CoMP 可分为两大类：JP（Joint Processing，联合处理）和 CS/CB（Coordinated Scheduling/Coordinated Beamforming，协作调度/协同波束成形）。两者的主要差别在于 JP 中同一用户的信号由多个协作小区

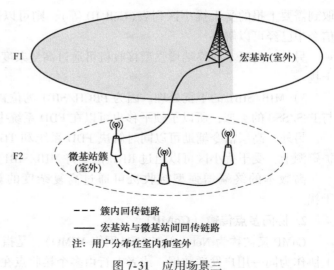

注：用户分布在室内和室外

图 7-31　应用场景三

进行收发（可以同时或不同时），如图 7-32 所示，CS/CB 中同一 UE 的信号仍由该用户原服务小区进行收发，协作小区在调度上或者波束上进行干扰规避，如图 7-33 所示。

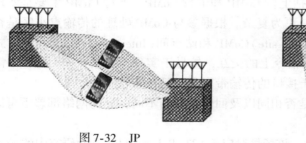

图 7-32　JP

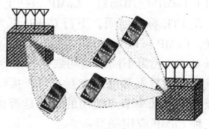

图 7-33　CS/CB

下行 JP 包括 JT（Joint Transmission，联合传输）和 DPS（Dynamic Point Selection，动态节点选择），其中 JT 还包括相干 JT 和非相干 JT，上行 JP 一般特指 JR（Joint Reception，联合接收）。JP 技术实现的条件是协作小区不仅需要共享用户的信道信息，而且需要共享用户数据信息，因此对回传链路的传输带宽和时延都有较高的要求，适用于理想回传的场景。CS/CB 中协作小区之间不需要共享用户的信道信息，只需要传递用户的部分或完全信道信息，因此对回传链路要求没有 JP 高，可以适用于理想回传和非理想回传的场景。

（3）CoMP 标准化关键技术　LTE Release 11 CoMP 侧重于 Intra-site 以及 Inter-site 理想回传场景下的研究，异构组网下主要针对以上的场景一。

1）CSI 测量与反馈。CoMP 测量集指的是 UE 针对短时 CSI 进行测量和报告的 CoMP 协作节点的集合。Release 11 CoMP 研究中综合分析了不同测量集大小下的系统性能、反馈开销以及实现复杂度，规定 Release 11 中的 CSI 测量集最大为 3。

CoMP 中 UE 需要针对 CoMP 测量集中的多个节点进行测量和反馈。此外，为了实现相干 JT，UE 还需要反馈不同节点的信道在相位和幅度上的相对关系。Release 11 CoMP 研究中针对是否进行节点间 CSI 的反馈从性能增益、反馈开销、标准化复杂度及误差敏感度上进行了比较，最终决定不进行节点间 CSI 的反馈，也就是说 Release 11 CoMP 中不支持相干 JT。

针对 CSI 的反馈，Release 11 CoMP 中引入了 CSI 进程的概念，其中每个 CSI 进程包含一个非零功率的 CSI-RS 和一个 IMR(Interference Measurement Resource，干扰测量资源)，分别用来测量有用信号和干扰信号。IMR 在 Release 11 CoMP 中首次被引入，其中采用了基于零功率 CSI-RS 的思想，即干扰之外的节点在该资源上保持静默，该资源上接收到的功率即为所有干扰的功率之和。为了实现联合发送以及灵活的调度，一个用户可以配置多个 CSI 进程，分别对应不同有效信号和干扰的情况。不同的 CoMP 技术和测量集大小对 CSI 进程数的需求不同，UE 支持的最大进程数取决于 UE 的能力，Release 11 中要求不超过 4。

2) DL DMRS 增强。Release 10 MU-MIMO 的设计中最多支持在同一资源上复用 4 个 DMRS 的序列，通过采用不同的 nSCID 以及天线端口进行区分。在异构组网 CoMP 场景一下，由于多个 RRH 分散存在，同一资源上可能有超过 4 个 UE 数据流进行复用，但是在协作集内所有传输节点采用相同小区 ID 的情况下，传统基于小区 ID 的 DMRS 扰码序列设计会带来 DMRS 的冲突问题。另外，即使在协作集内不同传输节点采用不同小区 ID 的情况下，由于不同小区的非正交扰码设计，小区边缘的 UE 会受到来自相邻小区的较强干扰，而且此干扰在异构组网下变得更为严重。

3. 动态小区开关

小区开关是一种有效的干扰抑制的方法。在异构网中，通过小区开关，将空负载或低负载的小区关闭，从而降低小区间的干扰；当小区有负载需求时，开启该小区，为用户提供服务。当小区处于关闭状态时，该小区不发送任何信号，包括公共参考信号 CRS。

LTE Release 8 ~ 11 可支持基于切换的小区开关，典型的时延为几百毫秒至几秒。当小区开关的转换时间较少时，如低于 40ms，动态小区开关可以提高整个系统的容量，并且转换时间越少，容量提升越大。LTE Release 12 提出了采用调制参考信号 DRS(Demodulation Reference Signal) 的动态小区开关，小区在关闭时只发送 DRS。根据实现方法，可分为三种应用场景：基于切换的动态小区开关、基于载波聚合的动态小区开关和基于双连接的动态小区开关。基于切换的动态小区开关流程如图 7-34 所示。

为了尽可能地提升系统容量，需要将小区开关时间控制在 40ms 以下。在以上三种场景中，基于载波聚合的动态小区开关所需要的转换时间最少。如果用户的能力支持载波聚合，用户可以支持基于载波聚合的动态小区开关。在该场景中，通过理想回传相连的宏基站和微基站或微基站和微基站可支持载波聚合。其中宏基站小区为 PCell(Primary Cell，主小区)，微基站小区为 SCell(Secondary Cell，辅小区)。处于关闭状态的微基站小区发送 DRS，用户可以对该微基站小区进行基于 DRS 的 RRM 测量。PCell 根据用户的测量报告快速决定是否需要激活该微基站小区。微基站小区的激活/去激活(开启/关闭)可通过 MAC(Media Access Control，介质访问控制)层信令实现，转换时间是 20 ~ 30ms。如果通过物理层信令，如(e) PDCCH，控制微基站小区的开关，转换时间可进一步降低，使用物理层控制信令，微基站小区开关的转换时间可降低到 10ms 以下。在该方法中，所有用户都需具备载波聚合的能力，如果微基站小区中存在不支持载波聚合能力的用户，微基站小区开关需通过切换来实现，于是转换时间由不支持载波聚合能力的用户决定。或者工作在基于载波聚合的动态小区开关的微基站小区禁止不支持载波聚合能力的用户接入，这些用户都连接到其他小区。

基于载波聚合的动态小区开关流程如图 7-35 所示。具体步骤如下：

1) PCell 配置 SCell 的 DRS 图案和周期。

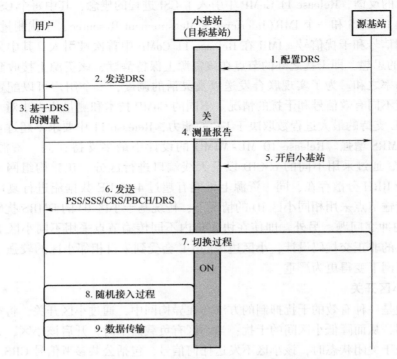

图 7-34 基于切换的动态小区开关流程

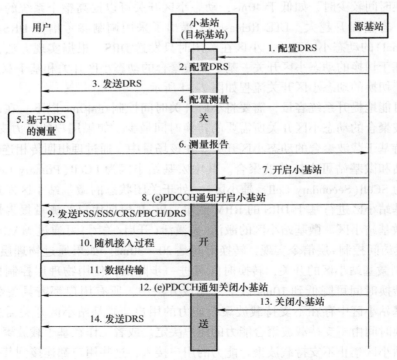

图 7-35 基于载波聚合的动态小区开关流程

2）PCell 通过 RRC 信令将 SCell 的图案和周期通知用户，这些信息有助于用户检测 DRS。

3）SCell 按照 PCell 的配置发送 DRS，不发送任何其他信号。

4）PCell 为用户配置基于 DRS 的测量对象。

5）用户通过 PCell 的辅助信息对 SCell 进行基于 DRS 的 RRM 测量。

6）用户将基于 DRS 的测量结果汇报给 PCell。

7）PCell 收到用户的测量报告后，向 SCell 发送激活信令开启 SCell。

8）PCell 通过物理层信令（e）PDCCH 通知用户 SCell 已被开启。

9）SCell 发送常规信号，如 PSS/SSS/CRS/PBCH，仍可以发送 DRS。

10）用户向 SCell 发起随机接入，请求上行同步。

11）用户和 SCell 进行数据传输。

12）如果网络需要关闭 SCell，PCell 通过物理层信令（e）PDCCH 通知用户 SCell 即将关闭。

13）PCell 向 SCell 发送去激活信令关闭 SCell。

14）Scell 按照 PCell 的配置发送 DRS（和步骤 3）相同）。

3GPP TR 36.872 总结了动态小区开关在不同转换时间时的性能。在包产生的时刻（子帧），小区可在当前子帧实现开启，而在包完成传输的时刻（子帧），小区可在当前子帧实现关闭。在理想情况下，基于子帧级别的动态小区开关在网络中低负载时可获得较大的系统吞吐量提升，增益是 20% ~ 50%。

4. 数据信道的增强接收机

业务流量的迅速增长要求进一步提高 LTE 的网络容量。一方面，典型 LTE 系统的频率复用因子为 1，小区间干扰对系统性能有非常显著的影响；特别对于异构网络，在宏基站的覆盖范围内，部署多个同频的微基站，会带来更为严峻的小区间干扰。另一方面，MIMO 多流数据的同时同频传输是提高小区中心用户数据速率的有效手段，而用户内多个数据流间的干扰也制约着 MIMO 复用技术能带来的实际性能增益。

为了降低小区间和数据流间的干扰，3GPP LTE 系统研究并引入了多项基于发送端干扰协调的技术。同时，随着产业界基带处理能力的不断提升，从 LTE Release 11 开始，终端和基站干扰处理接收机的演进与增强发挥着越来越重要的作用。终端/基站的先进接收机能够在接收侧抑制或删除下行/上行信道的干扰，是提高系统吞吐量性能的有效手段。考虑实际系统中信道信息的量化误差和反馈时延，接收端一般能够获得比发送端更加准确和实时的信道信息，因而在干扰处理方面存在一定的优势。LTE Release 11 到 Release 13 中，在终端和基站侧，引入了以下数据信道干扰处理的先进接收机：

- 终端干扰抑制（Minimum Mean Square Error-Interference Rejection Combining，MMSE-IRC）接收机。
- 基站干扰抑制（MMSE-IRC）接收机。
- 基于网络辅助的终端干扰抑制/删除（Network-Assisted Interference Cancellation and Suppression，NAICS）接收机。
- 终端内多个数据流间的干扰抑制/删除（Interference Cancellation and Suppression Receiver for SU-MIMO）接收机。

以下将对这几种已定义接收机的原理、结构和性能增益进行详细介绍。

（1）终端干扰抑制接收机　3GPP 在 LTE Release 11 开展了终端干扰抑制（MMSE-IRC）接收机的相关研究和性能指标定义工作。在 LTE Release 8 到 Release 10 中，终端的基带解调性能指标是基于线性 MMSE 接收机来定义的，仅能抑制用户内的多个数据流间的干扰。相比之下，MMSE-IRC 接收机是在空域进行干扰处理的有力手段，其不仅能抑制用户内流间的干扰，还能抑制小区间干扰，从而提升下行小区边缘和小区平均的频谱效率，如图 7-36 所示。

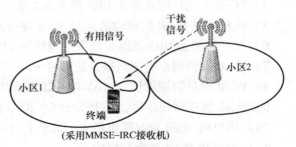

图 7-36　终端 MMSE-IRC 接收机示意图

在 3GPP 开展的研究项目中，有多家公司对终端干扰抑制接收机的性能增益进行了链路级和系统级仿真评估。由于各公司的算法实现有一定差异，仿真结果并不完全相同。在链路级仿真中，终端干扰抑制接收机能带来 1~2dB 的 SNR 性能提升、11%~33% 的吞吐量增益，见表 7-8；系统级仿真中，终端 MMSE-IRC 接收机能带来 5%~25% 的吞吐量增益。

表 7-8　MMSE-IRC 相对于 MMSE 的吞吐量增益

服务小区的传输模式	干扰协方差估计方法	目标用户的 SNR/dB	调试编码方式	MMSE-IRC 相对 MMSE 的吞吐量增益（%）
传输模式 6，2 发 2 收	基于 CRS	0	外环链路自适应	11.5
		-3		19.6
		-2.5		33.10
传输模式 9，4 发 2 收	基于 DMRS	0		10.9
		-3		18.2
		-2.5		23.40

（2）基站干扰抑制接收机　LTE Release 13 中，正在研究制定基站干扰抑制（MMSE-IRC）接收机的性能指标。与终端侧类似，在 LTE 前期的版本中，基站的基带解调性能指标是基于线 MMSE 接收机来定义的，仅能抑制用户内的多个数据流间的干扰。相比之下，基站干扰抑制接收机不仅能抑制用户内流间的干扰，还能抑制小区间干扰，从而提升上行小区边缘和小区平均的频谱效率，如图 7-37 所示。

1）接收机结构。基站干扰抑制接收机的数学表达式与终端是基本对称的。考虑到实际系统上、下行空口设计的不

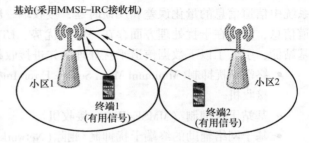

图 7-37　基站干扰抑制接收机示意图

同，会有一些实现层面的差别，包括用于估计信道和干扰协方差的导频结构和图样（注：上行采用解调导频 DMRS）、收发端的天线数目和配置等。

2）性能增益。通过系统级仿真，可对基站干扰抑制接收机相对 MMSE 接收机的频谱效率增益进行评估。采用 3GPP 典型的参数配置，对同构网络（仅有宏基站）和异构网络（同频的宏基站和微基站部署）两种场景分别进行评估，基本配置如下：

- 上行 FDD 系统，载频为 2GHz，信道带宽为 10MHz。
- 宏基站间的站间距为 500m，共 57 个扇区并采用 wrap around 技术模拟干扰。
- 每个宏基站内有 4 个微基站，采用 4b 场景配置进行用户撒点。
- 天线配置为交叉极化，相距 0.5 倍波长。
- 采用 Wishart 分布的方法在系统中基于实际 DMRS 进行建模，评估 MMSE-IRC 协方差估计带来的误差。

相对于 MMSE 接收机，MMSE-IRC 接收机能够带来显著的小区平均和边缘频谱效率增益；性能增益随着接收天线数目的增多而增大；而且由于异构网络中的干扰情况更为严重，在相同接收天线数目下，异构网络中能够获得比同构网络更大的增益。

（3）基于网络辅助的终端干扰抑制/删除接收机　前面介绍的终端干扰抑制接收机是在空域进行小区间干扰抑制，干扰协方差矩阵是通过服务小区的导频来估计的，不需要知道干扰信号的相关信息。为了进一步增强下行数据信道的吞吐量性能，LTE Release 12 启动了基于网络辅助的终端干扰抑制/删除（NAICS）接收机的研究和标准定义工作。

一方面，相比于基站干扰抑制接收机，NAICS 接收机能够获得额外的性能增益；另一方面，需要网络侧通过信令告知终端一些额外的干扰小区参数（注：干扰基站可能需要通过基站间的 X2 信令将相关参数传递给目标基站），同时，还要求终端通过盲检获取另外一些动态的干扰信号参数，从而进行增强的接收端小区间干扰处理。可以看到，NAICS 先进接收机需要基于网络的辅助，并且对终端处理能力提出了更高的要求。

1）接收机结构。

① E-MMSE-IRC（Enhanced-MMSE-IRC，增强的干扰抑制接收机）。基于前述 MMSE-IRC 接收机进行增强，主要体现为增强的干扰协方差矩阵估计算法，即对若干个强干扰小区到终端间的信道进行估计，进而计算得到更为准确的干扰协方差矩阵。与 MMSE-IRC 相比，E-MMSE-IRC 需要终端获知强干扰小区的导频信息以进行干扰信道估计，因此需要一些额外的信令支持或通过终端盲检来获得。

② R-ML（Reduced complexity-Maximum Likelihood，降复杂度的最大似然算法）接收机。基于最大似然准则，采用低复杂度算法实现干扰小区调制符号的联合检测，例如球译码、QR-MLD 等。为实现 R-ML 接收机，终端需要知道干扰小区信号的导频信息以进行信道估计，并知道干扰的调制方式以进行解调。

③ SL-IC（Symbol Level-Interference Cancellation，符号级干扰删除）接收机。对干扰信号进行线性检测（例如采用 MMSE-IRC）、重构并删除，可通过多次迭代提高精度，其基本流程如图 7-38 所示。与 R-ML 接收机类似，终端需要知道干扰小区信号的导频信息和调制方式等。

④ CW-IC（Code Word level-Interference Cancellation，码字级干扰删除）。对干扰信号进行线性检测、解调译码、编码重构并删除，也可通过多次迭代提高精度，其基本流程如图 7-39 所示。终端需要知道干扰小区信号的导频信息以进行信道估计，还要知道干扰的调制编码等级、HARQ（Hybrid Automatic Repeat reQuest，混合自动重传请求）的循环冗余 RV

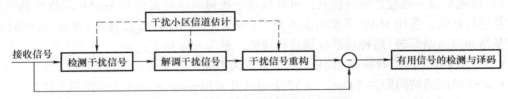

图7-38　终端SL-IC接收机的流程示意图

（Redundancy Version，冗余版本）以进行解调和信道译码，并知道干扰小区用户的RNTI（Radio Network Temporary Identity，无线网络临时标识）信息以进行比特级解扰等。此外，还要求蜂窝网络是时间同步的。

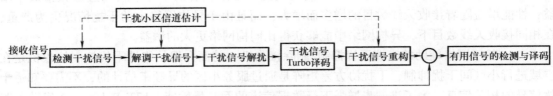

图7-39　终端CW-IC接收机的流程示意图

2）性能增益。在3GPP关于NAICS的研究项目中，多家公司对上述4种接收机的性能进行了评估，并得到以下结论：与Release 11 MMSE-IRC接收机相比，E-MMSE-IRC/R-ML/SL-IC/CWIC都能获得明显的性能增益；其增益的大小与干扰的强度有关，主干扰信号功率越强时，增益越大；SL-IC/R-ML一般能获得比E-MMSE-IRC更优的性能增益。

从性能的角度看，E-MMSE-IRC获得的额外增益相对较小，因此后期的NAICS工作项目定义性能指标时，并未采用E-MMSE-IRC接收机。同时，CW-IC虽然能获得优异的性能，但其所需获知的干扰信号信息也是最多的，考虑基站间和空口信令交互的实时性和开销等问题，NAICS WI阶段也并未采用CW-IC接收机。综上所述，经过性能和复杂度等多方面的评估，最终的NAICS增强接收机是基于R-ML和SL-IC接收机的。目前，NA-ICS的解调性能指标定义工作还在进行中。

（4）终端内多个数据流间的干扰抑制/删除接收机　前面介绍的终端干扰抑制接收机、基站干扰抑制接收机、基于网络辅助的终端干扰抑制/删除接收机都用于处理小区间干扰。对于信道条件较好的终端，将有较大的比例采用空域多流传输，即SU-MIMO。由于实际系统非理想信道反馈和有限码本等因素，多个数据流间的干扰将直接影响SU-MIMO传输的性能。因此，为了提高SU-MIMO的吞吐量，3GPP也对终端内多个数据流间的干扰抑制/删除接收机进行了立项研究。

与NAICS中小区间干扰抑制/删除不同的是，SU-MIMO层间干扰抑制/删除不需要额外的网络信令告知干扰信道的相关信息。这是因为基于既有标准，终端能够知道所有数据流的空口传输参数。因此，对于终端的数据流间干扰处理，不仅能利用前述的R-ML和SL-IC接收机，也能采用先进的CW-IC接收机。

7.5.2　超密集组网技术方案前瞻

未来移动数据业务飞速发展，尤其是热点地区的流量需求一直是运营商亟需解决的重要问题，这一问题在未来 5G 网络将显得尤为显著。由于低频段频谱资源的稀缺，仅依靠提升频谱效率无法满足移动数据流量增长的需求。增加单位面积内微基站密度是解决热点地区移动数据流量飞速增长的最有效手段。超密集组网 UDN 是基于既有微基站相关的技术研究与定义，在 5G 阶段引起普遍关注的技术研究方向。

1. UDN 应用场景

5G 典型场景涉及未来人们居住、工作、休闲和交通等各种区域，特别是办公室、密集住宅区、密集街区、校园、大型集会、体育场和地铁等热点地区和广域覆盖场景。其中，热点地区是超密集组网的主要应用场景，见表 7-9 和图 7-40。

表 7-9 UDN 主要应用场景

主要应用场景	室内外属性	
	站点位置	覆盖用户位置
办公室	室内	室内
密集住宅	室外	室内、室外
密集街区	室内、室外	室内、室外
校园	室内、室外	室内、室外
大型集会	室外	室外
体育场	室内、室外	室内、室外
地铁	室内	室内

办公室场景

密集住宅场景

密集街区场景

校园场景

大型集会场景

体育场场景

地铁场景

图 7-40 UDN 应用场景

下面分别介绍 UDN 主要应用场景的特点。

1）应用场景1：办公室。办公室场景的主要特点是上下行流量密度要求都很高。在网络部署方面，通过室内微基站覆盖室内用户。在办公室场景中，每个办公区域内无内墙阻隔，小区间干扰较为严重。

2）应用场景2：密集住宅。密集住宅场景的主要特点是下行流量密度要求较高。在网络部署方面，通过室外微基站覆盖室内和室外用户。

3）应用场景3：密集街区。密集街区的主要特点是上下行流量密度要求都很高。在网络部署方面，通过室外或室内微基站覆盖室内和室外用户。

4）应用场景4：校园。校园的主要特点是用户密集，上下行流量密度要求都较高；站址资源丰富，传输资源充足；用户静止/移动。在网络部署方面，通过室外或室内微基站覆盖室内和室外用户。

5）应用场景5：大型集会。大型集会场景的主要特点是上行流量密度要求较高。在网络部署方面，通过室外微基站覆盖室外用户。在大型集会场景中，小区间没有阻隔，因此小区间干扰较为严重。

6）应用场景6：体育场。体育场场景的主要特点是上行流量密度要求较高。在网络部署方面，通过室外微基站覆盖室外用户。在体育场场景中，小区间干扰较为严重。

7）应用场景7：地铁。地铁场景的主要特点是上下行流量密度要求都很高。在网络部署方面通过车厢内微基站覆盖车厢内用户。由于车厢内无阻隔，小区间干扰较为严重。

2. UDN 的挑战

超密集组网可以带来可观的容量增长，然而在实际部署中，站址的获取和成本是超密集小区需要解决的首要问题。

（1）站址　UDN 的本质是通过增加小区密度提高资源复用率，然而天面资源的获取以及与业主协调的难度越来越大，新增站址将面临巨大的挑战。

（2）成本　成本是网络部署和运维的重要基础。微基站数目的增加必然导致运营商初期建网成本的增加。同时，微基站数目也会增加网络运维的成本。

运营商在部署超密集小区时，除了需要解决站址的获取和成本的问题，同时也要求 UDN 具有四大特点：灵活性、高效性、智能化、融合性。

（1）灵活性　在网络部署方面，根据不同场景的要求采用不同的基站形态，如一体化基站和分布式基站。一体化基站具有成本低、易部署等优势；而分布式基站对机房和天面要求较小，可减少配套投资，从而降低建设维护成本，提高效率。在 UDN 中，需要为大量的微基站提供传输资源。光纤由于其容量大、可靠性高，是最理想的传输资源。然而，在实际网络中，某些地区无法通过有线方式为超密集组网提供传输资源，可考虑以无线方式为 UDN 提供传输资源。

（2）高效性　小区密度的增加将使小区间的干扰问题更加突出。干扰是制约 UDN 性能最主要的因素。UDN 中对干扰进行有效的管控，需要有高效的干扰管理机制。在网络侧，可考虑基站之间的协调将干扰最小化；在终端侧，可考虑采用先进的接收机消除干扰。

用户的切换率和切换成功率是网络重要的考核指标。随着小区密度的增加，基站之间的间距逐渐减小，这将导致用户的切换次数显著增加，影响用户的体验。UDN 需要有高效的移动性管理机制，可考虑宏基站和微基站协调，如宏基站负责管理用户的移动性、微基站承载用户的数据，从而降低用户的切换次数，提高用户的体验。

（3）智能化　在热点地区部署 UDN 的主要特点是密集的基站部署和海量的连接用户。UDN 需要有智能化的网络管理机制，对密集基站和海量用户进行有效管理以及解决海量用户产生的信令风暴对基站和核心网的冲击问题。在网络运维方面可采用 SON（Self- Organizing Network，自组织网络）技术方案以降低网络运维成本。

（4）融合性　仅依靠 UDN 技术无法满足未来 5G 业务的需要，超密集小区需要和其他技术相融合，如采用大规模天线为超密集小区提供无线回传、在超密集小区中采用高频作为无线接入和 WLAN 互操作等。

3. UDN 移动性管理

超密集的小区部署下，小区覆盖面积的进一步缩小为移动性管理带来了巨大的挑战，因此移动性管理是 UDN 在无线网络高层（例如 MAC 层以上）研究的重要内容之一。本节首先对 UDN 中移动性管理面临的挑战进行了分析，并回顾了 4G 系统中对异构网络的移动性管理，接着给出了 5G 超密集网络的移动性管理关键技术的潜在方向。

（1）移动性管理面临的挑战　UDN 场景下，移动性管理的挑战具体表现在以下几个方面。

1）信令开销巨大。UDN 中，用户的移动会导致切换频繁发生，若采用传统的切换方式支持用户移动，将为网络带来巨大的信令开销负荷。以 LTE 系统为例，这种信令开销包括了空口信令消息、X2 接口信令消息、S1 接口信令消息以及核心网实体之间的信令消息，这为现有系统特别是核心网带来了巨大的信令负担。

由于任意两个微基站之间不一定能够保证存在 X2 接口，因此切换流程大多基于 S1 接口。对于一次基于 S1 接口的切换流程，至少需要如下 S1-AP 信令：

- HO Required

- HO Request

- HO Request Ack

- HO Command

- Handover Notify

- UE Context Release Command

- UE Context Release Complete

而对于一次基于 X2 接口的切换，仍旧需要以下 S1-AP 信令：

- Path Switch Request

- Path Switch Request ACK

此外，密集部署还会带来一些非移动性相关的信令的大幅增长，例如寻呼消息、警告消息等。对于寻呼消息与 TA 列表大小的设置，如果 TA 列表内包含的小区数目维持不变，则会导致 TAU 过程更加频繁；若 TA 列表内包含更多的小区，那么将会造成列表内小区的寻呼消息信令显著增加。

2）移动性性能变差。随着小区密度增加，微基站小区间干扰强度显著增大，导致无线链路失败和切换失败发生的概率显著提升，并且由于小区覆盖面积变小以及形状不规则，导致乒乓（ping-pong）切换发生概率显著提升。总而言之，在微基站小区超密集部署下，对于宏基站小区与微基站小区同频或者异频的情况下，由于终端移动造成的切换性能都进一步恶化。

3）用户体验下降。为了减小乒乓切换，切换门限往往配置得较高，使得用户在切换时信道质量已经非常差，用户在移动中的服务质量变化巨大；此外切换过程中发生数据中断（失步、切换或者重连接），对实时性要求高的业务产生影响。

4）终端耗电量增加。为了驻留或切换到最好的小区，终端需要进行大量的实时测量与处理上报，此过程显著增加了终端的耗电量。

（2）4G 系统中的移动性管理增强

1）3GPP Release 12 双连接。3GPP 在 Release 12 中提出了一种宏基站与微基站双连接的方式，RRC 连接一直由宏基站进行维护，仅在宏基站改变时才进行切换，通过这种方式能够显著降低核心网节点间的信令交互，然而由于移动过程中仍需频繁进行辅小区的改变/添加/删除，依然需要大量信令交互，特别是 RRC 重配置信令。3GPP TR 36.839 中指出，由于同时维持与宏基站和微基站的连接，相对于单连接需要额外多消耗 20% 的 RRC 重配置信令，并且短暂接入使得负载增益有限。并且网络中存在相当数量的 Release 8-Release 11 UE 无法使用双连接。

2）3GPP Release 12 异构网移动性增强工作项目。在 2014 年 9 月结束的 3GPP Release 12 中的移动性能提升工作项目中，对 Release 11 的移动性管理技术做了以下几点增强：

① 目标小区相关的 TTT（Time To Trigger，触发时间）。基站侧依据终端切换的目标小区（宏基站/微基站）配置不同的 TTT 长度，通过这种方式能够有效地平衡切换失败率与 Short ToS（Short Time of Stay，短停留时间）指标，达到提升移动性能指标的目的，其中 Short ToS 定义为 UE 在某小区的停留时间小于预先设置的最小停留时间（1s），体现了 ping-pong 效应的强度。

② 终端的接入信息上报。终端在从空闲态变为连接态时，可向基站上报接入信息（包括 Cell ID 和 ToS 等），且可最大支持 16 个小区的接入信息。基站依据终端上报的接入信息以及基站侧记录的切换信息等，评估终端移动状态，进而通过调制参数或进行相应的切换决策来提升切换性能。

③ 引入计时器 T312。LTE 原有 RLF（Radio Link Failure，无线链路失败）的判决方式为终端处于失步状态（wideband CQI < Q_{out}）长达 T310 时间，这种方式使得终端在切换过程中发生失步后，仍要等待较长时间（T310 的常规设置为 1s）才能判定发生 RLF 并进行重连接，这对如 VoIP 等时延要求严格的实时业务影响较大。Release 12 中，引入了计时器 T312，在 TTT 到时（触发测量报告）且 T310 开始计时的情况下，开启 T312 计时器（常规设置为 160ms），T312 或者 T310 到时均认为发生 RLF。通过这种方式，能够显著缩短切换过程中的业务中断时间，达到提升用户体验的目的。

（3）5G 移动性管理关键技术方向　虽然 4G 中对异构网络的移动性性能提升展开了研究，并已取得一定的结果与进展，然而这些提升工作在解决未来 UDN 部署中的移动性仍然有限。这里，我们认为 5G 对于 UDN 场景下的移动性管理关键技术主要集中在以下方向。

1）进一步优化现有移动性管理技术。通过分析超密集微基站部署场景下现有移动性管理技术的不足，有针对性地开展优化与改进工作，达到移动性性能的目标，是解决 UDN 场景下移动性管理问题的最直接方法，且这种解决方式会涉及大量的标准化的相关工作。如下"切换准备提前"为一种可能的方案。

目前绝大多数的切换失败发生在状态 2，即 HO CMD（Handover Command，切换请求）由于源基站的信道质量太差而无法正确送达。下面提供了一种将切换准备提前的方案，能够提升 HO CMD 的发送正确率。

　　基站为终端配置两个测量事件，两个测量事件的门限相同，但是 TTT 一短一长，长 TTT 与现有 TTT 长度相同，即图 7-41 中的 TTT1（短）和 TTT2（长）。在基站收到，TTT1 事件的测量结果上报后，就开始与目标基站进行切换准备过程，完成该过程后 HO CMD 存储切换准备提前的方案使得 HO CMD 可以较早发送，提高了传输成功率而又不会因为 TTT 缩短导致的 Short ToS 概率提升。

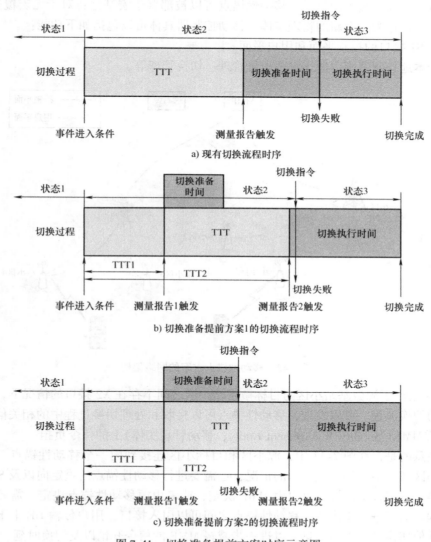

图 7-41　切换准备提前方案时序示意图

　　2）从网络架构上寻求突破。现有分布式的网络架构导致微基站在超密集部署下，难以以集中式进行全局的移动性管理，且切换带来的巨大核心网信令负荷无法避免。突破现有网络架构的约束寻求解决方案，是一种从根本上解决超密集网络下的移动性问题的方式。然而，由于网络架构发生改变，5G 网络将无法重用现有的移动性管理机制，架构改变的同时，现有移动性机制与流程的设计也将同时进行。以下介绍一种受到广泛讨论的移动性锚点方案。

由于双连接方案的应用需要宏微异频部署以及存在宏覆盖的条件，因此不能适用于微基站小区部署场景#1 和场景#3，此外 Release 12 以下的终端也无法使用双连接。因此，一种被称为移动性锚点的方案被提出，并且其可适用于微基站小区部署的所有场景以及无双连接功能的终端。

移动性锚点方案的网络架构如图 7-42 所示，本方案中将引入一个名为移动性锚点的逻辑实体。对于存在宏覆盖的场景，移动性锚点可以被部署于宏基站；对于无宏覆盖的场景，移动性锚点可以作为一个新的物理实体。移动控制器具体可以包括如下功能：

- 终结 S1 接口的控制平面和用户平面。
- 负责本地控制范围内的终端的位置管理、切换管理等。

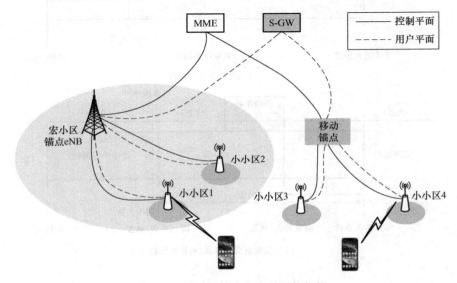

图 7-42　移动性锚点方案的网络架构

图 7-43 给出了源微基站小区与目标微基站小区之间不存在 X2 接口的情况下，移动性锚点方案下的切换流程。可以发现，移动性锚点可以接收和处理切换过程中的相关信令，因此有效减轻了 MME（Mobility Management Entity，移动管理实体）上的信令负担。

需要注意的是，在图 7-43 中，源小区和目标小区连接到同一个移动性锚点。对于源小区和目标小区属于不同移动性锚点的情况，还需要进行移动性锚点的重定向以及 S-GW 的下行路径转换。目标移动性锚点可以由 MME 决定，或者由源移动性锚点决定，需要进一步设计相应流程。为了进一步优化，移动性锚点之间可以引入接口，用户传输 UE 上下文、缓存数据以及其他切换过程中的信息，以进一步减轻 MME 的信令开销以及切换时延。

3）结合其他技术。随着未来 5G 各项技术，乃至数据分析、互联网等技术的研究不断展开，越来越多的技术可以被引入进来，与现有移动性技术方案相结合，进一步提升超密集网络下的移动性性能。

- 干扰协调：通过引入干扰协调技术方案，源小区在发送 HO CMD 时，降低邻小区对源小区的同频干扰，提高 HO CMD 发送的成功率。具体来讲，切换过程中对 HO

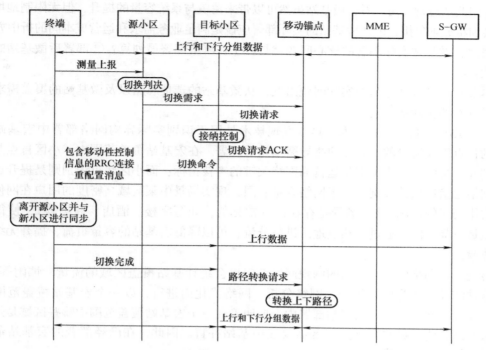

图 7-43　移动性锚点方案对应的切换流程

CMD 的干扰将主要来自目标小区，干扰协调方案为在切换命令发送时，配置目标小区为 ABS 子帧，或者邻小区采用 ICIC 方式在切换命令发送的频率资源上加以规避。

- 大数据分析：大数据作为时下最火热的信息技术行业的词汇，随之而来的数据仓库、数据安全、数据分析、数据挖掘等围绕大数据的技术也越来越成熟。在 UDN 架构下，根据用户行为特性、大数据分析等进行用户行为预判，包括移动的方向以及目的小区、业务情况等，预先为用户配置资源等。通过这种方式可以进一步减小时延，达到提升用户体验的效果。

7.5.3　网络解决方案

在异构组网方面，除了以上阐述的具体技术点以外，组网相关的其他解决方案也非常重要，这对未来 5G 的组网有很强的借鉴之处，本节分别从微基站实际部署、网络管理以及商业模式等方面进行了研究和探索。

1. 热点、盲点识别和覆盖

异构网络尤其是微基站部署最主要的目的就是"补盲"与"吸热"。前者是当宏基站覆盖出现盲点时，通过在宏基站的覆盖盲点区域增加微基站来补充整个系统的覆盖盲区，以保证连续覆盖；后者则是在某些流量需求巨大的局部热点区域增设微基站以达到对宏基站流量的分流作用，提升系统整体容量。可以预见，在宏基站部署相对稳定的情况下，如果解决好干扰问题，增加微基站的数目会提升系统的覆盖与系统容量。但微基站实际部署时，另一个重要问题是建设和维护成本。当前微基站部署除去设备成本外，一个重要的成本支出就是站址选择费用。物业入场费用，机房租赁价格节节攀升，导致每增加一个微基站会加重费用的支出，因此从运营商角度看，微基站虽然可以带来覆盖与系统容量的提升，但无限制地增加微基站会加重成本负担，因此微基站的实际部署应该是满足业务需求和运营成本间的折中方案。

因此，微基站实际部署的核心问题就是：①在哪里部署最划算？②部署后微基站的覆盖有多大？

本节将从微基站建站的实际问题出发，从微基站的选址思路以及微基站的覆盖需求方面阐述微基站的实际部署问题。

（1）热点、盲点识别技术　　热点发现技术是用于识别实际异构网络部署中宏基站覆盖区域的盲点以及流量的热点以便指导微基站的部署。在宏基站覆盖范围内，小区盲点是必须要识别并解决的，因为覆盖是运营商网络关键的考核指标；而小区热点识别则是提升运营商移动网络通信质量的关键，由于网络容量有限，现实场景中某区域高密度的用户在网使用将极大占用网络的资源（该类场景是存在而且常见的，如写字楼、酒店、商场等），使得网络服务质量下降。因此通过对热点地区进行分流，可以降低宏基站的容量负荷，提升无线网络使用体验。

传统同构网络中，运营商的网规网优部门也会统计基站覆盖区域的流量、忙闲等信息，但是这种统计主要为网络维护、网络分析、网络优化而进行，以一个宏基站覆盖范围为单位。而在异构网络尤其是微基站部署中，要明确在一个宏基站覆盖范围中哪些区域是热点需要建微基站分流，哪些区域是盲区需要建微基站补盲。因此，在已经部署的宏基站覆盖区域，需要细分识别出热点与盲区。

小区覆盖盲区需要通过下行场地测试进行，主要通过 DT（Drive Test，路测）与 CQT（Call Quality Test，通话质量测试）的方式遍历可能的盲点区域，通过测试数据寻找宏基站信号不可达区域，从而确定补盲微基站需要覆盖的区域。DT/CQT 测试是无线网络优化的重要手段，有助于性能指标的持续改进，也是宏基站小区盲点识别的最有效方式。但传统测试方法操作专业度高、测试设备成本高、车辆与设备很难遍历所有可能的覆盖盲点，效率较低。目前下行场地测试寻找盲点具有更高的需求：开发成本更低、培训操作简易、测试专业性降低以及测试设备和方法更适用，以降低测试的设备成本与测试人力成本，让场地测试更适用应用场景，也更贴近实际测试人员的使用习惯。已经有相关设备厂商开发出手持式测试工具，网优人员只要携带一部测试手机，即可完成各种无线数据的采集，将路测变成可以随时随地进行的工作，而且操作简便，即使是非专业人员，简单示范后也可以成为网优工作的"义务测试工程师"。测试数据与传统模式的一致，可以使用相关软件进行专业分析。

热点区域，顾名思义是指小区覆盖区域内，某局部区域呼叫量与业务量密度较其他区域高，即可能该区域终端数量更多或者终端数量不多但业务量需求集中。传统上，运营商并未真正遇到容量的瓶颈，其考核指标更着重强调小区的覆盖，满足任何区域均有信号的要求。但随着高速数据、移动互联产业的蓬勃发展，电信运营商可以用来吸引用户的除了覆盖指标以外，也应该同时重视数据服务质量的指标，即用户的数据传输、上网体验等是否更佳。因此，电信运营商有必要调整其工作目标，进行网络优化、网络规划的时候，将考核指标由更注重覆盖完全调整到覆盖结合市场需求与用户数据体验，这就需要电信运营商在满足覆盖的前提下，针对用户的无线数据体验需求而进行网优与网规。

进行这样的网规网优的前提就是准确地识别小区热点区域。如果小区热点区域识别不准确，并根据不准确的识别结果建设微基站，有可能导致微基站吸收流量的能力有所浪费，同时真正的热点区域的流量吸收问题却并未解决，造成运营商需要继续投入建设更多的微基站，投入产出比严重降低。经典的热点识别方法有"流量地图"法，通过对一个大区域中每个宏基站中流量的统计，识别出大区域中的流量热点情况，但该方法识别精度为小区级别，对小区内部更细分区域的流量高低判断无法实现。

因此宏基站覆盖区域内部准确的识别热点区域可以通过技术手段结合常识判断。技术识别方面，以 LTE 系统为例，其在系统侧可以通过定位参考信号粗略地识别终端 UE 的大概位置，对热点区域有初步判断；常识判断方面，由于热点区域通常是可以通过常识进行判断，如写字楼、学校、商场以及火车站机场等人流密集区域，因此在系统侧粗略识别热点区域的基础上结合常识判断，可以较准确地定位热点区域。

识别技术层面，可参考如下方法（以 LTE 系统为例）：

第一，将宏基站覆盖区域预分成 n 个区域（如图 7-44 所示，$n=7$），划分方法主要依据角度（方向）与距离两个维度进行划分，即分别将距离与角度细分，得到一系列细分的区域，并将之编号。区域分得过粗（如就分成两个区域），定位准确度高，但意义不大；区域分得过细，定位准确度将大幅下降，可参考性差。因此，将宏基站区域合适地进行划分，是技术层面识别热点的先决条件。

第二，LTE 宏基站通过定位参考信号对每一个 UE 进行粗略定位，并通过对每一个 UE 的接收信号的强弱粗略判断其与宏基站间的距离，通过

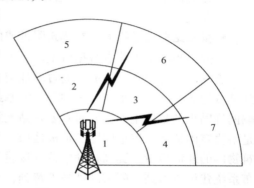

图 7-44　宏基站覆盖区域细分举例

终端辅助上报相关信息如 AOA（Angle-of-Arrival，信号到达角度）结合 TA（Time Advanced，时间提前量）的方式或 TDOA（Time Difference of Arrival，到达时间差）的方式，获得 UE 在角度以及距离方面的相关信息。LTE 系统可以综合上述信息，对 UE 位置进行判断，并将每一个 UE 划分到一个细分区域中。

第三，LTE 宏基站侧需要对所有 UE 的相关通信信息进行统计，包括判断所得 UE 所在区域，每个 UE 在每个区域的无线数据使用量，并每隔一段时间更新 UE 的位置信息（因为 UE 在区域中可能会移动，从一个细分区域移动到另一个细分区域中）。

最后，根据 LTE 宏基站侧统计信息，反馈相关结果，判断每个细分区域的热点情况。

需要说明的是，技术层面的热点区域识别并不是完全精确的，因为实际无线信号传播过程中存在多径、非视距等原因，导致在基站侧接收到的可能属于某区域的信号实际上来自另外一个区域；另一方面，我们假定宏基站内的传播环境具备长时统计的稳定性，因此，我们判断存在一个热点区域，那么这个热点区域应该是存在的，并且具体所在区域也不会偏离规划区域太远。因此在技术层面对细分区域进行热点判断之后，技术人员可以对每个区域进行实地考察，通过常识判断，对热点区域划分判断结果进行修正，得出宏基站覆盖范围内准确的热点区域，为站址选择提供依据。

（2）微基站部署的站址选择与频谱规划　根据宏基站覆盖范围内所测得和识别的覆盖盲点与流量热点，需要建设相应的微基站以满足覆盖和流量的需求。微基站在成本、站址要求、环境适应性上，均比宏基站更适合进行盲点补充覆盖和热点流量吸收。

一般来说，室内场景，如写字楼、学校图书馆、商场等是覆盖盲点与流量热点的主要潜在场景。室内环境由于墙体等的阻隔，很容易出现信号盲区；同时，从近几年运营商的统计数据看，虽然室内覆盖面积只占移动通信覆盖区域总面积的21%左右，却产生了所有覆盖区域业务量的70%。因此室内场景是异构组网中微基站要解决的最重要场景。

室内覆盖解决方案大致有三种，即宏基站室外覆盖、室内分布系统和微基站覆盖。

- 宏基站室外覆盖是以室外宏基站作为室内覆盖系统的信号源。适用于低话务量和较小面积的室内覆盖盲区，在市郊等偏远地区使用较多。直放站也属于此类，在室外站存在富余容量的情况下，通过直放站将室外信号引入室内的覆盖盲区。

- 室内分布系统是用于改善建筑物内移动通信环境的一种方案，是通过各种室内天线将移动通信基站信号均匀地分布到室内的每个角落，从而保证室内区域理想的信号覆盖。

- 微基站覆盖是指通过在建筑附近或内部增加微基站，使得信号在建筑物内得以覆盖，并可吸收更多热点数据流量。

宏基站室外覆盖中，如果通过增加宏基站来解决室内覆盖，则要面对机房、传输资源、站址资源等挑战，如果通过增加附近宏基站的功率来解决室内覆盖，牵一发而动全身，将影响网优网规的整体工作，同时对宏基站无线指标尤其是掉话率的影响比较明显，因此宏基站是解决室内覆盖和流量问题的消极选项。室内分布系统的建设，可以较为全面有效地改善建筑物内的通话质量，提高移动电话的接通率，开辟出高质量的室内移动通信区域，但室内分布系统建设成本高，所需硬件条件苛刻，并且回收成本难度高，仅有部分建筑，如写字楼，商场等有建设室内分布系统的价值。通常情况下，微基站覆盖与宏基站室外覆盖相比是更好的室内系统解决方案。微基站不需要机房等基层设备，而且设备体积较小，站址选择更多，建设灵活，同时通话质量比宏基站覆盖方式高出许多，对宏基站无线指标的影响较小，并且有增加网络容量的效果。

在满足室内覆盖和容量需求方面，微基站的站址选择除了依据识别出的覆盖盲区和热点流量外，还会受建筑物结构的影响，并不能随意选择。如何将信号最大限度、最均匀地分布到大型写字楼室内每一个地方，是网络优化所要考虑的关键。在5G网络建初期，因微基站设备的需求量尚未有爆发式增长的驱动力，设备价格也相对较高；在网络建设中后期，微基站设备会有较强需求，设备价格也会因规模经济而下降。因此，对于室内覆盖与容量问题的解决，需要综合权衡移动网络和运营商的多方面因素才能定夺，相对而言，在网络中后期微基站覆盖方式是更灵活、成本更低、更有效的覆盖方式。

微基站建设的另一个重要问题就是频谱规划。在宏基站覆盖范围内，同频部署或异频部署对无线数据业务的影响是不同的。以LTE系统为例，从建网时间先后的角度考虑，建网初期，用户逐渐从无到有，尚未达到饱和，运营商频谱资源相对丰富，宏基站、微基站可以采用异频部署，不会出现干扰问题；但当用户逐渐趋于饱和时，频谱资源相对有限，异频部署微基站，相当于拿出一部分频率资源专门为某一部分用户服务，对频谱资源是巨大的浪费，就需要进行同频部署。该场景下，如果微基站建设定位于补盲站点，同频干扰影响会比较小，因为宏基站本身覆盖就不足，在盲区并不存在同频干扰问题；如果微基站建设定位于热点流量吸收，与宏基站覆盖存在重叠区域，同频干扰会很严重，应该首先识别热点区域，对当前以及未来可能会成为热点的区域均应有所规划，然后通过一些成熟的技术，如ABS

结合 CRE 技术解决同频干扰问题。因此微基站建设的频谱规划，需要长远考虑如何兼顾初期的异频部署到后期的同频部署，以及如何有效解决未来同频干扰问题。

（3）微基站定位功能 LTE 宏基站系统侧有粗略的定位功能，而微基站是否应具备定位功能及一定精准度，还要明确微基站是否有定位的需求。

目前微基站基于定位功能的需求，主要有两方面，即技术层面和业务层面。

在技术层面上，可能 LTE 或者未来 5G 的接入网相关高级技术会对定位精度有比较高的要求。但由于微基站覆盖范围有限，功能目的明确，一些高级技术可能不会在微基站中使用。目前尚未有特别明确的相关高级技术要求在微基站中实现并要求微基站具备精准的定位功能。

在业务层面上，定位精度可以适当放宽，仅需粗略定位即可。由于目前移动互联网业务的蓬勃发展，有很多 LBS（Local Based Service，基于本地的服务）业务应用，如车辆的车载导航、移动目标跟踪、本地交互式游戏、地理信息处理、交通报告以及娱乐信息等。根据相关数据，2014 年全球基于 LBS 业务应用进行的精准广告投放业务有约 127 亿美元的市场。目前，特别是室内，LBS 及广告投放多以用户登录某个网络应用为准，因此微基站的定位功能在业务层面具备较大的需求。

由此可以看到，微基站基于定位功能的需求应该主要集中于业务层面，即仅需做到粗略的定位功能，既可以满足业务层面的需求，同时定位功能的实现相对简单，投入性价比高。最粗略的定位功能实现就是基于微基站覆盖范围内的定位，即当移动终端切换到微基站后，即可定位该移动终端处在微基站覆盖的区域；进一步更加精准的定位功能，可以根据移动终端在微基站内进行通信的 SNR 统计信息进行进一步定位，区分移动终端距离基站的远近，如 SNR 较高的 UE 即可定位在微基站附近，SNR 较低的 UE 可定位在微基站覆盖范围的边缘区域。

2. 物理小区标识管理

LTE 中终端以 PCI（Physical Cell Identifier，物理小区标识）区分不同小区的无线信号。LTE 系统提供 504 个 PCI，网管配置时，为小区配置 0 ~ 503 之间的一个号码。

LTE 小区搜索流程中通过检索 PSS（共有 3 种可能性）、SSS（共有 168 种可能性），二者相结合来确定具体的小区 ID。LTE 各种重选、切换的系统消息中，邻区的信息均是以频点 + PCI 的格式下发、上报，现实组网就不可避免地要对小区的 PCI 进行复用，因此在同频组网的情况下，可能造成由于复用距离过小产生 PCI 冲突，导致终端无法区分不同小区，影响正确同步和解码。

常见的冲突主要有以下两种。

（1）PCI 冲突 在同频的情况下，假如两个相邻的小区分配相同的 PCI，这种情况下会导致重叠区域中至多只有一个小区会被 UE 检测到，而初始小区搜索时只能同步到其中一个小区，而该小区不一定是最合适的，称这种情况为 PCI 冲突，如图 7-45 所示。一旦出现 PCI 冲突，在最糟的状况下，UE 将可能无法接入这两个干扰小区中的任何一个；即便在最好的状况下，UE 虽然能够接入其中一个小区，但也将受到非常大的干扰。

（2）PCI 混淆 一个小区的两个相邻小区具有相同的 PCI，这种情况下如果 UE 请求切换到 ID 为该 PCI 的小区，eNB 不知道哪个为目标小区。称这种情况为 PCI 混淆，如图 7-46 所示。由于 UE 使用 PCI 来识别小区和关联测量报告，因此 PCI 混淆将导致以下两种结果：

在最好的状况下，eNB 知道这两个相邻小区，那么它将先要求 UE 上报小区的 CGI（Cell Global Identity，小区全局标识），再触发切换；而在最糟的状况下，eNB 只知道其中一个相邻小区，那么它有可能向错误的小区进行切换，从而造成大量的切换失败和掉话。

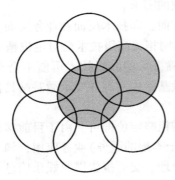 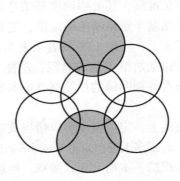

图 7-45　PCI 冲突示意图　　　　　图 7-46　PCI 混淆示意图

在实际网络部署中应尽可能避免 PCI 冲突和 PCI 混淆的发生。因此 PCI 规划中应避免以下三类冲突：

① PCI 模 3 冲突。相邻小区 PCI 模 3 值相同。在多天线（例如两天线或八天线）情况下，会造成下行小区参考信号的相互干扰，影响信道评估，可能导致 SNR、CQI、下行速率的下降，以及接入性能、保持性能和切换性能的下降；也会导致两个小区间 PSS 的干扰。

② PCI 模 6 冲突。相邻小区 PCI 模 6 值相同。在单天线和多天线情况下都会造成下行小区参考信号的相互干扰，影响信道评估，可能导致 SNR、CQI、下行速率的下降，以及接入性能、保持性能和切换性能的下降。

③ PCI 模 30 冲突。相邻小区 PCI 模 30 值相同。上行 DMRS 和 SRS 参考信号对于 PUSCH 信道估计和解调非常重要，它们由 30 组基本的 ZC（Zadoff-Chu）序列构成，即有 30 组不同的序列组合，所以如果 PCI 模 30 值相同，那么会造成上行 DMRS 和 SRS 的相互干扰，影响上行性能。

同时，针对不同的应用和部署场景，需要遵循以下原则：

- 鉴于宏基站、室分异频组网，LTE 宏基站、室分小区 PCI 独立规划（相比宏基站，室分小区 PCI 规划相对简单）。
- 任何小区与同频邻区的 PCI 不重复，小区相邻两个同频的邻区 PCI 不重复。
- 对应 3G 一个 RNC（Radio Network Controller，无线网络控制器）范围内的 4G 同频小区 PCI 唯一。
- 在宏基站同频组网的情况下，尽量避免模 3 干扰，最相近的 3 个小区 PCI 不能共模。
- 在室分同频组网的情况下，单天馈覆盖相邻小区尽量避免模 6 干扰，双天馈小区尽量避免模 3 干扰。

3. 切换参数优化

作为 LTE Release 12 中最重要的部署场景，微基站小区能够有效解决热点区域的数据流量井喷式增长，提供盲点地区覆盖和室内覆盖。宏微同频部署和宏微异频部署分别对应 3GPP TR 36.872 中的场景#1 和场景#2。在微基站小区部署初期，可能会采用宏微异频部署，部署后期，随着网络容量需求的提升以及频谱资源的紧张，将采用宏微同频部署。然而，宏微同频的微基站小区部署，会对系统的移动性管理带来更大的挑战。

（1）扩大微基站小区的吸热范围　在实际网络中，对于针对目标为吸热的微基站，希望有更多的用户接入，然而部署于宏基站小区中心处的微基站小区往往达不到令人满意能效果。传统的切换过程中，为了给微基站小区增大覆盖范围，一种常用的方法是为微基站小区配置较大的偏移量，使得终端更加容易接入微基站小区，即实现了小区覆盖扩展。然而，这种方法在实际系统中使用存在一定难度，因为宏基站需要依据微基站的位置情况配置不同的偏移量，并且对于临时部署的微基站，难以及时进行配置。

终端在系统中会对当前所在小区以及邻小区不断进行测量，并将测量结果上报给基站作为基站判决是否进行切换的依据。切换过程中常用的两个测量上报事件为 EVENT A3 和 E-VENT A4，具体上报准则如下：

- EVENT A3：$Mn + Ofn + Ocn - Hys > Mp + Ofp + Ocp + Off$
- ENENT A4：$Mn + Ofn + Ocn - Hys > Thresh$

其中，Mn 和 Mp 分别表示邻小区和当前小区的测量结果；Ofn 和 Ofp 表示邻小区和当前小区的频率相关的补偿；Ocn 和 Ocp 表示邻小区和当前小区的小区相关的补偿；Off 是事件 A3 自补偿；Thresh 是事件 A4 的门限。

分析两个上报事件，EVENT A4 更加适用于小区中心的情况，更容易将终端拉入微基站。而小区边缘情况由于宏基站信号强度弱，同样采用 EVENT A4 的话可能会损失吸热效果，更适合采用 EVENT A3。因此，这里提出两种扩展宏基站小区中心部署的微基站吸热范围的方案，见下面的方案 2 和方案 3，CRE 对应的方案为方案 1。

三种扩大宏基站小区中心位置微基站小区吸热范围的方案如下（见表 7-10）：

方案 1：采用 A3 或者 A4，对于不同位置的微基站，配置不同的 Ocn，例如中心微基站可以配置较大的偏移量。

方案 2：终端位于小区中心时采用 A4，小区边缘时采用 A3，所有目标小区配置相同的 Ocn 或者不作配置。

方案 3：同时配置 A3 和 A4，所有目标小区配置相同的 Ocn 或者不配置，哪个事件先触发上报，基站就依据哪个事件做切换判决。

表 7-10　三种扩大宏基站小区中心位置微基站小区吸热范围对比

	优　点	缺　点
方案 1	仅配置一个测量事件，终端的测量处理简单	宏基站需要依据微基站的位置情况配置不同的偏移量。部分微基站可能是由于某种需要而临时部署，并未事先规划，宏基站及时为这些微基站配置适合的偏移量的难度比较大
方案 2	仅配置一个测量事件，终端的测量处理简单	终端的位置在边缘和中心变换时，需要重新配置测量事件。宏基站需要知道终端的位置，准确性以及时效性不好保证
方案 3	宏基站不必针对微基站的位置或者终端的位置采取特别的配置	需要同时配置两个测量事件，终端测量处理负荷会有增加

通过上述分析，方案 3 是最容易实现的方案。下面对方案 3 的工作原理加以详细解释，如图 7-47 所示，宏基站为系统内终端配置了两个切换事件 A3 和 A4。当终端运动到小区边缘

处的微基站#1 附近时，EVENT A3 先触发上报，而当终端运动到小区中心处的微基站#2 附近时，EVENT A4 先触发上报。宏基站基于先上报的事件执行切换准备筹流程。

（2）提升宏微间切换性能

异构网络中的切换性能有提升的空间。

1）微→宏切换性能提升。微基站小区在部署初期，依据其距离宏基站的远近，测量或者预估宏基站信号强度，静态设定 TTT。

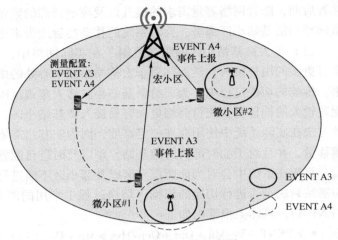

图 7-47　方案 3 的示意图

当距离宏基站近或者宏基站信号强度高时，设置较短的 TTT，以降低切换失败率。进一步，若微基站配置了侦听器的功能，微基站借助侦听器侦听周边宏基站功率，若宏基站的功率强度与当前配置的 TTT 不匹配，则进一步动态调整 TTT，例如依据宏基站信号的强度，对 TTT 乘以相应系数。

2）宏→微切换性能提升。对于支持 Release 12 的宏基站以及终端，宏基站可以依据微基站小区的部署位置，配置小区相关的 TTT，例如为距离宏基站小区近的微基站配置更短的 TTT。终端接收到宏基站发送的测量上报配置，依据配置的方式，为不同小区选取不同的 TTT 值。

对于不支持 Release 12 的宏基站与终端，宏基站无法为其邻区内的小区配置不同的 TTT。在这种情况下，为了提升宏→微切换的性能，将问题转化为终端判断终端距离宏基站的位置，当宏基站通过上行的方式测量到终端距离宏基站距离较近，则下发测量报告配置，配置较短的 TTT，反之若终端距离宏基站距离较远，则配置较长的 TTT。

7.6　先进的频谱利用

7.6.1　概述

频谱是移动通信中十分宝贵的资源，ITU 有专门部门(国际电信联盟无线电通信部门，即 IU-R)在全球范围内对国际无线电频谱资源进行管理。在全球范围内包含多种类型的移动通信频谱(如高低频段、授权与非授权频谱、对称与非对称频谱、连续与非连续频谱等)，当前国际上 2G/3G/4G 移动通信系统普遍采用 6GHz 以下中低频段，一方面因为中低频段比高频段可以传输更远的距离，另一方面中低频段射频器件具有更低的成本和更高的成熟度。然而，随着通信系统的不断发展和逐步部署，可用于移动通信的中低频频谱(6GHz 以下)的资源已经非常稀缺。为了满足不断发展的移动业务需求和不断增长的用户数据速率需求，一方面需要探索增强中低频频率利用率的有效途径，另一方面还需开拓更高频段(6GHz 以上)的频谱资源。

高频通信技术是在蜂窝接入网络中使用高频频段进行通信的技术。目前高频段具有较为丰富的空闲频谱资源，有效利用高频段进行通信是实现 5G 需求的重要手段，因此有必要在 5G 中研究无线接入、无线回传、D2D 通信以及车载通信等场景下的高频通信技术。

当前高频通信在军用通信、WLAN 等领域已经获得应用，但是在蜂窝通信领域尚处于初期研究阶段，国内公司如华为、中兴、大唐，国外公司如三星、DOCOMO 和爱立信等都正在加紧高频通信技术研究和原型机开发测试工作，并验证了当前半导体技术对于将高频通信应用到未来 5G 系统的可行性。

7.6.2　无线频谱分配现状

依据 ITU-R WP5D 对 2020 年 IMT 频谱需求的预测可以看出，全球 2020 年频谱需求平均总量为 1340 ~ 1960MHz，中国 2020 年频谱需求的总量为：1490 ~ 1810MHz。部分国家 2020 年频谱需求总量见表 7-11。

表 7-11　2020 年频谱需求总量

国　　　家	澳大利亚	俄罗斯	中国	印度	英国
2020 年频谱缺口/MHz	1081	1065	1490 ~ 1810	1179	775 ~ 1080（低），2230 ~ 2770（高）

一般来说，业界将无线频谱划分为 6GHz 以下的中低频段和 6GHz 以上的高频段。下面将介绍上述两段频谱的分配现状。

1. 中低频段分配现状

目前在全球范围内的 IMT 系统所使用的频段均在 6GHz 以下。由于 ITU 在进行频谱规划时只是将某一段频率划分给 IMT 系统，各个国家会根据本国的无线电管理部门进行具体的划分，因此，每个国家在具体的频段划分上存在区别。

目前，三大运营商的 4G 频段多集中在 1.8 ~ 2.7GHz 范围内。我国三大运营商的划分频段使用情况见表 7-12。

表 7-12　我国三大运营商频段使用情况

运营商	上行频率（UL）/MHz	下行频率（DL）/MHz	频宽/MHz	合计频宽/MHz	制　　式	
中国移动	885 ~ 909	930 ~ 954	24	184	GSM800	2G
	1710 ~ 1725	1805 ~ 1820	15		GSM1800	2G
	2010 ~ 2025	2010 ~ 2025	15		TD-SCDMA	3G
	1880 ~ 1890 2320 ~ 2370 2575 ~ 2635	1880 ~ 1890 2320 ~ 2370 2575 ~ 2635	130		TD-LTE	4G
中国联通	909 ~ 915	954 ~ 960	6	81	GSM800	2G
	1745 ~ 1755	1840 ~ 1850	10		GSM1800	2G
	1940 ~ 1955	2130 ~ 2145	15		WCDMA	3G
	2300 ~ 2320 2555 ~ 2575	2300 ~ 2320 2555 ~ 2575	40		TD-LTE	4G
	1755 ~ 1765	1850 ~ 1860	10		FDD-LTE	4G

（续）

运营商	上行频率 （UL）/MHz	下行频率 （DL）/MHz	频宽/MHz	合计频宽/MHz	制　　式	
中国电信	825～840	870～885	10	85	CDMA	2G
	1920～1935	2110～2125	15		CDMA2000	3G
	2370～2390 2635～2655	2370～2390 2635～2655	40		TD-LTE	4G
	1765～1780	1860～1875	15		FDD-LTE	4G

为了满足 5G 系统的频谱需求，首先考虑将 6GHz 以下的空闲频段分配给 IMT 系统。ITU 通过 WRC（World Radio communication Conferences，世界无线通信大会）规划 IMT 频段，由图 7-48 可以看出，WRC 分别在 1992 年将 1885～2025MHz 和 2110～2200MHz 频段，在 2000 年将 806～960MHz、1710～1880MHz 以及 2500～2690MHz 频段划分给 IMT 系统，在 2007 年将 450～470MHz、698～862MHz、2300～2400MHz、3400～3600MHz 频段划分给 IMT 系统。

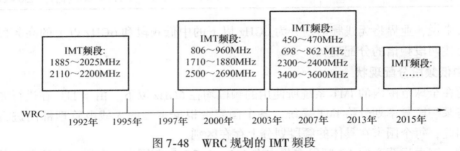

图 7-48　WRC 规划的 IMT 频段

WRC 在 2015 年为主要的移动业务进行附加频谱划分，并确定 IMT 系统的附加频段及相关规则条款，以促进地面移动宽带应用的发展。主要的研究内容包括：充分考虑 IMT 系统的技术演进及未来部署方式；研究到 2020 年的频谱需求情况，对潜在的候选频段和相邻频段内已划分业务进行共用和兼容性研究，以及基于频谱需求结果，充分考虑保护现有业务、频段统一等方面的必要性，研究可能的候选频段。

目前在研究的频段包括 606～698MHz、1427～1710MHz、1695～1710MHz、2025～2110MHz、2200～2290MHz、2700～2900MHz、2900～3100MHz、3100～3300MHz、3300～3400MHz、2600～4200MHz、4400～4500MHz、4500～4800MHz、4800～4900MHz、5350～5470MHz、5850～6700MHz。WRC-15 将根据各个国家的需求，从上述频段中选出最终的附加候选频段。

2. 高频段分配现状

传统 6GHz 以下的 IMT 频谱具有较好的传播特性，但是由于该频段频谱资源稀少并且带宽相对较窄，因此需要探索 6GHz 以上的高频频谱。6GHz 以上频段，如毫米波（mm-Wave），目前一般都用于点对点的大功率系统，如卫星系统、微波系统等。由于高频段与低频段的传播特性存在差别，如何克服高频传播特性差的缺点，并且有效利用高频段带宽宽、波长短等优势是今后所要研究的重要方向。

高频频段选取包括以下原则：

- 频段的业务类型。6GHz以上频段的主要业务类型包括：固定业务、移动业务、无线定位、固定卫星业务等，所选择的候选频段必须支持移动业务类型。
- 电磁兼容。确保所使用的高频段与其他系统的电磁兼容，避免系统间存在干扰共存问题。
- 频谱的连续性。5G系统要求在高频段有较宽连续频谱(如≥500MHz)。
- 频谱的有效性。考虑所选择频段的传播特性，以及器件的工业制造水平等因素，选择合适的频谱，以确保通信系统具有较好的可实现性。

通过对中国现有频段进行分析，将6~100GHz频段的业务总结如下：

1) 6~8.75GHz。6~8.75GHz频段分配的主要业务是固定业务(FS)和移动业务(MS)，除此之外还分配给卫星固定业务(FSS)、空间研究业务(SRS)、气象卫星业务(MetSat)、地球勘测卫星业务(EESS)、无线定位业务(RLS)。

2) 8.75~10GHz。8.75~10GHz没有分配给移动业务。主要将该频段分配给了无线定位业务，此频段内还有无线电导航(RNS)、航空无线电导航(ARNS)、水上无线电导航(MRNS)、地球勘测卫星业务、空间研究业务。

3) 10~15GHz。10~15GHz中大部分频段划分给固定和移动等业务，可以用于IMT系统，但此频段内还有无线定位、地球探测卫星、空间研究、卫星固定业务、广播和无线电导航等业务。

4) 17.1~23.6GHz。在17.1~18.6GHz频段内，主要业务为固定业务、移动业务和卫星固定业务，以及卫星气象业务等。

在18.8~21.2GHz频段内，主要业务为固定业务、移动业务、卫星固定业务、卫星移动业务，以及卫星标准频率和时间信号等次要业务，可以作为IMT候选频段。

在22.5~23.6GHz频段内，主要业务为固定业务、移动业务、卫星地球探测业务、空间研究业务、卫星广播、射电天文、卫星间业务及无线电定位业务等，可以作为IMT候选频段。

5) 24.65~50GHz。在24.45~27GHz频段内，在中国计划将该频段划分给短距离车载雷达业务，未来可能作为IMT候选频段，但是需要对共存问题进行研究。

27~29.5GHz频段已经分配给了移动业务，并且具有连续的高带宽特点。主要共存的业务为卫星固定业务，需要考虑IMT系统与卫星系统的共存问题，可以作为IMT候选频段。

40.5~42.3GHz/48.4~50.2GHz频段划分给了端到端无线固定业务，该频段采用轻授权(Light Licensed)的管理方式。42.3~47GHz/47.2~48.4GHz频段划分给了移动业务，该频段采用非授权(unlicensed)的管理方式。

6) 50.4~100GHz。50.4~52.6GHz与27~29.5GHz相似，可以作为未来IMT候选频段进行研究。目前，中国准备将频段59~64GHz分配给短距离设备通信，如果将该频段划分给IMT，那么将面临干扰管理问题。

频段71~76GHz/81~86GHz，又称E-Band，主要用于固定业务以及卫星固定业务，从全球来看，大多用于微波固定接入系统和IMT系统的无线回传，采用轻授权的管理方式。

频段92~94GHz/94.1~95GHz主要划分给固定业务和无线定位业务，在中国还没有使用，可以用于IMT系统。

根据高频段选取原则，以及上述高频段业务类型的描述，6~100GHz频段可作为IMT潜在候选频段，进行研究的主要频段为：5925~7145MHz，10~10.6GHz，12.75~13.25GHz，14.3~15GHz，18.8~21.2GHz，22.5~23.6GHz，24.45~27GHz，27~

29.5GHz，43.5～47GHz，50.4～52.6GHz，59.3～64GHz，71～76GHz，81～86GHz，92～94GHz，见表7-13。

表7-13　6～100GHz潜在 IMT 频段

序　　号	范　　围	序　　号	范　　围
1	5925～7145MHz(6GHz)	8	27～29.5GHz(28GHz)
2	10～10.6GHz	9	43.5～47GHz(45GHz)
3	12.75～13.25GHz	10	50.4～52.6GHz
4	14.3～15GHz(15GHz)	11	59.3～64GHz
5	18.8～21.2GHz	12	71～76GHz(73GHz)
6	22.5～23.6GHz	13	81～86GHz
7	24.45～27GHz	14	92～94GHz

7.6.3　增强的中低频谱利用

作为移动通信系统的优质资源，新的中低频谱已经非常稀缺。因此，在有限的中低频谱条件下，如何探索有效的途径，以进一步提高频率利用率，是近来业界的研究重点之一。以下介绍两种重要的增强中低频谱利用方案：LAA(Licensed Assisted Access，授权辅助接入)和 LSA(Licensed Shared Access，授权共享接入)。

1. 授权辅助接入

3GPP 在 RAN 第65次全会上开始 LAA 项目的研究工作。研究工作旨在评估在非授权频段上运营 LTE 系统的性能以及对该频段上的其他系统造成的影响，研究工作集中在定义针对载波聚合方案的相关评估方法以及可能场景，给出相应的政策需求以及非授权频段上部署的设计目标、定义和评估物理层方法等。

（1）政策需求　LAA 技术所关注的非授权频段主要集中在 5GHz，相比于比较拥挤的 2.4GHz 非授权频段，该频段相对比较空闲。在我国，5GHz 非授权频段主要被指定用于以下情形：

- 无线接入系统。
- 智能交通特殊无线通信系统。
- 微功率无线发射设备。
- 无线数据通信系统。
- 点对点/点对多点通信系统。

需要注意的是，对于我国，频带 5470～5725Hz 尚未开放使用。我国在 5GHz 非授权频段上的具体政策需求见表7-14。

表7-14　中国在5GHz 非授权频段的政策需求

频段/MHz	5150～5250	5250～5350	5725～5850
允许使用的场景	室内		室内和室外
EIRP	≤200mW		≤2W 和≤33dBm
功率谱密度	≤10dBm/MHz (EIRP，有效全向辐射功率)		≤3dBm/MHz 和≤19dBm/MHz (EIRP)

（续）

频段/MHz	5150～5250	5250～5350	5725～5850
杂散辐射	30～1000MHz：－36dBm/100kHz 48.5～72.5MHz、76～118MHz、167～223MHz、470～798MHz：－54dBm/100kHz 2400～2483.5MHz：－40dBm/1MHz 5150～5350MHz：－33dBm/100kHz 5470～5850MHz：－40dBm/1MHz 1～40GHz 的其他频段：－30dBm/1MHz		30～1000MHz：≤－36dBm/100kHz 2400～2483.5MHz：≤－40dBm/1MHz 3400～3530MHz：≤－40dBm/1MHz 5725～5850MHz：≤－33dBm/100kHz 1～40GHz 的其他频段：≤－30dBm/1MHz
政策	面向公共共享		各运营商间共享

注：有部分政策需求没有被列入表中。

（2）部署场景　LAA 的主要研究内容是工作在非授权频谱上的一个或多个低功率微基站小区，并与授权频谱上的小区间实现载波聚合。LAA 关注的部署场景，既包括宏基站覆盖的场景，也包括无宏基站覆盖的场景；既包括微基站小区室内部署场景，也包括微基站小区室外部署场景；既包括授权载波与非授权载波共站场景，也包括授权载波与非授权载波不共站(存在理想回传)的场景。图 7-49 是 LAA 的 4 个部署场景，其中授权载波和非授权载波的数量可以为单个或者多个。由于非授权载波通过载波聚合方式工作，微基站小区之间可以为理想回传或者非理想回传。当微基站小区的非授权载波和授权载波之间进行载波聚合时，宏基站小区和微基站小区之间的回传可以为理想或者非理想的。

1）场景 1：授权宏基站小区(F1)与非授权微基站小区(F3)聚合。

2）场景 2：无宏基站覆盖，授权微基站小区(F2)和非授权微基站小区(F3)进行载波聚合。

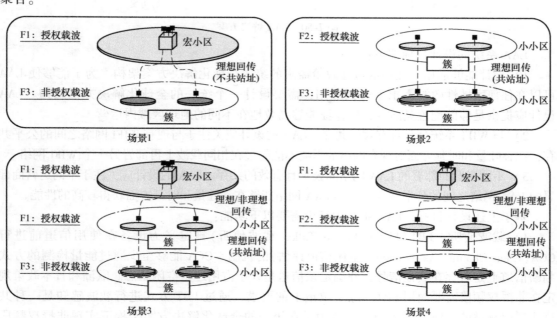

图 7-49　LAA 部署场景

3）场景3：授权宏基站小区与微基站小区（F1）、授权微基站小区（F1）与非授权微基站小区（F3）进行载波聚合。

4）场景4：授权宏基站小区（F1），授权微基站小区（F2）和非授权微基站小区（F3）进行载波聚合。

- 授权微基站小区（F2）和非授权微基站小区（F3）进行载波聚合。
- 如果宏基站小区和微基站小区间有理想回传链路，宏基站小区（F1）、授权微基站小区（F2）和非授权微基站小区（F3）之间可以进行载波聚合。
- 如果宏基站小区和微基站小区间没有理想回传链路、支持双连接，宏基站小区与微基站小区间可以进行双连接。

（3）设计目标与功能　LAA解决方案考虑两种情况。如图7-50所示，第一种方案中，LTE授权频段作为主载波接收和发送上下行信息，非授权频段作为辅载波用作下行通信，这种方案为LAA解决方案中的最基础方案。在第二种方案中，LTE授权频段作为主载波接收和发送上下行信息，非授权频段作为辅载波用于上下行通信。

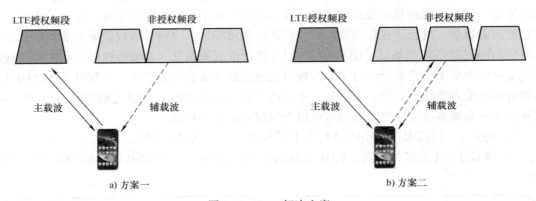

图 7-50　LAA 解决方案

LAA系统的设计目标如下：

1）设计能够适用于任何区域性政策需求的统一全球化解决方案架构。为了能够使LAA可以在任何区域性政策需求下得到应用，需要设计一个统一的全球化解决方案架构。LAA设计应提供足够的配置灵活性，以保证能够高效地在不同的地理区域内运营。

2）与WIFI系统公平且有效的共存。LAA的设计应关注于与现有WIFI网络之间的公平共存，在吞吐量和时延方面对现有网络的影响不能超过在相同载波上再部署另一个WIFI网络。

3）不同运营商部署的LAA网络间公平且有效的共存。LAA的设计应关注于不同运营商部署的LAA网络之间的公平共存，使得LAA网络能够在吞吐量和时延方面获得较高的性能。

基于上述设计目标，LAA系统中至少需要以下功能：

1）载波侦听。LBT（Listen-Before-Talk，载波侦听）被定义为设备在使用信道前进行CCA（Clear Channel Assessment，空闲信道评估）的机制。CCA能够至少通过能量检测的方式判断信道上是否存在其他信号，并确定该信道是处于占用还是空闲状态。欧洲和日本政策规定在非授权频段需要使用LBT。除了政策上的要求，通过LBT方式进行载波感知是一种共享非授权频谱的手段，因此LBT被认为是在统一的全球化解决方案架构下实现非授权频段上公平、友好运营的重要方法。

2) 非连续传输。在非授权频段上，无法一直保证信道的可用性。此外，例如欧洲和日本等地区，在非授权频段上禁止连续发送，并且为非授权频段设置了一次突发传输的最大时间限制。因此，有最大传输时间限制的非连续传输是 LAA 的一个必要功能。

3) 动态频率选择。DFS(Dynamic Frequency Selection，动态频率选择)是部分频段上的政策需求，例如检测来自雷达系统的干扰，并通过在一个较长的时间尺度上选择不同载波的方式来避免与该系统使用相同的信道资源。

4) 载波选择。由于有大量的可用非授权频谱，LAA 节点需要通过载波选择的方式选择低干扰的载波，从而与其他非授权频谱上的部署实现较好的共存。

5) 发射功率控制。TPC(Transmit Power Control，发射功率控制)是部分地区的政策需求，要求发送设备能够将功率发送降至低于最大正常发射功率 3dB 或者 6dB。

另外需要注意的是，并非上述所有的功能都具有标准化影响，并且并非上述所有功能都是 LAA eNB 和 UE 必选的功能。

(4) 载波侦听方案　如前所述，考虑到 LAA 对同载波上的现有 WIFI 系统的影响必须小于额外增加一套 WIFI 系统，LAA 应引入载波侦听技术。每个设备在发送数据之前应进行 CCA 机制，如果设备发现信道处于繁忙的状态，则无法在该信道发送信息，只有当信道处于空闲状态才可以使用。欧洲电信标准化协会(European Telecommunications Standards Institute, ETSI)将非授权频段上的载波侦听方法分为基于帧和基于负载两种类型。对于这两种检测类型，通常需要基于能量检测的 CCA，且持续时间不能低于 20μs。下面对这两种传统载波侦听方法分别进行介绍。

1) FBE(Frame Based Equipment)。FBE 的周期固定，CCA 检测时间周期性出现，每个周期只有一次 CCA 检测机会。若 CCA 检测信道空闲，则发送信息，且发送时间占用固定的帧长；若 CCA 检测信道处于被占用的状态，则不发送信息，继续在下个检测周期内检测信道情况直至信道空闲状态方可传输。

2) LBE(Load Based Equipment)。LBE 的周期是不固定的，且 CCA 检测时间非周期性出现，因此 CCA 检测机会较多。若 CCA 检测信道空闲，则发送信息；若 CCA 检测信道处于被占用的状态，则开启扩展 CCA。具体详见表 7-15。

表 7-15　FBE 与 LBE 参数配置

参　　数	FBE	LBE
CCA	能量探测时间不少于 20μs	
扩展 CCA 时间	不适用	随机因子的持续时间 N 乘以 CCA 的观察时间，N 每次应该在 1、…、q 随机取值，$q=4$、…、32
信道占用时间/ms	1~10	$\leqslant \dfrac{13}{32}q$
空闲周期	≥信道占用时间的 5%	扩展 CCA 时间
短控制信号传输时间	在周期为 50ms 的观测期中最大占空比为 5%	
CCA 能量探测阈值	若接收天线增益为 $G=0$dBi，发射机 EIRP $=23$dBm，最大发射功率为 PH (dBm)，则计算公式为阈值 $=-73$dBm/MHz $+23$dBm $-$ PH	

3）LAA 中的 FBE。若 LAA 中采用 FBE 作为载波侦听技术方案，那么其固定周期可以基于 LTE 10ms 的无线帧。CCA 检测时间周期性出现，每周期只有一次 CCA 检测机会，如在每个#0 号子帧出现。若 CCA 检测信道空闲，则在下个#0 子帧到来之前发送信息，为了给下次检测准备条件，需在本次发送结尾预留空闲信道；若 CAA 检测信道处于被占用的状态，则不发送信息，继续在下个#0 子帧检测信道情况，直至信道空闲状态才可以传输。

4）LAA 中的 LBE。若 LAA 中采用 LBE 作为载波侦听技术方案，其周期不固定，CCA 检测时间随时出现，CCA 检测机会比 LBE 多。

下面对 LAA 中的 FBE 和 LBE 的优缺点进行分析和总结：

LAA 中采用 FBE 的优点包括适合采用固定帧结构的 LTE 系统，实现复杂度低，标准复杂度低。缺点主要为 CCA 检测的位置固定，因此接入信道的可能睡有限。

LAA 中采用 LBE 的优点包括适用于突发业务的通信，接入信道的可能性更大。缺点则包括实现复杂度高以及标准复杂度高。

3GPP 在后续工作中，需结合两种载波侦听方式的优缺点，进一步进行性能评估，才能确定最优的方案。

（5）共存评估 共存评估的场景包括室内场景及室外场景。评估场景中的室内场景在3GPP 微基站小区部署场景 3（参考 3GPP TR 36.872）的基础上增加了非授权频段，评估场景中的室外场景在微基站小区部署场景 2a（参考 3GPP TR 36.872）的基础上增加了非授权频段。在室外场景中，微基站小区和宏基站小区的授权载波是不同的，并且接入宏基站小区的 UE 的性能无须评估。非授权频段上可以考虑多个载波。具体评估场景如图 7-51 所示。

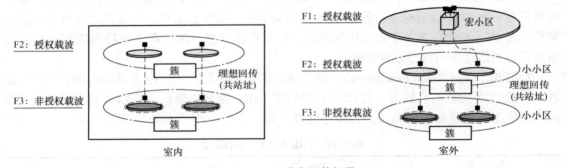

图 7-51　LAA 共存评估场景

2. 授权共享接入

运营商获得频谱的方式包括频谱协同、并购、拍卖、频谱存取。其中频谱存取的方式被称为 LSA，即当频谱资源无法清理，通过 LSA 的方式可以将闲置的频谱资源进行共享。简言之，频谱存取是一个框架协议，允许运营商们按照事先的约定，共享某个运营商的频谱资源。共享可以是静态的，如在固定区域或时段进行共享；也可以是动态共享，如按照拥有频谱的运营商的动态授权，分地域和时段共享。总之，频谱存取是基于频段、地域或时段的频谱资源共享。频谱存取的前提是制定行之有效的频谱存取协议，确保所有利益方的业务质量。如图 7-52 所示为典型的 LSA 系统架构。

LSA 系统设计原则包括简化设计、快速高效的部署，以及能够适用于多种无线传输技术。

当 LSA 管理面向多运营商时，频谱管理所需要的基本信息包括频段价格，使用政策等信息；运营商归属、射频能力、地理位置、发射功率等无线相关信息；带宽需求、负载情况、业务等级等业务相关信息。根据上述信息，为各运营商分配频率，以满足所管理区域小区间总干扰最小化。一般会根据覆盖范围来区分运营商站点类别，覆盖区域相距较远的运营商基站分配同频的频谱资源，邻近覆盖和同覆盖区域的运营商基站分配异频的频谱资源。

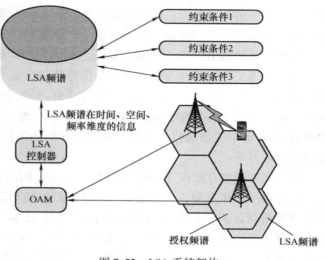

图 7-52　LSA 系统架构

7.6.4　高频频谱利用

无线电波在传播过程中，除了经历由于路径传播以及折射、散射、反射、衍射引起的衰减外，还会经历大气及雨水带来的衰减。相对于低频点的信道传播，无线信号经过 6GHz 以上高频段的传输会经历更加显著的大气衰减（简称气衰），其衰减主要由于干燥空气和水汽所造成。除了会历经大气衰落，还会历经降雨带来的衰减（简称雨衰）。气衰和雨衰这两种衰减都是典型的衰减因素，且在高频点下都不可忽略。当无线电波穿过建筑物等障碍物后，会造成无线信号强度的额外损耗，该损耗被称为穿透损耗。由于在不同频段上，无线信号的穿透损耗存在很大差异。因此，为了能够了解无线信号在高频段的穿透能力，分析高频段的应用场景，测量无线信号在高频段的穿透损耗变得十分重要。

随着无线通信的不断发展，频谱作为无线通信中的稀缺资源，其价值越来越受到研究者、开发者和运营者的重视。充分利用现有中低频频谱，并不断开发利用新的高频频谱是实现 5G 通信系统中超高流量密度、超高连接数的基础和重要手段。

本节从无线频谱划分、中低频谱利用、高频频谱利用等方面进行初步探索，介绍了当前及未来可能的频谱利用方式和挑战。由于频谱资源的稀缺性，目前众多通信企业已经充分意识到全频谱利用的重要性，在 3GPP Release 13 中已经开始研究授权与非授权频谱的结合方案，同时 3GPP Release 14 已经确定开始高频信道建模的研究。目前，高频移动通信的发展刚刚起步，还面临克服高频频谱衰减、定义高频空口结构、提高高频器件性能、探索高频组网可行性等诸多技术挑战。未来，随着授权与非授权频段结合、高频与低频频段结合等先进频谱利用技术的不断成熟，频谱利用技术会成为 5G 通信系统中的支柱性技术，并为未来通信发展做出贡献。

7.7　5G 展望

2017 年 11 月 23 至 26 日举办的中国移动全球合作伙伴大会上，各类与 5G 有关的技术、产品赚足眼球。一切背后，无论是标准之间的势力较量还是频谱资源的争夺，或者是基站、射频甚至是中游网络建设、芯片调试及终端形态的竞争，围绕在 5G 身边的厂商早已不是 4G 时代的那些玩家，确切地说，这是一场全产业盛宴，任何企业都不愿错过。

市场调研机构 IHS 发布的报告认为，5G 好比印刷机、互联网、电力、蒸汽机、电报，可以重新定义工作流程并重塑经济竞争优势规则，是一项能对人类社会产生深远且广泛影响的"通用技术"。该报告预测，到 2035 年，5G 将在全球创造 12.3 万亿美元经济产出，基本相当于所有美国消费者在 2016 年的全部支出，全球 5G 价值链则将创造 3.5 万亿美元产出，并创造 2200 万个工作岗位，其中，中国将获得的工作岗位达 950 万个，为全球首位，远超美国的 340 万个。

按照国际标准化组织 3GPP 的时间表，3GPP R16（完整业务）5G 标准制定将于 2018 年完成。而在标准落地之前，全球运营商已经开始加快 5G 商用的部署工作。从全球来看，美国多家移动运营商正在争取 5G 网络的运营牌照，日本三大运营商则宣布对 5G 的投资总额预计将达到 5 万亿日元（约合人民币 3000 亿元），并从 2020 年开始为用户提供 5G 服务。而对于中国的三大运营商来说，5G 预商用的工作早已开始，比如中国移动在高通和中兴的支持下，已成功实现全球首个基于 3GPP 标准的端到端 5G 新空口系统互通。

作为终端芯片领域的主要玩家，高通方面对第一财经记者表示，5G 终端产品很快就会在 2018 年推出，2019 年全面商用，而中国是智能手机最重要的市场。高通目前的骁龙 X50 5G 调制解调器芯片组已成功实现了千兆级速率以及在 28GHz 毫米波频段上的数据连接。

2020 年将会成为 5G 商用元年，继高通之后，英特尔近期宣布，已成功实现了基于英特尔 5G 调制解调器的完整端到端 5G 连接，可以在 2019 年中期推出 5G 手机。中兴、华为、爱立信、诺基亚此前都已经推出了 Pre5G 等过渡方案，将部分 5G 技术提前运用在运营商的 4G 网络上。这样，既可以增强运营商的网络性能，提前实现部分的 5G 网络能力，也可以让运营商在 5G 商用开启时，实现更平滑的网络过渡。

我国已在北京怀柔建设了全球最大的 5G 试验网，其中有六家设备商（华为、中兴、大唐、爱立信、诺基亚、三星）参与，共有 30 个外场（5G）基站。而国内设备厂商测试的 5G 峰值速率达到 10Gbit/s 到 20Gbit/s，在高频可以达到 21Gbit/s，空口时延小于 1ms。

移动通信自 20 世纪 80 年代诞生以来，每 10 年会进行一代技术革新，从 1G 到 4G，经历了从模拟到数字、语音到数据的演进，网络速率万倍增长。对于中国而言，此前一直都是追赶者的角色，3G 比海外商用晚 8 年左右，4G 晚 3 年左右。随着 2020 年 5G 即将如期而至，移动通信网络变革大幕开启，中国主角时代或将来临。

按照目前中国 5G 技术的推进步伐，中国的技术研发推进会和国际 5G 标准的制定同步进行，2019 年上半年完成 5G 技术研发试验阶段，进入产品研发试验阶段。而牌照的发放会在产品研发试验基本成形的阶段，5G 的投资组网和商用会在 2020 年初左右，2020 年对于中国厂商来说将会是 5G 元年。

值得注意的是，2016 年 11 月 17 日，在 3GPP RAN187 次会议的 5G 短码方案讨论中，华为公司的 Polar Code（极化码）方案成为 5G 控制信道 eMBB 场景编码最终方案，也是中国公司在 5G 标准制定阶段的一次胜利。英特尔此前与国内厂商中兴合作发布了面向 5G 的 IT 基带产品（ITBBU），诺基亚也表示将英特尔 5G 调制解调器应用于 5G FIRST 的初期部署，从而为使用固定无线接入的家庭提供超宽频带，以替代当前的光纤部署。爱立信将持续专注 5G 和物联网的研发，推进标准化进程，携手包括中国移动在内的全球顶尖运营商客户及行业合作伙伴，加速产业发展。"5G 的布局不仅是终端，它是从云端到终端的，并且横跨各个垂直应用领域的一整套端到端系统。"英特尔数据中心事业部 5G 基础设施部总经理林怡颜也对记者说。

从一定意义上看，5G 技术正在带动全产业链的联动，更多的合作案例正在发生。

小　　结

1. 5G 移动通信已经开始在全球进行研发部署，中国在一些城市开始进行测试，未来发展将会产生不可抗拒的魅力和前景。这些都离不开移动互联网和物联网的发展，同时也离不开运营商和用户对 5G 的迫切期待。

2. 5G 网络构架离不开核心网的和无线接入网的演进和发展，实现网络的虚拟化和多网融合等技术实现网络构架。

3. 由于频谱资源匮乏和无线电传输环境复杂等因素影响，要实现很好的信号收发，就离不开大规模天线技术支持，需要对信道模型，天线部署和信号覆盖进行全方位的研究。

4. 目前通信系统是一个异构网络系统，不再是单纯一种网络。这需要对异构网络部署进行研究，包括超密集组网技术和网络解决方案的探讨都在进一步探讨中。

5. 频谱资源是通信系统最宝贵的资源，各国合理利用和开发出合适的本国频谱资源，对本国通信发展有重大意义，尤其是高频频谱的开发利用，这些需要进一步的研究。

思考题与练习题

7-1　查阅资料，对 5G 移动通信系统进行一个全新的认知。

7-2　对 5G 运营业务层面要求包含哪些内容，简要说明如何建设一个"轻形态"。

7-3　大规模天线部署面临的挑战有哪些？如何合理解决这些挑战？

7-4　举例你身边的异构通信网络有哪些。

7-5　根据你身边通信环境，试设计一个超密集组网技术方案。

7-6　为什么要开发和利用高频段频谱？挑战有哪些？

7-7　双工技术包括哪些？各有哪些特点？

7-8　查资料，了解 5G 移动通信系统在物联网，人工智能，大数据和云计算等领域的应用前景。

参 考 文 献

[1]　祁玉生，邵世祥．现代移动通信系统[M]．北京：人民邮电出版社，1999．
[2]　佟学俭，罗涛．OFDM 移动通信技术原理与应用[M]．北京：人民邮电出版社，2003．
[3]　郭梯云，邬国扬，李建东．移动通信[M]．西安：西安电子科技大学出版社，2000．
[4]　刘宝玲，付长东，张轶凡．3G 移动通信系统概述[M]．北京：人民邮电出版社，2008．
[5]　刘元安．未来的移动通信系统概论[M]．北京：北京邮电大学出版社，2005．
[6]　王莹，刘宝玲．WCDMA 无线网络规划与优化[M]．北京：人民邮电出版社，2007．
[7]　啜钢，高伟东，彭涛．TD-SCDMA 无线网络规划优化及无线资源管理[M]．北京：人民邮电出版
　　　　社，2007．
[8]　薛晓明．移动通信技术[M]．北京：北京理工大学出版社，2007．
[9]　曹大仲，侯春萍．移动通信原理、系统及技术[M]．北京：清华大学出版社，2004．
[10]　万晓榆．小灵通原理与应用[M]．北京：人民邮电出版社，2003．
[11]　徐福新．小灵通(PAS)个人通信接入系统(修订版)[M]．北京：电子工业出版社，2004．
[12]　魏红．移动通信技术[M]．北京：人民邮电出版社，2005．
[13]　唐宝民，等．通信网基础[M]．北京：机械工业出版社，2014．
[14]　章坚武．移动通信[M]．西安：西安电子科技大学出版社，2003．
[15]　李文海．现代通信网络技术[M]．北京：人民邮电出版社，2004．
[16]　杨武军，等．现代通信网概论[M]．西安：西安电子科技大学出版社，2004．
[17]　常永宏．第三代移动通信系统与技术[M]．北京：人民邮电出版社，2002．
[18]　钟章队，等．GPRS 通用分组无线业务[M]．北京：人民邮电出版社，2001．
[19]　强世锦．数字通信系统[M]．西安：西安电子科技大学出版社，2004．
[20]　康桂霞，等．CDMA2000 1x 无线网络技术[M]．北京：人民邮电出版社，2007．
[21]　刘良华．移动通信技术[M]．北京：科学出版社，2007．
[22]　陈鹏．5G：关键技术与系统演进[M]，北京：机械工业出版社，2017．